Automobile Oil Knowledge **Q&A**

汽车用油品
知识问答

刘淑芝 张红梅 崔宝臣 编

化学工业出版社
· 北京 ·

内 容 简 介

本书为汽车用油品的使用指南，全书共 331 条问答，所涉油品涵盖了汽油、柴油、发动机润滑油、汽车齿轮油、汽车制动液、车辆润滑脂和汽车冷却液，分别介绍了油品基础知识、使用方法、质量标准等。通过阅读本书，读者可对汽车用油液有较为全面的了解，并且可以根据汽车的性能，正确选择汽柴油及各种油液，保证汽车发挥最佳性能，节约能源，减少排放。

本书可供广大汽车用户、汽车维修与保养人员及燃料油、润滑油（脂）管理与销售人员使用。

图书在版编目（CIP）数据

汽车用油品知识问答/刘淑芝，张红梅，崔宝臣编. —北京：化学工业出版社，2022.2（2023.5重印）
ISBN 978-7-122-40524-1

Ⅰ.①汽…　Ⅱ.①刘…　②张…　③崔…　Ⅲ.①石油产品-基本知识　Ⅳ.①TE626

中国版本图书馆 CIP 数据核字（2021）第 273005 号

责任编辑：李晓红　张　欣　　　　　　　　　　装帧设计：刘丽华
责任校对：田睿涵

出版发行：化学工业出版社（北京市东城区青年湖南街 13 号　邮政编码 100011）
印　　装：北京天宇星印刷厂
710mm×1000mm　1/16　印张16　字数279千字　2023年5月北京第1版第2次印刷

购书咨询：010-64518888　　　　　售后服务：010-64518899
网　　址：http://www.cip.com.cn
凡购买本书，如有缺损质量问题，本社销售中心负责调换。

定　　价：78.00 元　　　　　　　　　　　　　　版权所有　违者必究

随着经济的迅猛发展，我国汽车保有量逐年增加，已成为世界汽车大国，汽车也从之前的奢侈品普及成为人们现代生活中重要的耐用消费品和交通工具。汽车由一万多个零部件组成，其中发动机最复杂、最重要，好比人类的心脏，是最核心部件。汽柴油则是发动机的粮食，润滑油等油液相当于发动机的血液。发动机能否以良好的工况进行工作与这些油液密切相关，如果油液选用不当，则发动机难以发出足够的动力，甚至不能正常工作，严重时可能受到损坏。大多数车主缺乏必备的汽车用汽柴油及油品相关方面的知识，对于车辆使用和维护保养的相关知识了解得比较少，而汽车的正常运行又离不开使用者定期正确维护和保养。针对这一问题，本书简要地介绍了汽油、柴油、发动机润滑油、汽车齿轮油、汽车制动液、车辆润滑脂和汽车冷却液的基础知识、使用方法及质量标准等内容，旨在使读者通过阅读对汽车用油液有一个较全面的了解，并可以根据自己汽车的性能，正确选择汽柴油及各种油品，保证汽车发挥最佳性能，节约能源，减少排放。

本书由刘淑芝、张红梅和崔宝臣编写，其中第一部分和第三部分由张红梅和崔宝臣共同编写；第二部分由刘淑芝编写。

由于编者水平有限，书中不当之处在所难免，敬请各位读者不吝赐教，编者将不胜感激！

刘淑芝　张红梅　崔宝臣

2022 年 1 月

目录

第二部分
润滑油

212 /

第三部分
车用油品的管理

227 /

附录

238 /

参考文献

第一部分

燃料油

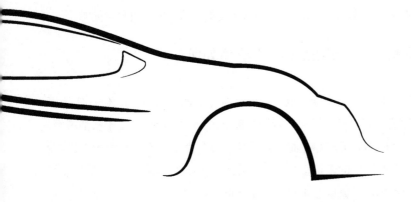

一、基础知识

1. 什么是能源？能源是如何分类的？

在当今社会，我们经常听到能源这个名词，认为能源就是能量的来源。这种说法并不准确，确切地说，能源是自然界中能够直接或通过转换提供某种形式有用能量的载体物质，它是能为人类提供热、光、动力等有用能量的物质或物质运动形式的总称，它包括能提供能量的物质资源，如化石燃料——煤、石油、天然气等，还包括能提供能量的物质运动形式，如流动的水（河流）和流动的空气（风）等。

能源的划分有多种方法。来自自然界、没有经过任何加工或转换的能源叫作一次能源；从一次能源直接或间接转化而来的能源叫作二次能源。如煤、石油、天然气、水力、太阳能等是一次能源，煤气、液化气、汽油、煤油、乙醇、电能等是二次能源。一次能源又可分为可再生能源和不可再生能源两大类。可再生能源是指在自然界中可以不断再生并有规律地得到补充的能源，如太阳能、风力、地热或从绿色植物中制取的乙醇等，取之不尽、用之不竭、可以循环使用的能源，它们不会因长期使用而减少；不可再生能源指的是那些不能循环再生的能源，例如煤、石油等生成速度很慢的能源。另外能源也可分为常规能源和新能源等。常规能源又称为传统能源，是指在现有经济和技术条件下，已经大规模生产和使用的能源，如煤炭、石油、天然气、水电和核能等；新能源是指在新技术基础上系统开发利用且尚未普遍使用的能源，如太阳能、风能、海洋能、地热能、氢能等。与常规能源相比，新能源大多数是天然的、可再生能源。

2. 石油是由哪些化学元素组成的？其含量如何？

石油中最主要的元素为碳和氢，含量分别为 83%～87%、11%～14%。石油中的次要元素为硫、氮、氧，其元素总量一般为 1%～5%，由于石油中硫、氮、氧主要不是以单质形态存在而是以化合物形态存在，因此从非烃化合物角度来看，它们在石油中的含量相当可观。另外还有一些微量元素，它们的含量随原油不同而不同，但数量都非常少，常用 mg/kg（百万分之一）或 μg/kg（十亿分之一）表示。微量元素虽然含量很低，但在油品的生产和使用过程中却会产生很大影响，因此必须给予足够的重视。如石油中微量元素砷的含量大于

1μg/kg 时，就会使催化重整装置上的贵重金属铂催化剂失活。

3. 石油的外观性质和主要化学组成是什么？如何表示？

天然原油通常是淡黄色到黑色的、流动或半流动的黏稠液体，它的密度一般比水轻。

虽然石油的元素组成并不复杂，但其化学组成却非常复杂。到目前为止，我们还没有能力完全了解它的全部化合物成分。但是如果把化合物按一定的规律分"类"进行划分，主要可分为烃类和非烃类两大类。

烃类：是指只含有碳（C）、氢（H）两种元素的有机化合物。烃类最大的特点是具有可燃性，可以作为燃料使用，是石油资源中主要利用的化合物。石油中的烃类主要有烷烃、环烷烃和芳香烃，当进行后续加工时还会出现烯烃。

非烃类：是指除含有 C、H 外还含有一种或一种以上其他元素的化合物，是烃类的碳元素或氢元素被任何其他一个或多个元素取代后所形成的化合物，主要有含硫化合物、含氮化合物、含氧化合物以及同时含多个其他元素的、分子量较大的胶质和沥青质。非烃化合物的存在对于石油的加工工艺以及石油产品的使用性能都有很大影响。例如，石油加工中大部分精制过程以及催化剂的中毒问题，石油化工厂的环境污染问题和石油产品的储存、使用等许多问题都与非烃化合物密切相关。

石油的化学组成，可以根据不同目的而采用不同的表示方法。主要包括单体烃组成表示法、族组成表示法和结构族组成表示法。

单体烃组成表示法是以单个化合物为单位表示石油化学组成的方法。在生产和使用中通常不需要了解得太详细，这时可将物理和化学性质相似的化合物合归为一"类"，称为族组成表示法，烷烃、环烷烃和芳香烃等分类就是族组成表示法。石油中除了简单的烃类外，还含有许多复杂结构的烃类，也就是化合物中同时含有烷基链、环烷基和芳香环，难以用前两种方法表示。为了表示这类复杂化合物的组成，人们又建立了一种与石油中复杂结构的化合物及油品加工过程相适应的化学组成表示法，叫作结构族组成。其表示方法的基本出发点是：不管烃类多么复杂，都是由烷基、环烷基和芳香环这三个基本结构单元构成的，仅考虑这些单元的数量，而不考虑它们是怎样结合的。结构族组成对于人们了解石油、合理加工石油，提高燃料的数量和质量有重要意义。

4. 我国石油产品是如何分类的？

石油虽然是重要的能源，但必须经过加工得到石油产品后才能使用。一般来讲，石油产品是指由石油直接生产的产品，并不包括以石油为原料合成的各种石油化工产品，石油产品已有一千多种。我国将石油产品主要分为五大类，分别是：燃料，溶剂和化工原料，润滑剂、工业润滑油和有关产品，蜡，沥青。

燃料是最主要的石油产品，主要包括汽油、喷气燃料（航空煤油，简称航煤）、柴油等发动机燃料及灯用煤油、燃料油等，我国石油产品中燃料占 80%，其中约 60%是各种发动机燃料，其他的重质燃料油主要用于锅炉用燃料和船舰用燃料。

润滑剂包括润滑油和润滑脂，润滑剂产品的特点是产量小，仅占石油产品的约 2%～5%，但又是每种机械必不可少的，故品种达到数百种之多。

石油化工原料主要包括制取乙烯的原料和生产芳烃的原料等，主要为石油化学工业提供三大合成的原料。

石油沥青主要用于道路、建筑防水等方面，其产量约占石油产品的 3%。石油蜡是轻工、化工和食品等工业部门的原料，约占石油产品的 1%。石油焦可用于炼铝及炼钢，也可以再加工生产石墨电极等产品，约占石油产品的 2%。

5. 石油是如何变成我们所需要的石油产品的？

石油作为重要的一次能源，只有经过加工才能够变成有用的各类产品，其中将石油变成汽油和柴油的过程是在炼油厂经过多种不同的加工装置加工得到的。一般炼油厂将原油加工成石油产品主要由三个步骤完成：原油的一次加工、多次加工（二次以后加工的总和）、油品调和。

原油的一次加工是指原油进入炼油厂后进行的物理加工过程，又叫原油蒸馏，主要目的是将原油中所含的可以直接作为石油产品的部分从原油中分离出来。

后续的多次加工是为了提高原油的有效利用率而采取的化学加工方法的总称，目的就是通过化学反应使剩余的石油原料尽可能按照人们的要求加工成经济效益好的产品。如催化裂化、催化重整、加氢裂化等都是重要的石油二次加工过程。

油品调和是将前面加工成的半成品油对照石油产品的质量标准进行最后加工的过程，主要目的是将各种半成品油加工成全面符合某一种石油产品质量标准的油品，即成品油。

6. 什么是石油馏分？什么是馏程？

石油馏分是原油各种烃类和非烃类化合物所组成的复杂混合物。石油是一个多组分的复杂混合物，其沸点范围很宽，从常温一直到500℃以上。所以，无论是对石油进行研究或加工利用，都必须对石油进行分馏，即按照组分沸点的差别将石油"切割"成若干"馏分"，例如<200℃馏分、200～350℃馏分等，每个馏分的沸点范围简称为馏程或沸程。馏分常冠以汽油、煤油、柴油、润滑油等石油产品的名称，如汽油馏分，但馏分并不就是石油产品，要满足油品规格的要求，还需将馏分进一步加工才能成为石油产品。

7. 什么是半成品油？什么是成品油？

油品的质量标准牵涉到许多方面，虽然在炼油厂的许多生产装置上都能生产出质量不同的汽油和柴油馏分，但这些馏分油通常难以全面地符合产品质量标准要求，不能作为合格的产品出厂，这些油品称为半成品油。为了保证油品质量，通常每个国家会根据自己国内汽车发动机的改进情况、环境保护要求的变化、油品在不同的时期使用所出现的问题等情况，定期对每一个牌号的油品制定出一系列的国家标准，对于新油品，相应也有一些行业标准和企业标准等。另外，为了便于进行国际贸易，还有一些国际权威机构制定的标准，如国际标准化组织的ISO标准及《世界燃料规范》等。全面符合某一牌号油品全部质量要求的油品称为成品油。一般对一个成品油进行称呼的时候，要说出油品的牌号、名称及执行的标准等。如95号汽油（国ⅥA标准）等。

8. 半成品油是如何成为成品油的？

将半成品油通过精制、调和、并根据需要加入不同添加剂后，才能得到质量全面合格的、可作为商品的成品油。

所谓精制就是除去半成品油中的某些非理想组分和杂质的过程，使油品符合产品质量指标的要求。石油燃料油品的精制方法很多，目的也各不相同，常用的如通过精制除去汽油和柴油中的硫化物、柴油脱除石油蜡、焦化汽油脱除烯烃等。

油品调和就是合理地使用不同质量的半成品油，通过相互混合，使油品全面地达到产品质量的要求，在保证产品质量稳定性的前提下，尽量提高成品油中优质品所占的比例，提高经济效益。调和可以分为两类：一是将各种半成品油按一定比例调和成基础油和合格的成品油；二是将基础油与添加剂进行调和。

油品添加剂是一种只需在油品中添加微量，就可以有效地显著改善油品某种或数种性质的物质。使用添加剂可显著地提高油品的质量，改进加工工艺，降低成本，减少油耗，有时还可以改善某些依靠改进工艺难以达到的性能，因此已成为提高油品质量的主要手段之一。

9. 车用汽油和车用柴油有什么差别？

汽油和柴油都是石油原油中的烃类化合物，主要是由碳和氢（C 和 H）构成的有机化合物。

柴油和汽油的区别主要有以下几个方面：

① 化学组成。汽油比柴油轻，碳原子数较少，约为 5～11 个，沸点范围为 30～205℃，相对密度约为 0.72～0.775，属易燃、易爆液体。柴油的碳原子数则为 10～22 个，沸点范围约 180～370℃，相对密度约为 0.81～0.85，属于易燃液体，其蒸气在 60℃时遇明火会燃烧。油品在燃烧充分的情况下，碳数越多释放的能量越大，所以同体积的汽油和柴油相比，柴油能提供更高的能量，在热效率相近的情况下，柴油发动机更节油。这也是大型车辆倾向使用柴油的缘故。

② 挥发性。汽油易挥发，柴油不易挥发。所以在加油站，我们闻到的很大味道就是汽油味儿，而不是柴油味儿。

③ 与空气的混合性。汽油易与空气混合，因此汽油发动机会用到缸内直喷、分层喷射等方式，进一步优化汽油和空气的混合，使燃烧更充分。柴油则不容易与空气混合，所以柴油机燃烧容易不充分，在高温缺氧的情况下形成碳烟。

④ 燃烧方式。汽油分子比较小，燃点低，汽油机混入理想比例的空气，压缩到压缩比为 10 左右火花塞点燃就是比较理想的状态。柴油因为含碳高，需要更多空气，也不容易点燃，所以要压缩到 15～18 倍的压缩比，将柴油混合气压缩至燃烧。也就是说，汽油发动机是火花塞点燃，柴油发动机是压燃。

⑤ 排放特点。汽油燃烧剧烈温度高，未充分燃烧的化合物会部分高温离

解，主要排放物是一氧化碳、碳氢化合物和氮氧化合物。柴油发动机内空气更多，但因为混合不如汽油充分，缺氧的区域会容易产生碳烟。这就是老旧的柴油大车急加速、冷启动时浓烟滚滚的原因。也因为发动机内空气更多，柴油发动机排放的一氧化碳和碳氢化合物反而不多，颗粒物和氮氧化物是柴油排放的主要物质。解决了燃烧不充分的黑烟问题后，柴油车反而更清洁，比汽油发动机排放较少的一氧化碳的碳氢化合物。

10. 如何从外观上识别车用汽油和柴油？

车用汽油和轻柴油在外观上有一定差别。车用汽油为透明液体，气味较大，比水轻，易挥发，易燃易爆。汽油蒸气在 60℃时见明火会燃烧、爆炸。轻柴油的颜色为浅黄色或微红色，气味也较大，属可燃物，柴油蒸气在 60℃时见明火也会燃烧、爆炸。汽油和柴油的气味有所不同，触摸感也不同，用手蘸一点汽油，手发凉，有涩感，汽油蒸发后皮肤发白；用手蘸柴油感觉滑腻，有油感。

11. 汽油与柴油可以混合使用吗？

汽油与柴油不能混合使用。有的驾驶员为了降低燃油费用，在汽油中掺入一定量的柴油使用，这种做法是不可取的。由此带来的问题是：在使用过程中会出现启动困难、排气冒黑烟、上坡和加速动力不足，有时还会出现爆震现象。使用不久发动机机油压力就会下降，燃烧室和排气系统产生大量胶质或积炭，发动机功率大大下降。因此，不论汽油机或是柴油机都只能使用相应牌号的汽油或柴油作为燃油，而不可将两者掺和混用。

12. 发动机的工作原理是什么？电喷发动机有什么优缺点？

汽油发动机又称为点燃式发动机，其工作原理是先将汽油与空气混合成可燃气体，再经过电火花塞打火，将其引燃，通过燃烧将汽油的化学燃烧热转变成机械能，产生动力。一般汽油机的工作过程分为四个冲程：即吸气过程、压缩过程、膨胀过程和排气过程。汽油发动机按燃料供应方法的不同分为化油器式发动机和电子控制汽油喷射（简称电喷）发动机两种。化油器式发动机由于污染重、耗能大、技术落后，在我国已于 2001 年后被逐渐淘汰。

电喷发动机是以燃油喷射装置取代化油器，由电子系统控制将燃料由喷油器喷入发动机进气系统中。如汽油机电喷系统就是通过各种传感器将发动机的温度、空燃比、油门状况、转速、负荷、曲轴位置、车辆行驶状况等信号输入电子控制装置，电子控制装置根据这些信号参数计算并控制发动机各气缸所需要的喷油量和喷油时刻，将汽油在一定压力下通过喷油器喷入到进气管中雾化。并与进入的空气气流混合，进入燃烧室燃烧，从而确保发动机始终工作在最佳状态。按喷油器数量可分为多点喷射和单点喷射。发动机每一个气缸有一个喷油嘴，英文缩写为MPI，称多点喷射。发动机几个气缸共用一个喷油嘴，英文缩写SPI，称单点喷射。与化油器式发动机相比，电喷发动机突出的优点是能准确控制混合气的质量，保证气缸内的燃料燃烧完全，降低废气排放物和燃油消耗，同时它还可以提高发动机的充气效率，增加了发动机的功率和扭矩。电子控制燃油喷射装置的缺点是成本比化油器高，因此价格也就贵一些，故障率虽低，但一旦坏了难以修复（电脑件只能整件更换）。当然，与它的运行经济性和环保性相比，这些缺点是微不足道的。

13. 汽油机和柴油机各有何优缺点？

汽油机是点燃式的，燃料在气缸内靠电火花塞点燃。其优点是转速高，适应性好，工作平稳、柔和，操作方便省力，质量轻，噪声小，造价低，容易启动等，故在轿车和中小型货车及军用越野车上得到广泛的应用。缺点是燃料消耗率较高，经济性较差，排气净化指标低。

柴油机是压燃式发动机，相比于汽油机，其优点是：

① 柴油机的压缩比（20以上）要比汽油机大，其做工时的爆发压力也相应大，所以热效率高，动力性好，扭矩大，载重、爬坡能力更强，因此大货车、大客车通常都选用柴油发动机。同时，柴油机汽车燃油消耗平均比汽油机汽车低30%左右，所以燃油经济性较好。

② 柴油车的发动机进气系统不采用节气门、进气阻力小、换气损失少。

③ 柴油的密度大，能量密度高，以体积计算的燃油消耗率对柴油车而言更具优势。

④ 柴油机没有点火系统，所以故障较少保养容易，工作可靠，寿命长，大修间隔里程可达50万公里（1公里=1千米），最长可达100万公里，而汽油机只有20万～30万公里。

⑤ 柴油燃点高，不易发生火灾，比汽油安全，这对大型客车（公共汽车）

尤为重要。

⑥ 柴油机二氧化碳排放平均比汽油机低 30%左右，在整个使用寿命期间，柴油机的废气排放总量比汽油机要少 40%左右。

柴油机的缺点是转速较汽油机低，质量大，制造和维修费用高，噪声大，启动困难等。近年来由于柴油机的不断发展和柴油燃料生产工艺的不断改进，柴油轿车也正在以新面孔不断地被人们重新认识。

14. 车用油品燃烧后的尾气中有哪些影响环境的物质？有何危害？

汽车排放的主要污染物有一氧化碳（CO）、碳氢化合物（简写为 HC）、氮氧化合物（NO_x）硫化物和微粒物（由碳烟、铅氧化物等重金属氧化物和烟灰等组成）等。各种污染物的主要危害如下。

① 一氧化碳（CO）。在内燃发动机中，CO 是空气不足或其他原因造成不完全燃烧时，所产生的一种无色、无味的气体。CO 吸入人体后，非常容易和血液中的血红蛋白结合，致使人体缺氧，引起头痛、头晕、呕吐等中毒症状，严重时造成死亡。

② 碳氢化合物（HC）。HC 是指发动机废气中的未燃部分，还包括供油系统中燃料的蒸发和滴漏。单独的 HC 只有在浓度相当高的情况下才会对人体产生影响，一般情况下影响不大，但它却是产生光化学烟雾的重要成分。

③ 氮氧化合物（NO_x）。NO_x 是发动机大负荷工作时大量产生的一种褐色的有臭味的废气。发动机废气刚排出的 NO 毒性较小，但 NO 很快氧化成毒性较大的 NO_2 等其他氮氧化合物，统称为 NO_x。NO_x 进入肺泡后能形成亚硝酸和硝酸，对肺组织产生剧烈的刺激作用。亚硝酸盐则能与人体内的血红蛋白结合，形成变性血红蛋白，可在一定程度上导致组织缺氧。

NO_x 与 HC 受阳光中紫外线照射后发生化学反应，形成光化学烟雾。当光化学烟雾的光化学氧化剂超过一定浓度时，具有明显的刺激性。它能刺激眼结膜，引起流泪并导致红眼症，同时对鼻、咽、喉等器官不同程度地有刺激作用，能引起急性喘息症。光化学烟雾还具有损害植物、降低大气能见度、损坏橡胶制品等危害。

④ 炭烟。炭烟是柴油发动机燃料燃烧不完全的产物，其内含有大量的黑色炭颗粒。炭烟能影响道路上的能见度，并因含有少量的带有特殊臭味的乙醛，引起头晕。为此，包括我国在内的不少国家都规定了最大允许的烟度值，并规定了测量方法。

⑤ 硫氧化物。汽车发动机尾气中硫氧化物的主要成分为二氧化硫（SO_2）。SO_2会使汽车尾气净化装置中的催化剂中毒，还会危害人体健康，形成酸雨等。

⑥ 二氧化碳。CO_2为无色无毒气体，对人体无直接危害，但大气中的CO_2大幅度增加会导致温室效应，使全球气温上升，南北极冰层溶化，海平面上升，大陆腹地沙漠化趋势加剧，使人类和动植物赖以生存的生态环境遭到破坏。

除以上几种物质外，还有臭气。它由多种成分组成，主要是燃料的不完全燃烧产物，如甲醛、丙烯醛等。当汽车停留在街道路口时，产生这些物质较多，它能刺激眼睛的黏膜。除了与燃烧条件有关外，臭气的产生还与燃料的组成有关。随着燃料中芳香烃的增加，排气中的甲醛略有减少，从而可以适当减少臭气，但却增加了更容易产生光化学烟雾的芳烃。

15. 汽车有害气体是通过什么途径排入大气的？如何实现汽车尾气的净化？

汽车的有害气体主要通过汽车尾气排放、曲轴箱窜气和汽油蒸气等三个途径进入大气中，造成对大气的污染。汽车尾气净化是通过安装在汽车排气系统中的机外净装置——三元催化转换器实现的，它可将汽车尾气排出的CO、碳氢化合物和NO_x等有害气体通过氧化和还原作用转变为无害的二氧化碳、水和氮气。其工作原理是：当高温的汽车尾气通过净化装置时，三元催化器中的催化剂将增强CO、碳氢化合物和NO_x三种气体的活性，促使其进行一定的氧化-还原化学反应，其中CO在高温下氧化成为无色、无毒的CO_2气体；碳氢化合物在高温下氧化成H_2O和CO_2；NO_x还原成氮气和氧气。

16. 什么是清洁燃料？

减少对空气质量影响的源头就是使用对环境污染影响小的高质量燃油，也就是清洁燃料。所谓清洁燃料是指有害物质含量低，符合绿色环保要求的燃料产品，在产品的生产、使用过程中能保持和促进可持续发展的燃料。目前汽车所使用的燃料主要是汽油和柴油。由于不管多高质量的汽油和柴油燃烧后总是会对环境造成一定的污染，清洁汽油和清洁柴油的提法只是相对而言，因此各种代用燃料也得到了越来越广泛的应用。目前国内开发使用的发动机代用燃料包括天然气、液化石油气、甲醇、生物质燃料、氢气以及二甲基醚等。

17. 汽车燃油系统的作用及构成是怎样的?

汽车燃油系统的作用是根据发动机工作时不同工况的要求,将燃油和空气混合成适当浓度的可燃混合气,按一定数量供入气缸,燃烧后为汽车提供动力来源,燃烧后的废气直接排入大气。由于使用的燃料不同,可分为汽油机燃油系统和柴油机燃油系统。汽油机燃油系统由汽油供给装置、空气供给装置、混合气混合装置和进、排气装置组成。根据供油混合可燃气形成的方式不同又分为化油器和电子控制汽油喷射系统(简称电喷)。柴油机燃料供给装置由柴油箱、柴油滤清器、输油泵、喷油泵、喷油器、自动供油提前器、调速器及油管组成。

18. 燃油系统为什么要定期做清理工作?

汽车行驶一段时间后,燃油系统就会形成一定的沉积物。沉积物的形成和汽车的燃油有直接关系:首先是由于汽油本身含有胶质、杂质,或储运过程中带入的灰尘、杂质等,日积月累地在汽车油箱、进油管等部位形成类似油泥的沉积物;其次是由于汽油中的烯烃等不稳定成分在一定温度下,发生氧化和聚合反应,形成胶质和树脂状的黏稠物。这些黏稠物在喷油嘴、进气阀等部位,燃烧时,沉积物就会变成坚硬的积炭。另外,由于城市交通拥堵,汽车经常处于低速和怠速状态,更会加重这些沉积物的形成和积聚。

燃油系统沉积物有很大危害,主要表现在以下几方面:

① 沉积物会堵塞喷油嘴的针阀、阀孔,影响电子喷射系统精密部件的工作性能,从而使燃油喷射变形并降低了其正常流量,导致动力性能下降。如果是化油器发动机,沉积物会积聚在化油器内,尤其是在油量孔、怠速量孔附近,从而导致发动机怠速不稳、容易熄火和耗油量增大等。

② 沉积物会在进气阀形成积炭,致使其关闭不严,而使燃烧室缸压下降甚至回火,导致发动机怠速不稳、油耗增大并伴随尾气排放恶化。

③ 沉积物会在活塞顶和气缸盖等部位形成坚硬的积炭,由于积炭的热容量高而导热性差,容易使燃烧室局部过热、汽油预燃而引起发动机爆震等故障;同时随着积炭的持续积累,会使燃烧室体积减小,发动机的压缩比增大,对汽油辛烷值需求增加而导致油耗增大;此外,还会缩短三元催化净化器的寿命。

19. 发动机积炭形成与哪些因素有关？哪种类型的发动机更容易积炭？

发动机积炭的形成与很多因素有关，除了与驾驶习惯（比如猛踩油门和刹车，经常怠速和低速行驶等会造成积炭）及实际车况有关外，积炭产生与发动机结构也有关，确切地说喷油嘴所在的位置对积炭的产生也有很大的影响。

目前喷油嘴的工作主要是分为歧管喷射和直喷。电喷发动机是歧管喷射，喷油嘴在发动机进气歧管内，喷油后雾化的汽油与空气混合，通过进气道和节气门进入气缸内部。因此这种方式本身就带有一些自洁功能，汽油对进气道和节气门上形成的积炭有一定的清洁作用，并且混合的时间更长更充分，所以燃烧更好，积炭更少。直喷发动机的喷油嘴直接在气缸内部，气流和汽油的混合是在燃烧室中短时间内完成的，虽然进气歧管和节气门这些位置只是进空气，但直喷的方式会把一部分汽油喷到活塞顶部，进气歧管和节气门附近会有蒸发的油膜聚集，并且汽油和空气混合也不是特别充分，所以在活塞顶部和节气门会有更多的积炭产生。

涡轮增压是利用尾气的动力来增压的，所以尾气中的积炭会黏附在涡轮上形成积炭。同时汽车在加速、减速、刹车等情况下，因为有顿挫和延迟效应，当进气量减少的时候，喷油量还需要一定时间做出调节，此时大量的汽油喷出来，却无法进行燃烧，因此会导致发动机室内和节气门位置大量积炭。

20. 什么是燃油添加剂？分为哪几类？

燃油添加剂是为了弥补燃油在某些性质上的缺陷并赋予燃油一些新的优良特性，在燃油中要加入的功能性物质，其添加量以微量为特征。燃油添加剂分为汽油添加剂和柴油添加剂，目前市场上售卖的燃油添加剂大多数是四大供应商原液基础上添加相应功能的添加剂构成的，比如生产辛烷值调整型燃油添加剂时需要加入辛烷值提升剂；生产清洁型燃油添加剂时，需要加入清洁去垢剂等。四大原液供应商分别是：巴斯夫（BASF）原液、路博润（Lubrizol）原液、雪佛龙（Chevron）原液和雅富顿（Afton）原液。原液是由石脑油、加氢的石油轻环烷馏分油、聚醚胺、轻芳香烃等多种物质调配而成的一种基液，它的作用是让添加剂可以充分燃烧，生产燃油添加剂的厂家根据自己产品的特性向原液中加入相应的添加剂。根据燃油系统添加剂的组成和在发动机中产生的不同功能，可分为四类：清洁型、养护型、动力提升型和综合型。

21. 什么是清洁型燃油添加剂？其作用原理是什么？

清洁型燃油添加剂是由原液加入适量的清洁去垢添加剂调和而成，这类添加剂主要包括聚醚胺（PEA）、聚异丁烯胺（PIBA）和聚丁烯胺（PBA），目前PBA类添加剂已被淘汰，具体作用情况见表1-1。

表1-1　几种清洁添加剂的作用情况

添加剂成分	产品迭代	清洁积炭效果	适用车型	市场情况
PBA	三代	清洁进气系统，增加燃烧室沉积物	—	已淘汰
PIBA	四五代	清洁进气系统，增加燃烧室沉积物	电喷车	价格便宜
PIBA+PEA	五代	清洁进气系统，抑制燃烧室沉积物	电喷车和直喷发动机 FSI/TSI	原厂/大牌主流
PEA	五六代	清洁进气系统，清洁燃烧室沉积物	电喷车和直喷发动机 FSI/TSI	价格高

清洁型添加剂的主要作用是清除积炭，当车辆明显感觉供油不畅、气门和喷油嘴等区域的积炭严重时，可以适当选用这种燃油添加剂。燃油添加剂和燃油混合后，首先跟随燃油与油路接触，对于非直喷发动机，歧管喷射系统的喷油嘴固定在进气歧管上，喷油时，燃油顺着进气道通过气门进入气缸，燃油清洁剂也就随之可以与进气歧管、气门和喷油嘴等区域接触，借助很强的表面活性，进入积炭的孔隙，破坏其结构，并对这些积炭微粒进行分割包围，逐渐把这些积炭微粒从金属表面溶解下来，与燃油一起高温燃烧后通过尾气排出。对于缸内直喷技术的发动机，喷油嘴直接将燃油喷入气缸内部，所以燃油添加剂无法清洁发动机的进气门上方的积炭，必须通过拆开发动机进行清洗。

22. 聚醚胺（PEA）、聚异丁烯胺（PIBA）的清洁作用有什么不同？

PIBA 对燃油系统的沉积物（PFI）和进气系统的沉积物（IVD）有优秀的清洁作用（如节气门，进气歧管，进气阀，喷油嘴），但会增加燃烧室沉积物（CCD），但 PIBA 和特定的合成载体油复合时，可一定程度上降低 CCD 的生成；PEA 在有效控制燃油系统的 PFI 和 IVD 生成的同时，可以显著减少 CCD 生成。但 PEA 对燃油系统的沉积物 PFI 和 IVD 生成的控制不如 PIBA。简单地说，这两种都是具有清洁分散作用的胺，阻止并清洗发动机内的积炭的形成。二者能发挥最大作用的地方不一样，PIBA 主要作用在进气系统，而 PEA 主要作用在燃烧系统，二者对喷油嘴都有作用。

23. 什么是养护型燃油添加剂？其作用原理是什么？

养护型燃油添加剂，又被称为汽油清净剂，这类添加剂的主要作用是抑制汽车发动机燃油进气系统积炭的产生，保障气门和喷油嘴的正常工作，其成分与清洁型燃油添加剂类似，最主要的抑制积炭产生的成分也是聚醚胺和聚异丁烯胺，只是含量低，对于积炭的清除也同样有效果。养护型燃油添加剂也有着防患于未然的作用，燃油中的不稳定成分，在高温下产生氧化缩合反应，形成积炭微粒，加入汽油中的养护型添加剂，把这些炭微粒从四面八方进行包围，形成一个个油溶性胶束，利用胶束间的静电相斥和立体障碍，阻止它们聚集变大，无法沉积在金属表面。如果将清洁型燃油添加剂比作治病的猛药，养护型燃油添加剂就好像比较温和的营养品。养护型添加剂成本低，需长期连续使用。其保洁作用显著而清洗效果弱，多适用于市场保有量最多的多点电喷（歧管喷射）车型。在缸内直喷发动机中，养护型添加剂也可以抑制燃烧室内和活塞顶端的积炭产生，保障气门下方和喷油嘴的正常工作。

24. 什么是动力提升型燃油添加剂？

动力提升型燃油添加剂，也称辛烷值调整型添加剂。辛烷值是燃油的抗爆震性能指标，简单来说就是我们平时说的汽油的牌号，比如 92 号汽油的辛烷值就是 92；辛烷值越大抗震性越好，油品品质就越好。动力提升型燃油添加剂主要是用来在一定程度上改善燃油的辛烷值，提升油品品质，通俗一点就是可以把 92 号汽油变成 95 号汽油，同时可以起到节能减排的作用。提升辛烷值的成分主要有：甲基环戊二烯三羰基锰（MMT）、甲基叔丁基醚（MTBE）、乙基叔丁基醚（ETBE）等。这类添加剂不建议长期使用，因为大部分辛烷值添加剂主要成分都是 MMT，燃烧后的金属颗粒会粘在火花塞和三元催化上，久而久之就会降低它们的使用寿命。如果驾驶车辆远行或者去偏远山区，途中没有适合自己车辆需要标号的汽油，比如平时经常用 95 号汽油，但是附近加油站只有 92 号汽油，可以使用辛烷值调整型燃油添加剂来救急，减少辛烷值不符而对发动机带来的伤害，还可以有效弥补因乙醇汽油带来的动力衰减、热值不足等问题。

25. 什么是综合型燃油添加剂？

综合型燃油添加剂是综合了清洁型、养护型和动力提升型三种燃油添加剂的特性，是技术比较先进的燃油添加剂，它既能清洁积炭，又能抑制积炭的产生，还可以提高辛烷值，属于性能比较全面的产品，价格会相对贵一些。目前加油站推销的产品大多是这种类型的添加剂，两种效果都有，但是都不明显。

26. 燃油添加剂能省油吗？

从字面上就可以看出，燃油添加剂并非是为了省油而发明的。使用燃油添加剂的目的不应该是省油，而是积炭清除后恢复了发动机油耗健康状态，保持车辆工况在最佳状态，保护发动机。所以与其说是"能省油"不如说是"能恢复油耗"。对于一些积炭比较严重的车型，使用清洁型燃油添加剂后，会恢复一些由于积炭影响的油耗；对辛烷值调整型燃油添加剂，可以缓解因为辛烷值低导致的油耗增加，所以想要达到真正的省油目的，只靠燃油添加剂是不能实现的，还要养成良好的驾驶习惯。

27. 什么车需要添加燃油添加剂？

发动机运转时，喷油嘴温度大约为 100℃，进气阀温度则更高，一般在 200～300℃之间，在这样的高温下，燃油中的不稳定成分极易发生氧化结合反应，产生积炭和胶质，沉淀在进气阀和喷油嘴上。随着现在缸内直喷发动机的快速普及，对油品要求也越来越高，如果使用的油品经常不达标，会产生严重的积炭，这时燃油添加剂就成了"权宜之计"。车辆怠速不稳、加速不畅，车没劲，而且费油，空调加载发抖等问题，以及像积炭过多，缺缸等这些现象多数都与燃油系统不清洁有关。如果出现了这些情况，就应该考虑使用燃油添加剂。如果一直可以加到高标号汽油，对于两年以内的新车，不加燃油添加剂影响也不会很大，超过两年以上的车（或 8 万～10 万公里左右）建议按照使用周期选择适合自己的添加剂。另外，如果经常外出，油品质量不能保证的情况，燃油添加剂会帮你提高油品中的辛烷值和防止积炭堆积。

28. 使用燃油添加剂应该注意哪些事项？

市面上的添加剂五花八门，消费者在选择添加剂时很容易被蒙蔽双眼，使用时应注意以下事项：

① 在选择添加剂时，首先要根据自己的车况选择适合自己的燃油添加剂，对症下药，这样才能做到药到病除。另外，一定要注意选择大品牌，知名的燃油添加剂都是经常无数次试验确定有效且不会对发动机内造成损坏。还有最主要的就是选购国家权威部门认证的产品，防止假冒伪劣产品以次充好。

② 由于各个品牌的包装容量不同，使用量的规定也不同，所以在使用燃油添加剂前，要先仔细阅读产品配套的说明书。燃油添加剂并不是加得越多越好，加多了很可能影响燃油的性能，甚至对发动机造成伤害；加少了则起不到添加剂应有的作用。

③ 燃油添加剂通常是在油箱的燃油用完或所剩无几时（注意油箱内不能剩太多油），在加油前把添加剂加入油箱，然后再加油让燃油把添加剂冲均匀。要注意的是一定要在加油前添加燃油添加剂，否则添加剂与燃油混合的不均匀，有可能起不到添加剂应有的效果。

29. 使用清洁型添加剂发动机积炭就能洗干净吗？

目前的燃油添加剂清洗积炭只能解决一部分积炭对发动机造成的影响，清洁积炭最有效的方法就是把气门等有积炭的零件拆下来清洗。如果车主没有时间和精力去修理厂或 4S 店清洗零件，可以先用几次清洁型燃油添加剂清除一下积炭，等车辆的状态有所好转，再长期用养护型燃油添加剂抑制积炭的产生，这样可以起到比较好的效果。

30. 加入劣质燃油添加剂有什么危害？

燃油添加剂除了添加剂成分，其他的主要是起稀释作用的载体油（原液），载体油主要是煤油、石脑油等，其中的煤油能增加车的动力，代价是大幅增加燃烧室积炭，所以配比要合适。一般来说 PEA 为主的添加剂，载体油里煤油的比例可以较高，因为 PEA 本来就是清除燃烧室积炭见长，而 PIBA 为主的添加剂，载体油里煤油的成分就少得多。一些劣质燃油添加剂里面经常是大量的煤油，甚至完全不含添加剂，用这种添加剂感觉车很有劲儿，油耗降低，实际上是以增加积炭为代价，相当于在损害发动机。长时间使用劣质添加剂，除了不能清除积炭，还会在发动机内部留下一些难以清除的污垢，加大气缸磨损，破坏发动机内部，造成漏气，严重的还可能会堵塞三元催化系统。

31. 电喷车应该如何维护与保养？

电喷车的发动机结构复杂，使用、维护不当，易出现故障，甚至导致系统损坏。因此，在使用和维护电喷发动机时应注意以下几点：

① 电喷发动机用油。电控燃油喷射发动机对汽油的清洁度要求很高，应使用牌号和质量完全符合要求的无铅汽油。燃油中不可添加防冻剂，燃油滤清器应定期更换，以防喷油器堵塞和氧传感器的工作性能丧失。特别应指出的是：在电控燃油喷射发动机中普遍采用闭环控制方式，在排气歧管中均装有一个反映混合气燃烧状况的氧传感器，一旦燃用含铅汽油，便会导致氧传感器中毒失效，造成发动机工作性能下降。

② 电喷发动机电源。电控燃油喷射发动机应采用12V蓄电池作为电源。正常使用中不要随意拆下蓄电池上的电源线和搭铁线，以免电控单元因突然断电而丢失有关故障信息。若需要更换蓄电池，必须使点火开关和其他用电设备均置于断开位置，安装蓄电池时极性必须判断无误（负极搭铁），否则，电子元件会立即烧损。

③ 电喷发动机起动。电控燃油喷射发动机在起动前应先检查油路，油路中无油时不能运转燃油泵，否则会导致燃油泵磨损、过热而损坏。由于电控燃油喷射发动机的起动工况也是由电控单元控制的，起动喷油量的大小由电控单元根据传感器传来的起动工况信号决定，不需要人为额外供给燃油。因此，起动时不能像化油器式发动机那样，拧油门加油。此外，刚刚起动的发动机，也不应进行高速运转。

此外，由于电喷车的油气浓度高，易产生积炭，导致气门关闭不严，因此要定期清洗电喷嘴及气门。

二、车用汽油的使用及要求

32. 车用汽油的组成及性质是怎样的？

汽油是复杂的烃类混合物，主要包括碳原子数约为 $C_5 \sim C_{12}$ 的烷烃、环烷烃和一定量的芳香烃，在常温下为无色至淡黄色的易流动液体，密度范围为720~775kg/m³，沸点范围约为30~205℃，空气中含量为74~123g/m³时遇火爆炸，汽油的热值约为44000kJ/kg。汽油主要由原油蒸馏、催化裂化、催化重整、热裂化、加氢裂化、石油焦化等过程生产的汽油馏分通过精制、加入添加剂调配而成。汽油是点燃式发动机燃料，其重要的特性为蒸发性、安定性、抗爆性、腐蚀性和清洁性。

33. 汽油质量会对发动机产生哪些影响？

（1）对发动机工作可靠性的影响

发动机工作的可靠性，指的是发动机能否顺利启动，能否达到设计功率，以及安全性等问题。

车辆在低温下能否顺利启动，除受车辆及发动机构造等因素影响外，还与燃料的性质有关。如汽油馏分过重，低温下不能形成可燃混合气，则不易启动。

汽油发动机如果使用胶质过多的汽油，胶质黏附在汽油滤清器上，会堵塞过滤介质，使供油量减少，甚至中断；胶质黏附和沉积在汽化器的量孔、喷管口和输油管处，会使这些部位的截面积减少，输油量不足，致使可燃混合气变稀，发动机达不到设计功率；胶质沉积在进气门上不发生碳化时，会使气门产生黏附现象轻者使气门关闭不严密，造成发动机的动力性和经济性下降，严重时使气门不能关闭，以致发动机不能工作。

（2）对发动机使用寿命的影响

油品质量差或用油不当，除直接引起发动机的摩擦磨损、锈蚀外，燃烧产物也会给发动机带来危害，从而影响发动机的使用寿命。

汽油中所含的非活性硫化物，燃烧后形成的 SO_2 或 SO_3 会引起排气系统的腐蚀。当该产物进入润滑油中，不仅加速润滑油的变质，还会造成润滑系统的腐蚀。

如果汽油的抗爆性不好或选用汽油牌号不当，则容易发生爆震，致使气门、活塞环等损坏，有时也可能使火花塞及其绝缘材料损坏，严重持久的爆震还会把活塞环打坏，连杆折断，大大缩短了发动机的使用寿命。

（3）对发动机经济性的影响

燃料充分燃烧和机械润滑良好，既可以节约燃料、润滑油脂，又会减少摩擦、磨损。

提高发动机的压缩比和汽油的辛烷值，也是提高发动机经济效益的途径之一。压缩比提高一个单位，经济效益可提高 4%～12%。但压缩比每提高一个单位，汽油辛烷值也相应地需要提高。

此外，合理利用轻质汽油，可扩大油源。如在夏季，环境温度较高，汽油的挥发性好，可适当使用较重一点的馏分；而在冬季，可适当地使用一点较轻的馏分，不但不会发生气阻，还可改善冬用汽油的启动性。这样做不仅有利于汽油的合理使用及提高油品的质量，同时，因为改善了启动性和燃烧性，还可节省汽油 1%～3%。

34. 什么是汽油机的压缩比？为什么要提高汽油机的压缩比？

目前发动机都是四冲程的形式，分为进气、压缩、做功、排气四个步骤，其中进气和做功是活塞处于下止点的位置，而压缩和排气是活塞处于上止点的位置。所谓压缩比是指汽车发动机的活塞处于下止点时气缸的最大体积与处于上止点时气缸最小体积的比值。例如活塞处于下止点时气缸容积为 10，而活塞处于上止点时被压缩混合物的体积为 1，那么发动机压缩比就是 10。

发动机的压缩比越大，意味着油气混合物被压缩的压力越大，温度也相对越高，混合物中的汽油则汽化得更加完全，更易于燃烧，当完全压缩之后火花塞点火的刹那能够在极短的时间内释放出更多的能量。而如果压缩比较低的发动机，汽油分子汽化不完全，火花塞点火后燃烧速度相对较慢，一部分能量会转化成热能，造成发动机温度上升，而并非完全转化为车辆的动能，所以在气缸体积相同的情况下，压缩比高则意味着更大的动力输出。汽油发动机的压缩比与其热效率有如下关系：

$$\eta_t = 1 - \frac{1}{\varepsilon^{k-1}}$$

式中，η_t——汽油发动机的热效率；

　　　　ε——汽油发动机的压缩比；

　　　　k——绝热指数。

从上式可以看出，压缩比越大，发动机的热效率越高，进而可提高发动机的功率，所以人们总是希望将压缩比提高。

35. 什么是汽油机的爆震现象？有何危害？

爆震是汽油机的一种不正常燃烧现象，它发生在汽油燃烧的后期。如果在火焰未到达的区域内，混合气在已燃气体的压缩和火焰的辐射作用下，温度、压力急剧升高，化学反应加剧，生成许多不稳定的过氧化物。过氧化物的特点是当其浓度较大时容易发生自燃，就会在未燃气体中产生多个燃烧中心，并从这些燃烧中心以 100～300m/s（轻度爆震）直到 800～1000m/s（强烈爆震）的速度传播火焰，使燃烧以爆炸的形式进行。此时在气缸内出现剧烈的压力振荡，从而产生速度很高的冲击波，这种冲击波对活塞与气缸壁多次反射，就会产生频率很高的金属敲击声，同时由于火焰燃烧速度太快导致燃烧不完全，而排出黑烟。这就是汽油的爆震现象，影响爆燃的因素很多，汽油本身的抗爆性能是最根本的。

爆燃对发动机的危害很大，表现在以下几个方面：

① 由于强烈冲击波的作用，会使气缸盖、活塞顶、气缸壁、连杆、曲轴等机件的负荷增加，产生变形甚至损坏。

② 爆燃的高压和高温，会破坏气缸壁的润滑油膜的润滑性，使发动机磨损加快，气缸的密封性下降，发动机功率降低。

③ 爆燃产生的高温，会增加冷却系统的负担，易使发动机出现过热。

④ 爆燃的局部高温，引起热分解现象严重，使燃烧产物分解为 HC、CO 和游离碳的现象增多，排气冒黑烟严重；产生的碳易形成积炭，破坏活塞环、火花塞、气门等零件的正常工作，使发动机的可靠性下降。

对既定的发动机，当压缩比一定、点火提前角恒定不变时，爆燃产生的主要影响因素就是汽油自身的抗爆性。所以，为避免爆燃现象的出现，应尽量使用抗爆性好的汽油。

36. 汽油机爆震产生的原因有哪些?

汽油发动机产生爆震原因主要有：

① 点火角过于提前。过于提早的点火会使得活塞还在压缩行程时，大部分油气已经燃烧，此时未燃烧的油气会承受极大的压力自燃，而造成爆震。

② 发动机过度积炭。发动机燃烧室内过度积炭，除了会使压缩比增大（产生高压），也会在积炭表面产生高温热点，使发动机爆震。

③ 发动机温度过高。发动机在太热的环境使得进气温度过高，或是发动机冷却水循环不良，都会造成发动机高温而爆震。

④ 空燃比不正确。过于稀的燃料空气混合比，会使得燃烧温度提升，而燃烧温度提高会造成发动机温度提升，而容易爆震。

⑤ 燃油辛烷值过低。辛烷值是燃油的抗爆性指标，辛烷值越高，抗爆震性能越强。压缩比高的发动机，燃烧室的压力较高，若是使用抗爆震性低的燃油，则容易发生爆震。

37. 什么是汽油的抗爆性？什么是汽油的辛烷值？如何定义的？

汽油的抗爆性是指汽油在发动机气缸内燃烧时抗爆震的能力。汽油抗爆性的评价指标是辛烷值和抗爆指数。

辛烷值是用来表示点燃式发动机燃料抗爆性的一个约定数值，它是实际汽油抗爆性与标准汽油抗爆性比较后得到的数值。测定辛烷值的标准汽油，是用两种抗爆性相差悬殊的烷烃作基准物配制而成的。一种是异辛烷（2,2,4-三甲基戊烷），它的抗爆性能良好，规定其辛烷值为 100；另一种是正庚烷，它的抗爆性能差，规定其辛烷值为 0。将异辛烷和正庚烷按不同的体积比混合，配成多种辛烷值不同的标准燃料，如辛烷值为 92 的标准燃料是由 92%的异辛烷与 8%的正庚烷调和而成。在规定条件下，用标准发动机对标准燃料进行试验，就可得到辛烷值与抗爆性之间的对应关系。

要测定某一待测汽油的辛烷值时，可将该待测汽油在同样的规定条件下，用标准发动机进行试验，将被测汽油在试验机上按规定试验条件运转，逐渐调节压缩比，使试验机产生爆燃，直至达到规定的爆燃强度。然后，在相同条件下选择已知辛烷值的标准燃料进行对比试验。当某标准燃料的抗爆性恰好与试验汽油的抗爆性相同时，则该标准燃料中的异辛烷的体积百分数（也就是辛烷值）就是待测汽油的辛烷值。汽油的辛烷值也是汽油的牌号，如某汽油的牌号为 92，该汽油的辛烷值也是 92，表示该牌号的汽油的抗爆性与辛烷值为 92 的标准汽油是相同的。

38. 马达法辛烷值和研究法辛烷值有什么不同？

在标准发动机试验中，由于规定条件不同，测得的辛烷值也不同。按照试验条件，辛烷值分为马达法辛烷值和研究法辛烷值两种。马达法辛烷值英文缩写为 MON（Motor Octane Number）；研究法辛烷值英文缩写为 RON（Research Octane Number）。马达法辛烷值的试验条件要比研究法辛烷值的试验条件苛刻。例如，测定马达法辛烷值时，发动机转速一般为 900r/min（转/分），混合气一般加热至 149℃；而测定研究法辛烷值时，发动机转速一般为 600r/min，混合气一般不加热。正因为马达法辛烷值的试验条件苛刻，所以马达法辛烷值一般低于研究法辛烷值。同一种燃料油用马达法测出的辛烷值为 85 时，相当于研究法辛烷值为 92；马达法为 90 时，研究法为 97。我国现在的加油站用的也是研究法辛烷值。马达法辛烷值和研究法辛烷值有关调试范围如表 1-2 所示。可见，马达法辛烷值表示的是汽油在发动机重负荷条件下高速运转时的抗爆能力，研究法辛烷值表示的是汽油在发动机常有加速条件下低速运转时的抗爆能力。

表1-2　单缸可变压缩比汽油机调试规范

主要指标	马达法	研究法
压缩比	4～10	4～10
发动机转速/(转/分)	900±10	600±6
冷却液温度/℃	100±2	100±1.5
进气温度/℃	40～50	—
混合气温度/℃	149±1	—
曲轴箱发动机油温度/℃	50～75	57±8.5
点火提前角/(°)	14～26	13

39. 汽油的辛烷值与其化学组成有什么关系？

汽油的抗爆性主要由其烃类组成和各类烃分子的化学结构决定。组成汽油的烃类主要是含 5～11 个碳原子的烷烃、环烷烃、芳香烃和烯烃。由于各类烃的热氧化安定性不同，开始氧化的温度和自燃点有差别，所以辛烷值差异也很大。影响烃类汽油的辛烷值大小主要有两个方面：一个是烃类化合物的分子结构，另一个是烃类的分子的大小。分子量大致相近的不同烃类中，正构烷烃的辛烷值最低，异构烷烃比正构烷烃高很多，分支越多的异构烷烃辛烷值也越高，芳香烃的辛烷值最高，环烷烃与烯烃的辛烷值介于中间。对于同一类型的烃类，分子量越小，沸点越低，则其辛烷值越高。

40. 为什么汽油机的压缩比高时应使用高辛烷值汽油？

随着发动机压缩比的提高，气缸内压缩终了的温度和压力也同时提高。气缸内的这种高温、高压，将加剧汽油燃烧前化学准备过程中的化学反应，生成更多自燃点低的过氧化物。随着过氧化物的增多，很容易积聚到自燃的浓度，进而在发动机点火前发生多点自燃。所以，随着发动机压缩比的增大，发动机发生爆燃的倾向变大。在这种情况下，为防止爆燃的出现，就要使用抗爆性好的汽油，即辛烷值高的汽油。

41. 汽油的牌号是怎样划分的？

车用汽油的牌号是按照其辛烷值的高低来区分的，辛烷值是表示汽油抗爆性的指标，它是汽油重要的质量指标之一。目前最常用的辛烷值测定方法有两种：马达法和研究法，两种方法测出的数值不同。我国车用汽油的牌号采用研究法测定的数值，升级为国 V 以后的油品，汽油标号从原来的 90 号、93 号和 97 号改为 89 号、92 号和 95 号，并在国标附录中新增了 98 号汽油。

42. 选择汽油牌号的依据是什么？

① 根据汽车生产厂家规定选用汽油。根据汽车出厂规定选用汽油是最常用的方法。在随车提供的汽车使用说明书中一般都有明确的规定和说明。汽车使用说明书是汽车生产厂为保证汽车能正常、可靠地行驶，充分发挥和保持良好的技术性能，延长汽车使用寿命而提供给用户的使用须知，是汽车使用技术（包括燃油和润滑油的选用）的主要依据。对进口汽车选用汽油时要特别慎重，供油部分最好不要进行调整，有些引进汽车在这方面还有特殊要求，应注意。

② 根据发动机压缩比选用汽油。压缩比是发动机性能和效率的体现，通常来说，对于高压缩比的发动，应该加注更高标号的汽油。汽油使用的一般原则是：压缩比为 8.0 以上的汽油机应选用 89 号汽油；压缩比在 9.0 以上的汽油机应选用 92 号或 95 号汽油；压缩比在 10.0 以上的汽油机应选用 98 号。

③ 根据汽车使用条件选用汽油。在选用汽油标号时，还要考虑发动机使用条件、海拔高度、大气压力等因素。经常处于大负荷、大扭矩、低转速状况下使用的汽油机（如拖挂运行的汽车），容易产生爆震，应选用较高辛烷值的汽油（指与在正常使用条件下的汽车相比）；高原地区由于大气压力小，空气稀薄，汽油机工作时爆震倾向减小，可适当降低汽油的标号。经验表明，海拔每上升 100 米，汽油辛烷值可降低约 0.1 个单位。

对进口汽车选用汽油时要特别慎重，供油部分最好不要进行调整，有些进口汽车在这方面还有特殊要求，需要做必要的调整时，应到生产厂家指定的维修厂站进行。

43. 选择汽油是不是牌号越高越好？

不是。汽车和用油之间有一个相互匹配的问题，并非标号越高越好。汽油标号选择的主要依据是发动机的压缩比。压缩比、点火提前角等参数已经在发动机电脑中设置好了，车主应严格按照使用说明的要求选择汽油。现代汽车的发动机电脑程序中，对抗爆性较差的汽油设置了进行微调节的适应性程序，而对高标号汽油则没有相应的程序。所以，如果低压缩比的发动机盲目使用高标号的汽油，不仅经济上造成浪费，还会引起着火慢，燃烧时间长，导致汽油燃烧不完全，造成污染和浪费，在行驶中产生加速无力的现象，其高抗爆性的优势无法发挥出来，并且还因为燃烧气体的温度过高，高温废气可能烧坏排气门。总之，汽油标号越高，就说明油的燃烧速度越慢，不易爆燃，更适合具有较高压缩比的发动机，反之则要求发动机的压缩比较低。

44. 汽油标号加错会出现什么问题？

如果不按照使用说明书规定的要求选用规定标号的汽油，所产生的危害是很大的。若高压缩比的发动机选用低标号汽油，发动机极容易产生爆震，发动机爆震过久，容易造成活塞烧顶、环岸烧损、活塞环断裂等故障，加速机件的损坏；低压缩比发动机通常装配在经济型车上，要求加注的燃油通常为92号汽油，如果添加了高标号汽油，发动机一定不会发生爆震的现象，但高标号汽油到了气缸内，由于压力不够，并不能充分地进行燃烧，不仅浪费了动力，还容易形成积炭，增加经济成本。

45. 高标号汽油纯度一定高吗？

不一定。汽油牌号的高低只是表示汽油辛烷值的大小，反映了汽油的抗爆性能，抗爆性能与组成有一定的关系。一般来讲，高分支的异构烷烃和烯烃、芳烃辛烷值较高，但它与汽油的纯度并没有直接的关系，也就是说，辛烷值不能说明汽油纯度的高低，因此绝不能把汽油的牌号与纯净度和质量混为一谈。

46. 提高汽油辛烷值的措施有哪些？

目前，提高汽油辛烷值的方法主要有以下三种：

① 改进加工工艺。选择良好的原料和改进加工工艺，例如采用催化裂化、加氢裂化和催化重整、烷基化、异构化等工艺，生产出高辛烷值的汽油。

② 加入高辛烷值组分。向产品中调入抗爆性优良的高辛烷值成分，例如异辛烷、异丙苯、烷基苯、醇类等。

③ 加入抗爆剂。加入如甲基叔丁基醚（MTBE）、羰基锰（MMT）、CN-KBJ218 铁锰基抗爆剂等。

47. 汽油中为什么要加入含氧化合物？为什么汽油又要控制氧含量？

汽油本身不含氧，汽油中的氧主要来自汽油的调和组分，某些有机含氧化合物的辛烷值较高，如甲基叔丁基醚（MTBE）、乙基叔丁基醚（ETBE）、甲基叔戊基醚（TAME）、甲醇、乙醇等，汽油中加入这些化合物可有效提高汽油的辛烷值，使燃料燃烧完全，降低一氧化碳及碳氢化合物的排放，减少空气污染。

含氧化合物的加入固然可以优化车用汽油的质量，但其加入量是有限制的，含氧化合物体积热值比汽油低，大量加入将影响汽车发动机的性能。此外，对于闭环控制的电喷发动机，空燃比处于理论空燃比附近很窄的"窗口"内，含氧化合物的含量增加，则会因富氧而干扰氧传感器闭环控制系统工作，造成供给使发动机的混合比偏离理论比而变得稍稀，使催化器的转换效率降低，NO 排放增加。因此，一般均规定汽油中氧的质量分数不大于 2.7%。此外，MTBE 使用后污染地下水，而且是不可逆的污染，所以也需要控制。

48. 什么是汽油的馏程？怎样根据汽油馏程判断其使用性能？

汽油是一个主要由多种烃类及少量烃类衍生物组成的复杂混合物，没有一个确定的沸点，其沸点表现为一很宽的范围，通常以该产品的沸点范围或馏程表示。油品馏程用恩氏蒸馏来测定。

所谓恩氏蒸馏是在规定条件下，对油品进行加热。因为分子量小的轻组分沸点低，会首先汽化出来，所以我们可以用蒸馏所得到的气相的温度来表示当前汽化出来的烃类的大致沸点，当油品在恩氏蒸馏设备中按规定条件加热时，流出第一滴冷凝液时的气相温度称为初馏点。蒸馏过程中，烃类分子按沸点高低顺序逐渐蒸出，气相温度也逐渐升高，馏出物体积为 10%、30%、50%、70%、90%时的气相温度分别为 10%、30%、50%、70%、90%馏出温度，蒸馏到最后所能达到的最高气相温度称为终馏点或干点。初馏点到干点这一温度范围称为馏程。

汽油各点馏出温度是汽车使用性能好坏的主要指标：

① 10%馏出温度与启动的性能有关，相对说明燃料油中轻馏分含量。10%馏出温度愈低，发动机越易启动，并且启动时间短，消耗燃料量少，但是轻组分太多，易产生气阻。

② 50%馏出温度与加速性能有关。表示燃料的平均挥发性和加速性能的大小，此温度愈低，发动机预热到正常工作所需的时间就愈短，变速愈容易。如果50%温度太低，则燃料热值低，发动机功率小。

③ 90%馏出温度反映燃料重质组分的含量，它关系到燃料是否充分蒸发燃烧的情况。90%馏出温度越高，重质组分越多，燃料燃烧不易完全。一般来说，燃料90%馏出温度低些好。

④ 终馏点表示燃料中所含最重馏分的沸点，此点温度越高，则越易稀释润滑油和增加机械磨损。同时会由于燃烧不完全，形成气缸上油渣沉积或堵塞油管。

49. 什么是汽油的蒸气压？

汽油的蒸气压是指在标准仪器中测定的 38℃下汽油的饱和蒸气压，又称作雷德蒸气压，是反映汽油在燃烧系统中产生气阻的倾向和发动机启动难易程度的指标。同时还可相对地衡量汽油在贮存、运输过程中的损耗倾向。汽油的饱和蒸气压越大，蒸发性也就越强，这样，发动机易于冷启动，但产生气阻的倾向增大，蒸发损耗也越大。汽油中轻组分含量多，油路气阻倾向大，汽车容易熄火；反之，则燃料不能迅速蒸发，启动困难。汽油的蒸气压要根据季节、地区和用途进行调整。冬用汽油要有较高的蒸气压，夏季使用的汽油蒸气压较低；高海拔地区汽油的蒸气压相应低些；航空汽油要求的蒸气压比车用汽油低。

50. 什么是气阻现象？如何防止？

气阻是指汽油在还未进入气缸以前，在输油管路中提前气化，造成油路输油量不稳，从而使进入气缸的汽油量时多时少，影响气缸正常燃烧的现象。出现这种现象的原因一是该汽油含沸点太低的组分也就是轻组分太多，从而使该油品的汽化能力太强；二是当地的气温太高，由于油品的蒸气压是随着温度的上升而增大的，从而使汽油的蒸发能力也增大。

防止气阻的办法是，冬夏季和不同气候的区域采用不同的汽油标准，即冬季用相对较轻的油，而夏季用相对较重一点的油。

51. 什么是闪点？

闪点是指油品在常压下油气混合气相当于爆炸下限或上限浓度时油品的温度。测定油品闪点是一个严格的条件性试验。仪器分为开口闪点仪和闭口闪点仪两种，其主要区别是闭口闪点仪是在密闭容器中加热油气，一般用以测定轻质油品。而开口闪点仪中油蒸气可以自由扩散到周围空气中，一般用于测定较重油品的闪点。

油品的危险等级是根据闪点来划分的。从闪点的高低可判断油品组成的轻重，鉴定油品可能发生火灾的危险性。

52. 什么是燃点？什么是自燃点？

燃点是在规定的条件下加热油品到被外部火源引燃，并连续燃烧不小于5秒时的最低温度。温度达到油品的燃点以上时，如遇到外部火源，一场大火将不可避免。因此达到燃点以后，要坚决杜绝一切火源。

自燃点是加热油品到一定温度时，油蒸气与空气的混合物在没有外部火源情况下，因激烈氧化而自行燃烧的最低温度。油品越重，其自燃点越低。重质油品自燃点低，因此温度若达到了自燃点以上时，应增加防止油品泄漏的措施，否则遇空气会引起自燃，酿成火灾。

53. 如何评定汽油的腐蚀性？

汽油中的烃类没有腐蚀性，但一些非烃类物质，如活性硫化物、有机酸、水溶性酸碱等对金属都有腐蚀作用。汽油在使用和储存过程中，都与金属相接触，为了保证发动机和贮运设施的正常工作和使用寿命，要求汽油对金属没有腐蚀性。评定汽油腐蚀性的方法有酸度、水溶性酸碱、铜片试验和博士试验等。

汽油中的活性硫化物主要是元素硫、硫化氢和低分子量的硫醇，硫醇用一般的碱洗的办法难以全部除去，危害极大。它不仅使汽油发出恶臭味，显著地促进胶质的生成，而且会与元素硫协同作用增加对金属的腐蚀，一般用硫含量或博士试验来评定。

汽油中的有机酸主要是环烷酸，含量很少。引起腐蚀的酸性物质主要是汽油储存中氧化生成的酸性物质，随着时间的增长而增多，当汽油中含水时会严重腐蚀金属。用酸度来评定。

成品汽油中应不含水溶性酸或碱，它是在油品用酸精制除去硫及后面用碱中和过程中带入的，因水洗过程操作不良而残留在汽油中的，用水溶性酸碱来评定。

铜片腐蚀试验是一个总体的评价方法，将铜片放入规定温度下的汽油中，达到规定时间后看金属是否有被腐蚀的迹象。

54. 什么是汽油的抗氧化安定性？如何评定？

汽油在常温和液相条件下抵抗氧化的能力称为汽油的抗氧化安定性，简称氧化安定性或安定性。安定性不好的汽油，在储存和输送过程中容易发生氧化反应，生成胶质，使汽油的颜色变深，甚至会生成沉淀。从而影响发动机供油、引起火花塞短路、导致进排气阀门关闭不严以及增大爆震燃烧的倾向等。

引起汽油安定性差的最根本原因是其中所含的各种不饱和烃容易发生氧化和叠合等反应，从而生成胶质。另外，汽油中的含硫化合物和含氮化合物也能促进胶质的生成。

评定汽油安定性的指标有：碘值、实际胶质和诱导期。碘值是指 100g 试样所能吸取碘的克数。利用不饱和烃能够与碘发生加成反应来鉴定汽油的不饱和程度。实际胶质是指在 150℃的温度下，用热空气吹过汽油表面使其蒸发至干，所残留下的棕色或黄色的残余物量。诱导期的测定是将一定油样放入标准的钢筒中，充入一定压力的氧气，然后放入 100℃的水中，当发生氧化反应后，氧压会明显下降。从油样放入到氧压明显下降所经历的时间叫诱导期。

55. 汽油含水有何危害？

汽油在生产与储运过程中容易混有水分，特别是大型油罐底部的汽油水分含量大。如果加了水分含量大的汽油，汽车在行走过程中会突然熄火或抖动厉害。汽油含水的最大害处是会导致金属汽油箱内壁生锈，当锈块吸附在油泵的滤网上时，使汽油泵吸油的阻力变大，致使发动机吸油不足，动力下降，时间久导致油泵失效。

56. 什么是含铅汽油？什么是无铅汽油？

为提高车用汽油的辛烷值，改善其抗爆性能，以前常在汽油中加入能够提高汽油抗爆性能的添加剂。四乙基铅 $[(C_2H_5)_4Pb]$ 是一种高效的汽油抗爆添加剂，一般的直馏汽油加入 0.1% 的四乙基铅，辛烷值可提高 14～17 个单位。含有四乙基铅的汽油叫作含铅汽油。

无铅汽油的含义是指含铅量在 0.013g/L 以下的汽油，英语简称 ULP。无铅汽油中只含有来源于原油的微量的铅，在调和过程中没有添加四乙基铅，而是用其他方法提高汽油的辛烷值，如加入甲基叔丁基醚（MTBE）、甲基叔戊基醚、叔丁醇、甲醇、乙醇等。使用无铅车用汽油能够减少汽车尾气排放中的铅化合物，减少污染，对保护环境起到一定的积极作用。我国早在 2000 年便明令禁止使用含铅抗爆剂，现行汽油标准规定汽油铅含量不大于 0.005g/L。

57. 什么是清洁汽油？它与普通车用无铅汽油有何区别？

在车用汽油中引入"清洁"词冠，是车用汽油发展过程中的一个标注。不同时期"清洁"二字所代表的具体含义是在不断变化的。

我国清洁汽油的第一个标注是无铅汽油。我国已在 2000 年全面禁止生产和销售含铅汽油，现在市场上销售的都是车用无铅汽油。

清洁汽油是第二个标注，无铅汽油不等于清洁汽油。由于车用无铅汽油与含铅汽油相比组成发生了较大的变化，导致汽车燃油系统的喷嘴、进气阀和燃烧室沉积物增加，造成汽车排放的劣化和油耗增加。为了解决这些问题，发展了清洁车用汽油。在清洁车用汽油中，要严格控制无铅汽油中烯烃、苯、芳烃、硫和含氧化合物的含量，并要求必须加入一种有效的汽油清净剂，用来溶解和清洗燃油系统的沉积物。我国 2003 年开始推广使用清洁汽油。

清洁汽油的第三个标注被称为高清洁汽油，它是以 92 号无铅清洁汽油为基础，按照比例加入一种多效汽油清洁复合添加剂而构成的新品种汽油。此类油的添加剂由清净剂、辛烷值调整剂、养护型添加剂复合组成，与普通汽油或无铅汽油相比，高清洁汽油除了能满足市售汽油的各项质量指标要求外，由于加入了多效复合添加剂，增强了清除各种沉积物的能力，提高了经济性，降低了排气污染。高清洁汽油适用于各种汽油发动机的车辆，尤其适用于电控燃油喷射发动机车辆。

58. 清洁汽油是不是只对保护大气环境有好处？

不全面。车用清洁汽油不仅能减少污染，使尾气排放中的碳氢化合物（简写为 HC）、一氧化碳（CO）、氮氧化物（NO_x）大大减少，减轻对环境的污染，使用清洁汽油对汽油发动机，尤其是电喷发动机的汽车还具有以下几点好处：

① 清洁汽车部件。使用清洁汽油的汽车能够保持发动机燃油系统清洁，如化油器或喷嘴，进排气阀、火花塞、燃烧室、活塞等，燃油系统不会产生积炭，减少机械磨损，延长汽车使用寿命。

② 清除积炭。可清除由于未使用高清洁汽油，发动机燃油供给系统各部位已经形成的油垢、胶状物和积炭。

③ 省油。燃油系统清洁，油品的雾化程度提高，混合气完全燃烧，功率达到最大化。

④ 改善行驶性能。发动机容易启动，转速平稳，加速性能好。

⑤ 乘车感舒适。

59. 如何鉴别汽油的质量？

① 看颜色。一般汽油的颜色是淡黄色或无色透明的，劣质油品颜色发暗、呈乳白色或浑浊，颜色发暗是掺配汽油或汽油存放期过长，呈乳白色或浑浊的是混入了水分。

② 闻气味。汽油油味正常，没有异味，如有异味、臭味是含铅汽油，或其他低牌号油及油中混入了水分。

③ 加油后，车辆在运行中，汽车尾气（化油器）放炮或有敲缸声，是低牌号油或油中混入了水分。

60. 为什么不宜用汽油擦洗机器和洗涤？

汽油有很强的去污能力，机器上、地坪上有油污、漆垢，衣服上有油渍时，有人常用汽油来擦洗，觉得既省力又省事。可是这种做法却有很大的危险性，因为汽油非常容易挥发，有时我们用肉眼也能看到汽油液面有一层正在挥发的雾气。1L 汽油能挥发成 100～400L 的气体，扩散到很大的空间。有时火源离开汽油似乎很远，但与挥发了的汽油气体接触仍会引起燃烧。

用汽油擦洗、洗涤时，由于空气的接触面增加，所以挥发的速度大大加快。

例如，在衣服上擦一点汽油，很快就挥发掉了，这时，如有一点明火就可能引起燃烧；如果油气浓度在爆炸极限范围以内，遇明火还会引起爆炸。

汽油除了有燃烧爆炸的危险外，还有一定的毒性。空气中油气浓度达到30～40mg/L 时，人呼吸半小时就有生命危险。所以，尽量不要用汽油作为擦洗和洗涤之用。如果必须用汽油擦洗时，一定要做好防火安全工作，要远离火源，严禁吸烟，电器要防爆，并防止金属零件等摩擦撞击发出火星。同时还应注意通风，防止油气积聚。

61. 家庭里为什么不能贮存汽油？

由于摩托车、机动三轮车等已开始进入家庭，为了便于给车加油，有些家庭将汽油贮存在家里。这是非常危险的，一不小心，会造成不应有的损失。因为一旦汽油着火、爆炸，家里既无专用设备又无相应的灭火器材，无法扑救，不但危及自身，还能殃及四邻。因而，往车里加油要到加油站去，切记家中不要存放汽油。

汽油的危险性主要有：

① 闪点低：汽油的闪点在-58～10℃范围内，属于一级危险的易燃液体，很容易燃烧，可以说，见火就着。

② 易挥发：汽油闪点低，易挥发，而且一年四季都能挥发。

③ 质量轻：汽油的相对密度为 0.72～0.775，比水轻，着火后不能用水扑救，火势很容易向外扩展，给灭火带来困难。

④ 汽油气体容易爆炸：汽油蒸气在空气中体积分数为 0.76%～6.0%时遇火就会爆炸（即使在-20℃的低温下也能爆炸）。

62. 电喷车是否需要汽油清净添加剂？

电喷发动机的进油结构与化油器式发动机不同，汽油通过喷油嘴，将雾化的汽油喷进气门，气门打开时，将雾化汽油喷入燃烧室。比起化油器式发动机的汽油混合气，电喷机的汽油雾化浓度大得多。电喷发动机对汽油的杂质较敏感。当电喷式发动机在进气行程中，把雾状汽油直接喷向进气门，此时油路中的温度可高达 200℃以上，其结果是在进气门上方、气门推杆和喷嘴上以及进气门的密封面上，极易形成积炭，导致气门关闭不严，汽缸内部压力下降，发动机动力损失；气门导杆积炭多了，造成启动时气门冷粘连，发动机剧烈抖动；

而喷嘴的积炭容易导致供油不畅，发动机动力不畅。添加汽油清洁剂，可有效地防止在金属表面形成积炭，并能将原有的积炭颗粒逐渐活化，慢慢去除，从而保护发动机免受伤害。

63. 小排量缸内直喷涡轮增压发动机应选择什么样的汽油？

小排量缸内直喷涡轮增压发动机至少要使用 92 号汽油，但是使用 95 号汽油会更好。这是因为，这种小排量缸内直喷涡轮增压发动机属于高强化发动机，发动机工作时，活塞上方承受的压力非常高，燃料燃烧的速度也比较快。虽然理论压缩比不高，但实际压缩比都比较高。在这种情况下，使用高标号的汽油可以有效地避免发动机爆燃，同时更有利于发动机动力的发挥，而可以有效地延长发动机的使用寿命，避免发动机早期损坏。此外，一定要去正规的加油站加油。

三、车用柴油的使用及要求

64. 车用柴油的组成及性质是怎样的？

车用柴油是复杂的烃类混合物，碳原子数约为 10~22，密度范围为 0.81~0.85g/mL，沸点范围约为 180~370℃（介于煤油与润滑油之间），主要由原油蒸馏、催化裂化、热裂化、加氢裂化、石油焦化等过程生产的柴油馏分通过精制、加入添加剂调配而成。柴油是压燃式发动机（即柴油机）燃料，柴油使用性能中最重要的质量要求是燃烧性能和低温流动性，燃烧性能用十六烷值表示，愈高愈好，低温流动性的评定指标是凝点和冷滤点，柴油的凝点愈低愈好。除此之外还有氧化安定性、硫含量、馏程、闪点、雾化性能和蒸发性能等。

65. 什么是柴油的浊点、凝点和冷滤点？它表示的是柴油的什么性能？

柴油的烃分子中有一部分为石蜡，通常在柴油中呈溶解状态存在。当温度降低时，石蜡开始结晶析出形成石蜡结晶网络，这种网络延展到全部柴油中，使其流动阻力增加，甚至失去流动性。

所谓浊点就是在实验条件下，对柴油冷却，开始析出石蜡晶体，使柴油呈现浑浊时的最高温度。美国、俄罗斯、法国等国家采用浊点作为柴油低温流动性的评定指标。柴油虽已达到浊点，但仍能有效地通过柴油滤清器的滤网，保证正常供油，只有冷却到浊点下某一温度时，才影响柴油机的正常工作。因此，浊点不是柴油的最低使用温度。再进一步冷却柴油，石蜡析出的现象加剧，并使各单位微粒的结晶聚合起来，形成所谓的石蜡结晶网络，当这种网络延伸到全部油中时，使油品失去流动性。柴油的凝点即为在规定的仪器中，按一定的实验条件测得油品失去流动性时的最高温度。而所谓失去流动性，也完全是条件性的，即在油品冷却到某一温度时，把装有试油的规定试管倾斜 45°，经过一分钟后，肉眼看不出试管内油面有所移动。我国柴油的牌号是按凝点划分的。

在实际使用中，柴油在低温下会析出晶体，晶体长大到一定程度就会堵塞滤网。冷滤点是指油品通过规定滤网每分钟不足 20mL 时的最高温度。同一油品的冷滤点一般比凝点高 1～3℃。对轻柴油而言，冷滤点比凝点指标在实际使用中显得更加重要。因为冷滤点与柴油的低温使用性能直接相关。

一般而言，油品的浊点＞冷滤点＞凝点。浊点、冷滤点和凝点的高低与柴油的组成有关，烷烃最高，芳烃最低。一般认为冷滤点能够比较实际地反映使用时的气候条件，而凝点主要是与柴油的贮存、运输有关。浊点、凝点和冷滤点表示的是柴油的低温流动性，只表明柴油在使用时对周围环境温度的适应性，与使用性能无直接关系，也就是说在夏季使用冬用柴油并无障碍，只是会造成资源的浪费。

66. 车用柴油的牌号是怎样划分的？怎样正确选择柴油的牌号？

同车用汽油一样，车用柴油也有不同的牌号，柴油的牌号划分依据是柴油的凝固点。我国车用柴油产品目前执行的标准为 GB 19147—2016《车用柴油》标准，该标准中将柴油划分为六个牌号：5 号、0 号、−10 号、−20 号、−35 号和−50 号。

凝点与柴油的低温使用性能没有直接的对应关系，因此，选用柴油牌号的依据是使用时的温度，一般凝点应低于当地气温 5℃。温度在 8℃以上选用 5 号柴油；温度在 4℃以上时选用 0 号柴油；温度在−5～4℃时选用−10 号柴油；温度在−14～−5℃时选用−20 号柴油；温度在−29～−14℃时选用−35 号柴油；温度在−44～−29℃时选用−50 号柴油。具体地说，0 号轻柴油适于全国各地 4～9 月份使用，长江以南冬季亦可使用；−10 号轻柴油适于长城以北地区冬季和长江以南地区严冬使用；−20 号轻柴油适于长城以北地区冬季和长城以南、黄河以北地区严冬使用；−35 号轻柴油适于东北和西北地区严冬使用。

67. 什么是柴油机的爆震现象？产生爆震的原因与汽油机有何不同？

柴油在柴油机中的燃烧分为四个阶段：滞燃期、速燃期、慢燃期和后燃期。所谓自燃期又称为发火延迟期，是指从喷油开始到混合气开始着火之间的一段时间。一般只有 1～3ms。如果所用柴油的自燃点太高，会使滞燃期时间增长，一旦出现自燃，由于积累的燃料太多，燃烧极为迅速，出现金属敲击声，并由于火焰燃烧速度太快导致已燃气和未燃气的混合，使燃烧不完全，而排出黑烟，这就是柴油的爆震现象。

汽油机是点燃式发动机，其爆震是汽油混合气在火焰未传播到的区域内，由于汽油的自燃点太低，超前燃烧引起的；而柴油机是压燃式发动机，其爆震是由于柴油的自燃点太高，使得从喷油到出现自燃的时间即滞燃期延长，拖后燃烧引起的。

68. 什么是柴油的十六烷值？如何定义的？

柴油的十六烷值是表示柴油抗爆性的指标，是指与柴油自燃性相当的标准燃料中所含正十六烷的体积百分数。标准燃料是用正十六烷与2-甲基萘按不同体积分数配成的混合物。其中正十六烷自燃性好，设定其十六烷值为 100；2-甲基萘自燃性差，设定其十六烷值为 0。也有以 2,2,4,4,6,8,8-七甲基壬烷代替2-甲基萘，设定其十六烷值为 15。例如某柴油的抗爆性与含 50%正十六烷的标准燃料相同，该柴油的十六烷值就等于 50。十六烷值测定是在实验室标准的单缸柴油机上按规定条件进行的。十六烷值高的柴油容易启动，燃烧均匀，输出功率大；十六烷值低，则着火慢，工作不稳定，容易发生爆震。加添加剂可提高柴油的十六烷值，常用的添加剂有硝酸戊酯或硝酸己酯。

69. 柴油的十六烷值与化学组成和馏分组成有何关系？

柴油的十六烷值是由其化学组成和馏分组成决定的。各族烃类十六烷值的变化规律是：相同碳数的不同烃类，正构烷烃的十六烷值最高，烯烃、异烷和环烷烃居中，芳香烃特别是稠环芳香烃的十六烷值最小。烃类的异构程度越高，环数越多，其十六烷值越低；环烷和芳香烃随所带侧链长度增加，其十六烷值增高，而随侧链分类的增多，十六烷值减小。因此，石蜡基原油如大庆原油生产的柴油其十六烷值比环烷基原油如孤岛原油生产的柴油高。催化裂化和焦化柴油因含有较多芳香烃特别是多环芳烃，所以十六烷值较低。

70. 柴油十六烷值越高越好吗？

柴油的十六烷值是代表柴油在发动机中燃烧性能的一个约定量值，它影响着整个燃烧过程。柴油的十六烷值并不是越高越好。对十六烷值的要求取决于发动机的设计，特别是发动机的转数及负荷变化大小，启动情况和环境温度等因素。要保证柴油的均匀燃烧，避免使消耗油量不必要地增大，一般用于高速柴油机的轻柴油，其十六烷值以 40～55 为宜；中、低速柴油机用的重柴油的十六烷值可低到 35 以下。当十六烷值高于 50 后，再继续提高对缩短柴油的滞燃期作用已不大；当十六烷值高于 65 时，会由于滞燃期太短，燃料未及与空气均匀混合即着火自燃，以致燃烧不完全，部分烃类热分解而产生游离碳粒，随废气排出，造成发动机冒黑烟及油耗增大，功率下降。另外，十六烷值过高的柴油分子量较大，使柴油的低温流动性、雾化与蒸发性能均受影响，也会使燃烧不完全，导致发动机功率下降、油耗升高及排气冒黑烟。

71. 什么是柴油的氧化安定性？如何控制？

氧化安定性是指石油产品在长期储存或长期高温下使用时抵抗热和氧化作用、保持其性质不发生永久变化的能力。柴油中含有不饱和烃，特别是二烯烃、多环芳烃和含硫、含氮化合物都是不安定性成分，发生氧化反应后颜色变深，气味难闻，产生一种胶状物质及不溶性沉淀物，严重时会造成柴油机滤油器堵塞，燃烧室形成大量积炭，使柴油喷射系统形成漆膜并使活塞环黏滞和加大磨损。其物性指标用总不溶物（mg/100mL）来表示。柴油的安定性取决于其化学组成，必须通过各种精制方法减少上述不安定性化合物的含量。

72. 柴油硫含量高有何危害？

柴油中的含硫量对发动机的工作寿命影响很大。活性硫能直接腐蚀金属，而且不论活性硫化物或非活性硫化物，燃烧后生成的 SO_2 和 SO_3 遇到燃烧产生的水和水蒸气，在温度不高时会形成亚硫酸和硫酸，严重腐蚀发动机机件。当含硫废气进入气缸壁和曲轴箱时，促使润滑油变质。燃气中的 SO_2 和 SO_3 还能使气缸中生成沉积物，这种沉积物同时兼有腐蚀和机械磨损双重作用，它所引起的磨损比单纯机械磨损要严重得多。另外，含有硫化物的废气会严重地污染环境。对于车用柴油机，含硫量每增加0.1%，颗粒物排放就增加0.034g/(kW·h)。柴油中硫的质量分数由0.3%减少到0.05%时，颗粒物污染减少9%。

73. 柴油为什么要控制多环芳烃的含量？

柴油中的芳香烃组分包括单环、双环及少量三环芳香烃。双环和三环芳香烃统称多环芳香烃，是致癌物质。芳烃特别是多环芳烃是柴油发动机运行过程中颗粒物形成的主要成分。当柴油中芳烃含量增加时，排放污染物中NO_x、CO、碳烟和颗粒物（PM）都会增加。芳香烃成分的增加导致碳烟生成量增加的原因是：芳香烃在较高温度下不易发生环破裂，相反更容易直接发生缩聚，生成多环芳香烃的碳烟前体，造成更多的碳烟生成，因此必须对其含量重点加以控制。

74. 柴油的馏程数据有什么作用？

柴油的馏程是对柴油挥发性的要求，和汽油一样也是在恩氏蒸馏设备上进行测定的，它是一个有严格规定的条件性试验。所得到的气相温度的高低与所蒸出的气体的沸点有关，而沸点又和柴油的轻重馏分含量有关。重组分经济性好，但会引起发动机内部积炭增加，磨损增加及尾气排放黑烟；轻组分使发动机在各种运转条件下燃烧完全且容易启动。

① 50%馏出温度（T_{50}）。50%馏出温度越低，说明柴油的轻馏分越多，则柴油机易于启动，我国国家标准一直规定轻柴油50%馏出温度不高于300℃。研究表明，柴油中小于300℃馏分的含量对耗油量的影响很大，小于300℃馏分含量越高，则耗油量越小。

② 90%馏出温度（T_{90}）及95%馏出温度（T_{95}）。90%馏出温度及95%馏出温度越低，说明柴油中的重馏分越少。我国历次国家标准都规定轻柴油的90%馏出温度不高于355℃，95%馏出温度不高于365℃。

75. 为何要控制柴油的闪点？

为了控制柴油的蒸发性不致过强，GB 19147—2016《车用柴油》国家标准中规定了各牌号柴油的闭口闪点，要求-35号及-50号轻柴油的闪点不低于45℃，-20号轻柴油的闪点不低于50℃，其余各牌号的柴油的闪点均要求不低于 60℃。美国柴油的闪点普遍较低，而我国轻柴油的闪点指标偏高，尤其是10 号、0 号和-10 号柴油闪点最高。闪点偏高对扩大柴油轻馏分、增加轻柴油产量会造成障碍，但从储存和运输来看，闪点过低的柴油不仅蒸发损失大，而且也不安全。所以柴油的闪点也是保证安全性的指标。

76. 什么是柴油的灰分？有什么危害？

灰分是指柴油燃烧后残留的无机物，它来源于燃料所含的盐类、金属有机物和外界进入的尘埃等。灰分一般由研磨性固体物和可溶性金属皂盐组成，其中研磨性固体物（如催化剂粉末）会使喷嘴、燃油泵、活塞以及活塞环磨损增大，而金属皂盐与柴油中的芳烃发生聚合，会增加发动机气缸内的沉积，这样形成的沉积比积炭更为坚硬和更具有腐蚀性。因此国内外柴油标准通过灰分指标控制其含量。

77. 什么是柴油的 10%蒸余物残炭？

柴油的 10%蒸余物残炭简称残炭，是在规定条件下，油品在裂解中所形成的残留物，以质量分数来表示。把测定柴油馏程中馏出 90%以后的蒸余物作为试样，所测得到的残炭就称之为柴油的 10%蒸余物残炭。根据残炭值的大小，可以大致判定油品在发动机中结炭的倾向。柴油的轻质馏分含量越多，精制程度越深，则残炭值越小。残炭值大，柴油在燃烧室中生成积炭的倾向就大，喷油器孔也易结焦堵塞，影响柴油机的正常工作。

78. 什么是柴油的铜片腐蚀试验？

铜片腐蚀是判定石油产品腐蚀性大小的质量指标。石油产品的铜腐蚀性主要与某些活性硫化物相关，如元素硫、硫化氢、硫醇、硫的氧化物、磺酸和酸性磺酸酯等，石油产品中存在的其他杂质，如碱性物质、氯化物等也能够对铜片产生腐蚀。柴油的铜片腐蚀试验是将磨光、干净的铜片放入装有柴油在密闭容器内，维持在（50±1）℃下恒温浸泡 3 小时，然后通过与腐蚀标准色板对比，根据色板的分级来判定柴油试样的腐蚀性。

79. 柴油含水有何危害？

柴油中的水分是由外界污染和储存时由于昼夜温度变化使储罐"呼吸"空气而带入的水。柴油中含有水分会大大提高其浊点和凝点，在低温下，水分呈微小冰晶体悬浮于柴油中，此时即使没有蜡结晶析出，也会堵塞滤网，影响正常供油。水分的存在还会降低柴油的热值，影响正常燃烧，增加对金属设备的腐蚀。柴油中水分会加速柴油的氧化过程并溶解可溶性盐类，使柴油的灰分增加，并增加硫化物对金属零件的腐蚀作用，还会造成柴油中低分子有机酸生成酸性水溶液等危害。如果水中含有无机盐，进入气缸后导致积炭增加，增大磨损，因此必须限制轻柴油的水分含量不大于痕迹量。

80. 酸度表示柴油什么性能？

中和 100mL 油品中的酸性物质所需的氢氧化钾毫克数称为酸度。酸度可以反映柴油中所含有机酸的总量，是控制油品精制深度的项目之一。柴油的酸度对发动机工作状况影响很大，一般在酸度较大且有水存在的情况下，供油部件容易受到腐蚀，并会出现喷油器孔结焦、气缸内积炭增加、喷油泵柱塞磨损较大等问题。

81. 什么是柴油的雾化性能？

柴油经高压喷嘴喷入气缸后，必须在很短的时间内迅速地雾化成小油滴，然后很快地蒸发为气体，与空气均匀混合，才能高效地发出动力。柴油喷出后的雾滴的大小称为柴油的雾化性能。

由于柴油机是采用高压泵将柴油喷入气缸，因此柴油的黏度是影响喷油雾化的主要因素。黏度过大使油泵的抽油效率下降，减少了供油量，同时喷油的雾滴大，喷射角小、射程远，使油滴的有效蒸发面积减小，蒸发速度减慢，从而使混合气组成不均匀，燃烧不完全，燃料消耗大。由于射程远，油滴可能大量落在气缸壁和活塞头上，导致燃烧不完全而形成积炭，使发动机的功率下降，耗油量增加。反之，黏度如果过小，雾化程度虽有所改善，但喷油的射程近而喷射角大，使喷入的柴油集中在喷油嘴附近，不能与气缸中全部空气混合，致使混合气中空气不足，燃烧不完全，发动机功率下降，耗油量增大，排气管排放黑烟。柴油的黏度过小还容易从高压油泵的柱塞和泵筒之间的间隙中漏出，因而使喷入气缸的燃料减少，造成发动机功率下降。因此，柴油的黏度必须在一定的范围内才能保证油泵正常工作。

82. 什么是柴油的蒸发性能？

柴油雾化后迅速气化与空气均匀混合的能力称为柴油的蒸发性能。柴油的蒸发性能和柴油的轻重以及燃烧室内的空气温度有关。如果柴油过重，则蒸发速度太慢，从而使燃烧不完全，导致功率下降，油耗增大，以及润滑油被稀释而磨损加重；若柴油的馏分过轻，则由于蒸发速度太快而使发动机气缸压力急剧上升，从而导致柴油机的工作不稳定。由于柴油机可燃混合气的形成与气缸内的空气温度和运动也有关，因此不同类型的燃烧室对柴油的蒸发性能的要求也有所差异。

83. 轿车用柴油与普通轻柴油有何区别？

自 2011 起，将轻柴油分为车用柴油和普通柴油两类，分类的目的主要是针对不同用途的客户需求提供不同性能要求的油品，车用柴油品质较高，主要满足柴油汽车驾驶性能和排放要求高的需要，普通柴油主要是为了满足其他非车用柴油使用要求较低的需求，同时兼顾经济性的要求。两者的区别在于：

① 车用柴油的十六烷值较普通柴油高，可有效改善柴油的燃烧性，减少油耗，降低震动和噪声，同时减少一氧化碳的排放。其中 5 号、0 号和−10 号车用柴油的十六烷值必须在 51 以上，−20 号车用柴油必须在 49 以上，−50 号车用柴油必须在 47 以上，而普通柴油的十六烷值在 45 以上即可。

② 车用柴油有密度范围要求，能降低油耗，减少颗粒物的排放。

③ 车用柴油的闪点要求高于普通柴油。以 5 号、0 号和−10 号柴油为例，车用柴油要求不低于 60，普通柴油要求不低于 55 的，车用柴油安全性能更好。

④ 车用柴油增加了多环芳烃含量和润滑性等指标要求，主要是有利于环保，提高发动机性能。

以前国Ⅱ普通柴油硫含量为不大于 2000mg/L，2017 年普通柴油连续经历三次升级，先是 7 月 1 日起普通柴油从国Ⅲ升级到国Ⅳ，硫含量从不大于 350mg/L 降到不大于 50mg/L，然后是 11 月 1 日起从国Ⅳ升级到国Ⅴ，目前硫含量要求与车用柴油相同，不大于 10mg/L。

84. 如何鉴别柴油质量的好坏?

可以由以下几种方法辨别柴油质量的好坏:

① 直接观察。正常柴油不应包含杂质,否则容易堵塞燃油系统。也可通过颜色来初步辨别柴油质量的好坏,柴油颜色与柴油的氧化安定性、色度等质量控制指标密切相关,通常车用优质的柴油应为无色、浅黄色或浅棕色的透明液体,稍透明无浑浊现象;而颜色发黑发暗呈酱油色的柴油为低标号掺配油;有浑浊现象的是混入水分或杂质的劣质柴油。

② 闻气味。柴油味道有轻有重,正常情况下柴油味道不易太重。优质柴油油味正常;劣质柴油有刺激性气味,比如有异味或腥辣难闻的再生油。

③ 测密度。油品密度是检验油品质量的重要标准。正常情况下,测定密度相对容易,市售柴油的密度在 0.81~0.85g/mL 波动。理论上是密度越大越耐烧,但密度过大,燃烧也不一定充分,高质量柴油的密度一般在 0.835~0.842g/mL 之间。

④ 手感。优质柴油手感黏度小,手感黏度大是混入了其他润滑油的劣质柴油。

四、油品质量标准及尾气排放标准

85. 车用汽油主要含哪些烃类? 它们对汽油的质量有什么影响?

车用汽油中主要含有 C_5~C_{11} 的烷烃、环烷烃、烯烃和芳烃。烷烃中的正构烷烃的燃烧比较完全,对环境没有什么大的污染,但最大的问题是其辛烷值很低,影响汽油的抗爆性;而异构烷烃中分支越高的辛烷值越高,是提高汽油抗爆性的主力军。

汽油中的烯烃辛烷值比较高,但其氧化安定性差,易被氧化,储存时间较长时油品颜色变深,形成的胶质还会堵塞油滤,并在进油系统、喷嘴、气缸内易形成胶质和沉淀,导致发动机加速困难,易熄火,降低发动机效率,油耗增加,增大汽车的排放;另外,在油罐中油泥增加较多,使经营销售环节损失比较严重;烯烃会形成有毒的二烯烃和环烯烃,二烯烃的氧化倾向比烯烃更活泼,氧化速度更快,具有直键和双键位于链端的烯烃比双键位于中心附近的异构烯烃更活泼,环烯烃又比直链烯烃的活泼性更大。烯烃排放后会增加 NO_x,且易生成臭氧,轻者造成二次污染,严重时会形成光化学污染。

汽油中的芳烃也是提高汽油辛烷值的主力军,但同时会增加发动机进气系统和燃烧室沉积物的形成，并促使 CO、HC、NO$_x$ 排放量的增加，尤其是苯排放的增加会造成更严重的污染。芳烃燃烧后会导致致癌物苯的形成，同时增加燃烧室积炭，导致尾气排放物增加。因此为了提高汽油的辛烷值，一般要把正构烷烃转化为异构烷烃；为了汽油的贮存和使用以及保护环境就要限制汽油中烯烃和芳烃特别是苯的含量。

86. 车用柴油主要含哪些烃类？它们对柴油的质量有什么影响？

车用柴油中主要含有 C$_{10}$～C$_{22}$ 的烷烃、环烷烃、烯烃和芳烃。目前对车用柴油烃类的标准主要集中在十六烷烃和芳烃含量。正构烷烃的十六烷值最高，因此含正构烷烃多的柴油抗爆性好，但正构烷烃的凝点高，冬季气温低时，容易造成柴油车启动困难；异构烷烃凝点较低且十六烷烃也较高，是柴油的理想组分。

一般而言，油品中的烃类化合物如果含碳数越高，其蒸发、汽化的能力就越差，而蒸发、汽化能力差，就不易和空气形成均匀的气相混合物，因此容易造成燃烧不完全。柴油中的多环芳烃是氧化能力最差的化合物，多环芳烃含量过高，会使燃烧不完全的现象加剧，造成大气污染物增加。因此，许多国家在清洁车用柴油中增加了限制芳烃或多环芳烃含量的标准。

87. 目前世界具有代表性的汽柴油标准有哪些？

目前国际上较为先进的汽油质量标准主要有美国、欧洲、日本、《世界燃油规范》四大标准体系。其中欧盟汽油标准和《世界燃油规范》最具影响力，被许多国家引用。

（1）美国的汽油标准

美国目前关于汽油的标准有美国材料试验协会的 ASTM D4814、美国 22 州新配方汽油标准、加州 CaRFG 3 标准。在这三类汽油规格标准中以 ASTM 标准最宽松，加州标准最严格。从 2000 年开始，美国（除加州外）实施 Tier 1 标准，2004—2006 年陆续升级至 Tier 2 标准，2017 年开始执行更为严格的 Tier 3 标准，硫含量不大于 5mg/kg。美国加州汽油质量指标执行硫含量不大于 5mg/kg，苯含量不大于 0.7%，烯烃含量不大于 4.0%，芳烃含量不大于 22%，蒸气压不高于 48.3kPa 的标准。

（2）日本的汽油标准

1987 年日本统一实现了普通汽油无铅化，成为全世界最早实现汽油无铅化的国家，目前也是生产清洁汽油的先进国家，所执行的 JIS K 2202 汽油规格标准。JIS K 2202：2007 标准及 2007 年以前制订的标准，根据汽油研究法辛烷值的不同，将车用汽油分为高级汽油（1 号汽油：辛烷值大于 96）及普通汽油（2 号：辛烷值大于 89）。JIS K 2202：2012 在对 JIS K 2202：2007 进行修订时，根据汽油中氧质量分数的不同，将原来的 1 号汽油分为 1 号汽油及 1 号（E）汽油，将原来的 2 号汽油分为 2 号汽油及 2 号（E）汽油，即新标准将车用汽油分为 4 类。1 号（E）及 2 号（E）车用汽油只用于为了耐燃料中的乙醇等引起的腐蚀而采取对策的车辆（使用通过添加乙醇使乙醇体积分数的最大值达到 10% 的汽油时，为提高车辆安全性而采取对策的车辆）。从 2007 年开始使用了硫质量分数小于 10mg/kg 的汽油。

（3）欧洲汽油和柴油标准

EN 228 汽油质量标准是欧洲统一实施的汽油标准。EN 228 标准主要由两部分组成，第一部分限定了密度、辛烷值以及硫含量、苯含量等指标的最大值。第二部分根据气候和季节将汽油的挥发性划分成不同的等级，分别执行。由于欧洲国家较多，具体情况差别较大，因此欧洲一些先进国家在满足欧洲统一法规的大前提下，又制定了符合自己国情的实施标准。从 1993—2013 年，欧洲汽柴油质量标准从欧 I 升级至欧 VI，最新的欧 VI 汽油标准（EN 228—2012）和欧 VI 柴油标准（EN 590—2013）已分别于 2013 年 5 月和 2014 年 4 月实施。表 1-3 和表 1-4 为欧盟车用汽、柴油主要指标的变化情况。

表1-3 欧盟车用汽油规格 EN 228 主要指标的变化

汽车排放标准		欧 I EN 228 —1993	欧 II EN 228 —1998	欧 III EN 228 —1999	欧 IV EN 228 —2004	欧 V EN 228 —2008	欧 VI EN 228 —2012
辛烷值(RON)	≥	95	95	95	95	95	95
密度(20℃)/(kg/m³)		725～780	725～780	725～775	725～775	720～775	720～775
硫含量/(mg/kg)	≤	1000	500	150	50	10	10
芳烃含量(体积分数)/%	≤	—	—	42	35	35	35
苯含量(体积分数)/%	≤	5.0	5.0	1.0	1.0	1.0	1.0
烯烃含量(体积分数)/%	≤	—	—	18	18	18	18

表1-4　欧盟车用柴油规格 EN 590 主要指标的变化

汽车排放标准		欧Ⅰ EN 590— 1993	欧Ⅱ EN 590— 1998	欧Ⅲ EN590— 1999	欧Ⅳ EN 590— 2005	欧Ⅴ EN 590— 2009	欧Ⅵ EN 590— 2013
十六烷值	≥	49	49	51	51	51[①] 47～49[②]	95
密度(20℃)/(kg/m^3)		820～860	820～860	820～845	820～835	820～845 800～845[③]	820～845 800～840
硫含量/(mg/kg)	≤	2000	500	350	50	10	10
多环芳烃(质量分数)/%	≤	—	—	11	11	8	8
T_{95}(95%馏出温度)/℃	≤	370	370	360	360	360	360

① 用于合适的温度条件下；②、③适用于北极圈内或极寒条件下。

（4）《世界燃油规范》

1998 年 6 月在比利时布鲁塞尔举行的第 3 届世界燃料会议上，欧洲汽车制造商协会（ACEA）、汽车制造商联盟（Alliance）、日本汽车制造商协会（JAMA）和美国发动机制造商协会（AAMA）代表全球汽车行业联合发表了《世界燃油规范》，第一次在世界范围内对车用燃油（包括车用汽油和车用柴油）提出了科学、明确、详细的指标要求。制定《规范》的目的是在世界范围内协调车用燃油的质量要求和标准制定，规范燃油质量与汽车技术的发展，以应对日益严格的油耗法规和不断升级的排放标准要求。

《世界燃油规范》要求清洁汽油降低硫含量，减少尾气中 SO$_x$ 的排放，抑制尾气转化器中催化剂中毒；降低烯烃含量，避免发动机进油系统和喷嘴堵塞，减少发动机进气阀和燃烧室中生成沉积物,减少汽车尾气中1,3-丁二烯的排放，避免汽油辛烷值分布不均；降低苯和芳烃含量，减少致癌物；降低蒸气压和 T_{90}，减少挥发性有机化合物（VOC）、毒物（TOX）的排放；提高辛烷值，提高汽车动力性能，减少污染物的排放。

《世界燃油规范》第 1 版于 1998 年 12 月发行，之后历经 4 次修订，最新的第 5 版已于 2013 年 9 月正式发布。第 5 版《世界燃油规范》根据市场对汽车排放控制和燃油经济性要求的不同，将车用燃油分为 5 类。由于欧美日排放法规的变化，《世界燃油规范》对 5 类车用燃油对应的市场进行了重新说明，具体见表 1-5。汽柴油主要指标情况见表 1-6 和表 1-7。

表1-5 第5版《世界燃油规范》5类车用燃油对应的市场情况说明

类别	燃油对应的市场说明
第Ⅰ类	适用于对排放控制没有或只有初级要求的市场,如美国 Tier 0、欧Ⅰ(欧盟机动车污染物排放第Ⅰ阶段标准)或相当排放标准的市场
第Ⅱ类	适用于对排放控制或其他市场需求有较严格要求的市场,如美国 Tier 1、欧Ⅱ(欧盟机动车污染物排放第Ⅱ阶段标准)、欧Ⅲ(欧盟机动车污染物排放第Ⅲ阶段标准)或相当排放标准的市场
第Ⅲ类	适用于对排放控制或其他市场需求有更严格要求的市场,如美国 LEV(低排放法规)、加州 LEV 或 ULEV(超低排放法规)、欧Ⅳ(欧盟机动车污染物排放第Ⅳ阶段标准)、日本JP 2005 或相当排放标准的市场
第Ⅳ类	适用于对排放控制有更高要求的市场,以保证复杂的 NO_x(氮氧化物)和微粒后处理技术得到应用,如美国 Tier 2、Tier 3、美国环保署 2007/2010 重型道路车排放法规、非道路车 Tier 4、加州 LEV Ⅱ、欧Ⅴ、欧Ⅴ(欧盟机动车污染物排放第Ⅴ阶段标准)、欧Ⅵ(欧盟机动车污染物排放第Ⅵ阶段标准)、日本 JP 2009 排放法规或者相当排放标准的市场
第Ⅴ类	适用于对排放控制和燃油效率都有极高要求的市场,以保证提高发动机效率的技术得到应用,在除了第Ⅵ类车用燃油要求的排放控制标准以外,那些要求满足美国 2017 轻型燃料效率标准、美国重型燃料效率标准、加州 LEV Ⅲ 或者相当要求的市场

表1-6 第5版《世界燃油规范》中车用汽油主要指标

项目		Ⅰ类	Ⅱ类	Ⅲ类	Ⅳ类	Ⅴ类
辛烷值(RON)	≥	91/95/98	91/95/98	91/95/98	91/95/98	95/98
密度(15℃)/(kg/m³)		715~780	715~770	715~770	715~770	720~775
硫含量/(mg/kg)	≤	1000	150	30	10	10
芳烃含量(体积分数)/%	≤	50.0	40.0	35.0	35.0	35.0
苯含量(体积分数)/%	≤	5.0	2.5	1.0	1.0	1.0
烯烃含量(体积分数)/%	≤	—	18	10	10	10
T_{50}(50%馏出温度)/℃		77~100	77~100	75~100	70~100	65~100
T_{90}(90%馏出温度)/℃		130~175	130~175	130~175	130~175	130~175
终馏点/℃	≤	205	205	205	205	205

表1-7 第5版《世界燃油规范》中车用柴油主要指标

项目		Ⅰ类	Ⅱ类	Ⅲ类	Ⅳ类	Ⅴ类
十六烷值	≥	48.0	51.0	53.0	55.0	55.0
密度(15℃)/(kg/m³)		820~860	820~850	820~840	820~840	820~840
硫含量/(mg/kg)	≤	2000	300	50	10	10
总芳烃含量(质量分数)/%	≤	—	25.0	20.0	15.0	15.0
多环芳烃含量(质量分数)/%	≤	—	5.0	3.0	2.0	2.0
T_{90}(90%馏出温度)/℃	≤	—	340	320	320	320
T_{95}(95%馏出温度)/℃	≤	370	355	340	340	340
FBP(终馏点)/℃	≤	—	365	350	350	350

88. 我国车用汽柴油质量升级情况是怎样的?

国务院办公厅于 1998 年 9 月正式发布了《关于限期停止生产销售使用车用含铅汽油的通知》，拉开了我国汽油质量升级的序幕，至 2019 年 1 月 1 日全国全面供应符合第六阶段 GB 17930—2016 标准 VIA 车用汽油，完成了从国 I 到国 VI 六个阶段的质量标准升级（见表 1-8），硫含量从不大于 1000mg/kg 逐步降低至不大于 10mg/kg，烯烃含量（体积分数）从国 III 标准起逐步降低至不大于 18%，芳烃含量从国 VI 标准起限制至不大于 35%，其他相关参数逐步严控，燃烧排放物对大气危害程度大幅降低。

表1-8 我国车用汽油主要指标变化升级情况

执行标准	国 I GB 17930 —1999	国 II GB 17930 —2006	国 III GB 17930 —2006	国 IV GB 17930 —2011	国 V GB 17930 —2013	国 VIA GB 17930 —2016	国 VIB GB 17930 —2016
全面执行时间	2003 年 1 月	2005 年 7 月	2010 年 1 月	2014 年 1 月	2017 年 1 月	2019 年 1 月	2023 年 1 月
辛烷值(RON) ≥	90/93/95	90/93/97	90/93/97	90/93/97	89/92/95	89/92/95	89/92/95
硫含量/(mg/kg) ≤	1000	500	150	50	10	10	10
芳烃含量(体积分数)/% ≤	40	40	40	40	40	35	35
苯含量(体积分数)/% ≤	2.5	2.5	1.0	1.0	1.0	0.8	0.8
烯烃含量(体积分数)/% ≤	35	35	30	28	24	18	15
锰含量/(mg/L) ≤	18	18	16	8	2	2	2

我国从 1954 年开始有轻柴油暂行标准，1960 年制定了第一个轻柴油正式标准（SYB 1071—1960），1964 年改为国家标准《轻柴油》（GB 252—1964），以后经过多次修订，其中 2000 年的修订（GB 252—2000）规定硫含量不得大于 2000mg/kg。2011 年修订时将标准名称由《轻柴油》更改为《普通柴油》，并相应修订了标准适用范围，并将硫含量限值降至 350mg/kg，增加了十六烷指数要求。考虑到柴油车的尾气排放控制，2003 年中国制定了第一个针对汽车用的柴油标准——《车用柴油》（GB/T 19147—2003），此后，我国车用柴油从 2005 年至 2015 年完成了国 II、国 III、国 IV、国 V、国 VI 的质量升级，硫含量从不大于 2000mg/kg 逐步降低至不大于 10mg/kg。具体情况见表 1-9。

表 1-9 我国车用柴油主要指标变化升级情况

执行标准	轻柴油 GB 252—2000	车用柴油 II GB/T 19147—2003	车用柴油 III GB 19147—2009	车用柴油 IV GB 19147—2013	车用柴油 V GB 19147—2013	车用柴油 VIA GB 19147—2016
执行时间	2002 年 1 月	2003 年 1 月	2011 年 7 月	2015 年 1 月	2017 年 1 月	2019 年 1 月
十六烷值 ≥	45	49/46/45	49/46/45	49/46/45	51/49/47	51/49/47
密度(20℃)/(kg/m³)	实测	820~860① 800~840②	810~850③ 790~840④	810~850③ 790~840④	810~850③ 790~840④	810~845③ 790~840④
硫含量/(mg/kg) ≤	2000	500	350	50	10	10
多环芳烃含量(质量分数)/% ≤	—	—	11	11	11	7

① 对应 5 号、0 号、–10 号、–20 号柴油的密度。
② 对应 –35 号、–50 号柴油的密度。
③ 对应 5 号、0 号、–10 号柴油的密度。
④ 对应 –20 号、–35 号、–50 号柴油的密度。

89. 我国现行车用汽油标准是什么？

我国现行的车用汽油标准包括车用汽油标准 GB 17930—2016、车用乙醇汽油（E10）标准 GB 18351—2017，具体指标如表 1-10、表 1-11 所示。与以往 5 个阶段标准不同的是，堪称"史上最严"的国 VI 标准分成了两个阶段执行，2020 年 7 月 1 日起执行国 VIA 阶段要求，2023 年 7 月 1 日起执行国 VIB 阶段要求。

表 1-10 车用汽油（VI）技术要求和试验方法（GB 17930—2016）

项 目	质量指标						试验方法
	国 VIA			国 VIB			
	89	92	95	89	92	95	
抗爆性：							
研究法辛烷值(RON) ≥	89	92	95	89	92	95	GB/T 5487
抗爆指数(RON+MON)/2 ≥	84	87	90	84	87	90	GB/T 503，GB/T 5487
铅含量/(g/L) ≤	0.005			0.005			GB/T 8020
馏程：							
10%蒸发温度/℃ ≤	70			70			GB/T 6536
50%蒸发温度/℃ ≤	110			110			
90%蒸发温度/℃ ≤	190			190			
终馏点/℃ ≤	205			205			
残留量(体积分数)/% ≤	2			2			
蒸气压/kPa：							
11 月 1 日—4 月 30 日	45~85			45~85			GB/T 8017
5 月 1 日—10 月 31 日	40~65			40~65			

项 目		质量指标						试验方法
		国ⅥA			国ⅥB			
		89	92	95	89	92	95	
胶质含量/(mg/100mL)： 　未洗胶质含量(加入清净剂前) ≤ 　溶剂洗胶质含量 ≤		30 5			30 5			GB/T 8019
诱导期/min ≥		480			480			GB/T 8018
硫含量/(mg/kg) ≤		10			10			SH/T 0689
硫醇(博士试验)		通过			通过			BN/SH/T 0174
铜片试验(50℃，3h)/级 ≤		1			1			GB/T 5096
水溶性酸或碱		无			无			GB/T 259
机械杂质及水分		无			无			目测
苯含量(体积分数)/% ≤		0.8			0.8			SH/T 0713
芳烃含量(体积分数)/% ≤		35			35			GB/T 30519
烯烃含量(体积分数)/% ≤		18			15			GB/T 30519
氧含量(质量分数)/% ≤		2.7			2.7			BN/SH/T 0663
甲醇含量(质量分数)/% ≤		0.3			0.3			BN/SH/T 0663
锰含量/(mg/L) ≤		0.002			0.002			SH/T 0711
铁含量/(mg/L) ≤		0.01			0.01			SH/T 0712
密度(20℃)/(kg/m^3)		720～775			720～775			GB/T 1884，GB/T 1885

表1-11　车用乙醇汽油（E10）（Ⅵ）技术要求和试验方法

项 目		质量指标						试验方法
		（E10）（ⅥA）			（E10）（ⅥB）			
		89	92	95	89	92	95	
抗爆性： 　研究法辛烷值(RON) ≥ 　抗爆指数(RON+MON)/2 ≥		89 84	92 87	95 90	89 84	92 87	95 90	GB/T 5487 GB/T 503，GB/T 5487
铅含量/(g/L) ≤		0.005			0.005			GB/T 8020
馏程： 　10%蒸发温度/℃ ≤ 　50%蒸发温度/℃ ≤ 　90%蒸发温度/℃ ≤ 　终馏点/℃ ≤ 　残留量(体积分数)/% ≤		70 110 190 205 2			70 110 190 205 2			GB/T 6536
蒸气压/kPa： 　11月1日—4月30日 　5月1日—10月31日		45～85 40～65			45～85 40～65			GB/T 8017

项 目		质量指标						试验方法
		（E10）（VIA）			（E10）（VIB）			
		89	92	95	89	92	95	
胶质含量/(mg/100mL)： 　未洗胶质含量(加入清净剂前) ≤ 　溶剂洗胶质含量 ≤		30 5			30 5			GB/T 8019
诱导期/min ≥		480			480			GB/T 8018
硫含量/(mg/kg) ≤		10			10			SH/T 0689
硫醇(博士试验)		通过			通过			BN/SH/T 0174
铜片试验(50℃，3h)/级 ≤		1			1			GB/T 5096
水溶性酸或碱		无			无			GB/T 259
机械杂质		无			无			目测
水分(质量分数)/% ≤		0.20			0.20			SH/T 0246
乙醇含量(体积分数)/%		10±2.0			10±2.0			BN/SH/T 0663
其他有机含氧化合物含量（质量分数)/% ≤		0.5			0.5			BN/SH/T 0663
苯含量(体积分数)/% ≤		0.8			0.8			SH/T 0713
芳烃含量(体积分数)/% ≤		35			35			GB/T 30519
烯烃含量(体积分数)/% ≤		18			15			GB/T 30519
锰含量/(mg/L) ≤		0.002			0.002			SH/T 0711
铁含量/(mg/L) ≤		0.010			0.01			SH/T 0712
密度(20℃)/(kg/m³)		720~775			720~775			GB/T 1884，GB/T 1885

注：数据源自 GB 18351—2017。

90. 我国现行车用柴油标准是什么？

为了满足我国第六阶段机动车排放要求的国家强制性标准，GB 19147—2016《车用柴油》于 2016 年 12 月 23 日颁布实施，GB 25199—2017《B5 柴油标准》于 2017 年 9 月 7 日颁布实施。在 GB 19147—2016 修订中增加了总污染物含量的检验项目，将多环芳烃质量分数由不大于 11% 降至不大于 7%，将 5号、0 号和−10 号柴油的闪点（闭口）由不低于 55℃提高为不低于 60℃。这些内容的增加、质量指标的降低或提高，缩小了我国车用柴油的质量与发达国家的差距。车用柴油的国Ⅵ标准的具体指标如表 1-12 和表 1-13 所示。

表1-12 车用柴油（Ⅵ）技术要求和试验方法（GB 19147—2016）

项目		质量指标						试验方法
		5号	0号	-10号	-20号	-35号	-50号	
氧化安定性(以总不溶物计)/(mg/100mL)	≤	2.5						SH/T 0175
硫含量/(mg/kg)	≤	10						SH/T 0689
酸度(KOH)/(mg/100mL)	≤	7						GB/T 258
10%蒸余物残炭(质量分数)/%	≤	0.3						GB/T 17144
灰分(质量分数)/%	≤	0.01						GB/T 508
铜片试验(50℃，3h)/级	≤	1						GB/T 5096
水含量(体积分数)/%	≤	痕迹						GB/T 260
润滑性：校正磨痕直径(60℃)/μm	≤	460						SH/T 0765
多环芳烃含量(质量分数)/%	≤	7						SH/T 0806
总污染物含量/(mg/kg)	≤	24						GB/T 33400
运动黏度(20℃)/(mm²/s)		3.0～8.0		2.5～8.0		1.8～7.0		GB/T 265
凝点/℃	≤	5	0	-10	-20	-35	-50	GB/T 510
冷滤点/℃	≤	8	4	-5	-14	-29	-44	SH/T 0248
闪点(闭口)/℃	≥	60		50		45		GB/T 261
十六烷值	≥	51		49		47		GB/T 386
十六烷指数	≥	46		46		43		SH/T 0694
馏程：50%点馏出温度/℃ 90%点馏出温度/℃ 95%点馏出温度/℃	≤ ≤ ≤	300 355 365						GB/T 6536
密度(20℃)/(kg/m³)		810～845			790～840			GB/T 1884 GB/T 1885
脂肪酸甲酯/m%	≤	1.0						NB/SH/T 0916

表1-13 B5车用柴油（Ⅵ）技术要求和试验方法

项目		质量指标			试验方法
		0号	5号	-10号	
氧化安定性(以总不溶物计)/(mg/100mL)	≤	2.5			SH/T 0175
硫含量/(mg/kg)	≤	10			SH/T 0689
酸值(以KOH计)/(mg/g)	≤	0.09			GB/T 7304
10%蒸余物残炭（质量分数）/%	≤	0.3			GB/T 17144
灰分（质量分数）/%	≤	0.01			GB/T 508
铜片试验(50℃，3h)/级	≤	1			GB/T 5096
水含量（质量分数）/%	≤	0.030			SH/T 0246
总污染物含量/(mg/kg)	≤	24			GB/T 33400
运动黏度(20℃)/(mm²/s)		2.5～8.0			GB/T 265
闪点(闭口)/℃	≥	60			GB/T 261

项 目		质量指标			试验方法
		0 号	5 号	-10 号	
冷滤点/℃	≤	8	4	-5	SH/T 0248
凝点/℃	≤	5	0	-10	GB/T 510
十六烷值	≥	51			GB/T 386
密度(20℃)/(kg/m³)		810～845			GB/T 1884 GB/T 1885
馏程: 50%点馏出温度/℃ 90%点馏出温度/℃ 95%点馏出温度/℃	≤ ≤ ≤	300 355 365			GB/T 6536
润滑性: 校正磨痕直径(60℃)/μm	≤	460			SH/T0765
脂肪酸甲酯(FAME)含量(体积分数)/%	> ≤	1.0 5.0			NB/SH/T 0916
多环芳烃含量（质量分数）/%	≤	7			GB/T 25963

注: 数据源自 GB 25199—2017。

91. 我国现行汽柴油标准与国际主要标准体系对比情况如何?

我国车用汽油标准 GB 17930—2016 中的车用汽油(ⅥA)已与 EN228(Ⅴ)相当,但与《世界燃油规范》Ⅴ类相比,在油品挥发性和清净性方面还存在差距。我国车用柴油标准 GB 19147—2016 中的车用柴油(Ⅵ)已与 EN590(Ⅴ)相当,但与《世界燃油规范》Ⅴ类相比,在清净性、总污染物及润滑性方面还存在差距(表 1-14)。

表 1-14 我国现行汽柴油标准的部分指标与国际主要标准体系对比情况

主要技术指标		国Ⅴ	国Ⅵ	欧盟 （Ⅵ类）	美国加州	日本	世界燃油 规范 （Ⅴ类）
汽油	辛烷值(RON) ≥	82/92/95	82/92/95	95	—	89/96	95/98
	硫含量/(mg/kg) ≤	10	10	10	10	10	10
	苯含量(体积分数)/% ≤	1.0	0.8	1.0	0.8/0.7/1.1[①]	1.0	1.0
	烯烃含量(体积分数)/% ≤	24	18/15	18	6/4/10[①]	—	10
	芳烃含量(体积分数)/% ≤	40	35	35	25/22/35[①]	—	35
	T_{50}/℃ ≤	120	110	46～ 71(E100)	77～121	110	65～100
柴油	十六烷值 ≥	51/49/47	51/49/47	51/49/47	40	50/45	55
	硫/(mg/kg) ≤	10	10	10	15	10	10

主要技术指标		国V	国Ⅵ	欧盟 （Ⅵ类）	美国加州	日本	世界燃油规范 （Ⅴ类）
柴油	总芳烃含量(质量分数)/% ≤	35	35	—	10/20②	—	15
	多环芳烃含量(质量分数)/% ≤	11	7	8	1.4/4②	—	2.0
	闪点/℃ ≥	55/50/45	60/50/45	55	52	50/45	—
	T_{90}/℃ ≤	350	350	—	282～338	360/350/330	320
	总污染物/(mg/kg) ≤	—	24	24	20		10

① 一般限制/平均限制/上限。

② 大炼厂/小炼厂。

92. "国Ⅵ"和"国Ⅴ"汽柴油标准有什么区别？

根据我国环保部和能源局的要求，2020 年实行乙醇汽油全覆盖，MTBE 不再作为汽油调和组分。与汽油国Ⅴ标准相比较，国Ⅵ标准的汽油在烯烃、芳烃和苯含量以及挥发性指标上要求更加严格，不但限制汽油硫含量，还优化了汽油组分和烃类组成。升级油品的核心目的是为了环保，减少尾气污染。

"国Ⅵ"标准汽柴油在油品质量排放数据上比"国Ⅴ"标准更加严格，能减少更多颗粒物及降低更多非甲烷有机气体和氮氧化物的排放量。整体来说，相比"国Ⅴ"标准，"国Ⅵ"标准排放限值会严格 40%至 50%左右，而且对于柴油车也是同样的标准。"国Ⅵ"油品一氧化碳排放量降低 50%，总碳氢化合物和非甲烷总烃排放限制下降 50%，氮氧化物排放限制加严 42%。

针对国内汽油品质有 4 个显著的变化：

① 加严烯烃含量限值，由 24%分别降至国Ⅵa 阶段 18%、Ⅵb 阶段 15%。

② 加严芳烃含量限值，由 40%降至 35%。

③ 加严苯含量限值，由 1%下降至 0.8%，严于欧盟 1%的标准。

④ 加严汽油馏程 50%蒸发温度限值，由 120℃降至 110℃。

93. 汽柴油组成对排放有何影响？

汽车尾气中的污染物主要包括一氧化碳（CO）、氮氧化物（NO_x）、碳氢化合物（简写为 HC）和颗粒物等。

对汽油而言，降低硫含量，可显著减少 SO_x 排放，有限度减少 NO_x、CO、HC 和有毒物排放；降低芳烃含量，可明显减少尾气中有毒物质排放；降低烯烃，可明显降低同臭氧结合的倾向；加入含氧化合物，可提高抗爆性，使燃烧完全，降低 CO、HC 排放，但对 NO_x、有毒物排放影响不显著。

对柴油而言，随着硫含量的增加，尾气中的 SO_x 增加；随着多环芳烃的增加，NO_x 和 PM 增加，而 CO 和 HC 下降；随着十六烷值的增加，CO 和 HC 排放显著下降，NO_x 排放略有下降，但 PM 增加。

94. 欧洲轻型汽车排放限值情况如何？

为应对汽车保有量大幅增加带来的环境污染问题，欧洲于 1970 年发布了 ECE-15 法规，此后每隔 3~4 年对其进行修订。1977 年增加了对 NO_x 的限值要求，随后又将 HC 和 NO_x 合在一起进行控制，并对装有催化器的汽油机给予税收优惠。1992 年实施的欧Ⅰ标准开始向美国标准靠拢，加严了排放限值，并将实验规范修改为 ECE-15（城区）+ EUDC（郊区）试验循环。在 1996 年开始执行的欧Ⅱ标准中排放限值继续降低，使得 1990 年后几乎所有的汽车都安装了三元催化器。2000 年开始执行的欧Ⅲ标准中，CO 和 NO_x 不再合并控制而分别给出了限值。自 2005 年起，欧洲执行欧Ⅳ标准，2009 年开始分阶段执行欧Ⅴ标准，增加了直喷汽油机颗粒物质量排放的限值，2013 年起实施欧Ⅵ标准。表 1-15 和表 1-16 分别为欧洲轻型汽柴油车排放标准实施时间及限值。

表 1-15 欧洲轻型汽油车排放限值

项　　目		欧Ⅰ	欧Ⅱ	欧Ⅲ	欧Ⅳ	欧Ⅴa	欧Ⅴb	欧Ⅵb	欧Ⅵc
实施日期		1992.07.01	1996.01.01	2000.01.01	2005.01.01	2009.09.01	2011.09.01	2014.09.01	2017.09.01
CO/(mg/km)	≤	2720	2200	2300	100	1000	1000	1000	1000
THC/(mg/km)	≤	—	—	200	100	100	100	100	100
NMHC/(mg/km)	≤	—	—	—	—	68	68	68	68
NO_x/(mg/km)	≤	—	—	150	80	60	60	60	60
THC+NO_x/(mg/km)	≤	970	500	—	—	—	—	—	—
PM/(mg/km)	≤	—	—	—	—	5.0①	5.0①	4.5	4.5
PN/km	≤	—	—	—	—	—	—	$6×10^{11}$	$6×10^{11}$

注：THC—总碳氢化合物；NMHC—非甲烷碳氢化合物；PM—颗粒物；PN—所有直径超过 23nm 的粒子总数。

① 采用 PMP 颗粒物测试程序时为 4.5mg/km。

与欧Ⅴ相似，欧Ⅵ标准也是分阶段实施，其中自 2013 年 1 月开始导入的欧Ⅵa标准为过渡阶段，从 2014 年 9 月起开始对新车型式认证实施欧Ⅵb 标准，2017 年 9 月起开始实施欧Ⅵc 阶段标准。与欧Ⅴ标准相比，柴油车 NO_x 排放限值降低了 55.6%，从 180mg/km 降至 80mg/km；THC + NO$_x$ 降低了 14.5%，从 230mg/km 降至 170mg/km；CO、PM 及颗粒物数量（particle number，PN）限值未发生变化，分别为 500mg/km、50mg/km 和 6×10^{11}/km；汽油车仅增加了对直喷汽油车（GDI）的限值要求，其他污染物排放限值则未发生变化。

表1-16　欧洲轻型柴油车排放限值

项　目		欧Ⅰ	欧Ⅱ	欧Ⅲ	欧Ⅳ	欧Ⅴa	欧Ⅴb	欧Ⅵb	欧Ⅵc
实施日期		1992.07.01	1996.01.01	2000.01.01	2005.01.01	2009.09.01	2011.09.01	2014.09.01	2017.09.01
CO/(mg/km)	≤	2720	1000	640	500	500	500	500	500
THC/(mg/km)	≤	—	—	—	—	—	—	100	100
NMHC/(mg/km)	≤	—	—	—	—	—	—	68	68
NO$_x$/(mg/km)	≤	—	—	500	250	180	180	60	60
THC+NO$_x$/(mg/km)	≤	970	700（IDI）900（DI）	560	300	230	230	—	—
PM/(mg/km)	≤	140	80（IDI）100（DI）	50	25	5.0①	5.0①	4.5	4.5
PN/km	≤	—	—	—	—	—	6×10^{11}	6×10^{11}②	6×10^{11}

注：DI 代表直喷发动机；IDI 代表非直喷发动机。

① 采用 PMP 颗粒物测试程序时为 4.5mg/km。

② 对于 DI 发动机欧Ⅵ前 3 年限值为 6×10^2/km。

95. 我国车用柴油有害物质的控制标准有哪些？

自 1983 年首次发布国家汽车排放标准以来，中国大陆汽车排放标准先后经历了 5 个阶段。第 1 阶段采用怠速法对汽车 CO 和 HC 排放进行控制，随后增加了 NO$_x$ 排放限值。第 2 阶段自 1989 年起采用"工况法"替代"怠速法"控制汽车尾气排放，并增加了曲轴箱排放要求。第 3 阶段自 GB 14761 系列排放标准的发布与实施开始，中国大陆进入了对汽车的尾气、曲轴箱及燃油蒸发等排放进行全面控制阶段。第 4 阶段为自 1999 年起参照欧盟标准体系先后制定了国 1 到国 5 排放标准、对汽车排放进行分阶段加严控制。2016 年 12 月 23 日，环境保护部、国家质检总局发布《轻型汽车污染物排放限值及测量方法（中国第六阶段）》GB 18352.6—2016，自 2020 年 7 月 1 日起实施（表 1-17）。2018 年 6 月 22 日，环境保护部、国家质检总局发布《重型柴油车污染物排放限值及测量方法（中国第六阶段）》，自 2019 年 7 月 1 日起实施（表 1-18）。该标准延续了欧盟标准体系，协调了全球技术法规，融合了美国排放标准，标志着中国大陆进入了汽车排放控制的创新阶段。

表 1-17 轻型汽车国六污染物排放限值

项　目		6a 阶段				6b 阶段			
		第一类车	第二类车			第一类车	第二类车		
			Ⅰ	Ⅱ	Ⅲ		Ⅰ	Ⅱ	Ⅲ
测试质量(TM)/kg		全部	≤1305	1305～1760	>1760	全部	≤1305	1305～1760	>1760
CO/(mg/km)	≤	700	700	880	1000	500	500	630	740
THC/(mg/km)	≤	100	100	130	160	50	50	65	80
NMHC/(mg/km)	≤	68	68	90	108	35	35	45	55
NO_x/(mg/km)	≤	60	60	75	82	35	35	45	50
N_2O/(mg/km)	≤	20	20	25	30	20	20	25	30
PM/(mg/km)	≤	4.5	4.5	4.5	4.5	3.0	3.0	3.0	3.0
PN/km	≤	6×10^{11}	6×10^{11}	6×10^{11}	6×10^{11}	6×10^{11}	6×10^{11}	6×10^{11}	6×10^{11}
实施日期		2020 年 7 月 1 日				2023 年 7 月 1 日			

注:1.轻型汽车指最大设计总质量不超过 3500kg 的 M_1 类、M_2 类和 N 类汽车。按 GB/T 15089—2001 规定:M_1 类车指包括驾驶员座位在内,座位数不超过九座的载客汽车;M2 类车指包括驾驶员座位在内座位数超过九座,且最大设计总质量不超过 5000kg 的载客汽车;N_1 类车指最大设计总质量不超过 3500kg 的载货汽车;N_2 类车指最大设计总质量超过 3500kg,但不超过 12000kg 的载货汽车。

2.第一类车:包括驾驶员座位在内座位数不超过六座,且最大设计总质量不超过 2500kg 的 M_1 类汽车。

3.第二类车:本标准适用范围内,除第一类车以外的其他所有轻型汽车。

表 1-18 重型柴油车国六污染物排放限值

排放限值		发动机标准循环			发动机非标准循环	发动机非标准循环:整车试验		
		WHSC 工况(CI)	WHTC 工况(CI)	WHTC 工况(PI)	WNTE 工况	发动机类型		
						压燃式	点燃式	双燃料
CO/(mg/kWh)	≤	1500	4000	4000	2000	6000	6000	6000
THC/(mg/kWh)	≤	130	160	—	220	—	240(LPG) 750(NG)	1.5×WHTC 限值
NMHC/(mg/kWh)	≤	—	—	160	—	—	—	—
CH_4/(mg/kWh)	≤	—	—	500	—	—	—	—
NO_x/(mg/kWh)	≤	400	460	460	600	690	690	690
NH_3/(mg/kg)	≤	10	10	10	—	—	—	—
PM/(mg/kWh)	≤	10	10	10	16	—	—	—
PN/(#/kWh)	≤	8.0×10^{11}	6.0×10^{11}	6.0×10^{11}	—	1.2×10^{12}	—	1.2×10^{12}

注:WHSC 代表稳态工况;WHTC 代表瞬态工况;WNTE 代表发动机台架非标准循环;CI 代表压燃式发动机;PI 代表点燃式发动机。

五、替代能源及新能源汽车

96. 汽车用汽油和柴油的替代能源有何进展？

众所周知，由石油生产汽油和柴油作为汽车的动力是当今世界的主流。但由于石油的分布不均，且储量有限，以及由于燃烧化石燃料所造成的全球气候变暖，世界很多城市的市内空气质量下降等，促使人们不得不思考人类明天的车用燃料将会是什么。

我国的石油资源短缺，相对而言煤炭资源储量丰富，且开采潜力巨大，因此，从国家能源结构调整和能源安全方面考虑，煤制油已经成为我国能源发展战略的一个重要方向。

从技术成熟度、经济性、易普及程度、资源等方面因素看，天然气汽车也是一个值得关注的替代能源。液化石油气汽车保有量逐年增加，截至 2018 年，我国天然气汽车保有量为 676 万辆，与 2017 年相比增幅为 10.20%，2020 年已突破 1000 万辆。天然气汽车是清洁燃料汽车，尾气排放少，环境污染少，与汽油车、柴油车相比排放物降低。

近年来，新能源汽车的保有量也呈持续高速增长趋势，增量连续三年超过 100 万辆，特别是电动汽车。截至 2020 年底，全国新能源汽车保有量达 492 万辆，占汽车总量的 1.75%，比 2019 年增加 111 万辆，增长 29.18%。其中，纯电动汽车保有量 400 万辆，占新能源汽车总量的 81.32%。

此外，甲醇汽油、乙醇汽油、乳化燃料、生物柴油等替代能源的研究也有了较大的进展。

97. 什么是乳化燃料？

汽油机和柴油机随着膨胀过程的进行，气缸内的温度越来越高，特别是压缩比较大的发动机。而当温度上升到一定值时，会产生大量含有氮氧化物（NO_x）的烟尘，从而造成大气污染。乳化燃料是指在燃料中加入乳化剂后，依靠机械的离心力的作用，使燃料与水形成了一种稳定的"油包水"型乳化液，这种燃料我们称之为乳化燃料。这种乳化液是以小水滴高度分散在油中所形成的，而乳化剂是存在于油和水的界面，使这种结构能够稳定地存在。在油品汽化和空气混合的过程中，这种稳定的乳化液的结构不会被破坏。而当汽油机和柴油机随着膨胀过程的进行，气缸内的温度越来越高时，小水滴因受热会汽化而膨胀，产生一种"微爆"现象，由于水的汽化会吸收大量的汽化潜热，从而使气缸的温度下降。实践证明，这种所谓的"微爆"现象不仅大幅减少了废气中颗粒物（PM）的排放，而且还进一步雾化了油品，使燃烧更加完全，使得燃料的使用效率大幅提高，并减少了废气中碳氢化合物的含量。据报道，该项技术在国外的城市已有应用。如清洁燃料技术公司（CFT）开发的乳化燃料、乳化柴油等，据称已成功开发出具有商业价值的乳化燃料技术。

98. 什么是甲醇汽油？

甲醇汽油是一种新型环保燃料甲醇与汽油的混合物，具有清洁、高效、节能的特点，符合国家节能减排，借以获得更多扶持政策。甲醇汽油研究始于20世纪80年代，其诞生基于两大方面，一是能源与环境问题，二是我国当前的能源结构现状。我国能源结构存在"富煤少油"的现状，甲醇汽油作为一种清洁高效的替代能源，能在一定程度上缓解能源紧张问题；另一方面，可消化部分过剩甲醇。

甲醇汽油是先将甲醇汽油添加剂按一定的重量或体积比加入到甲醇内，得到变性甲醇后，再与现有国标汽油按一定的体积（质量）比经过严格的流程调配而成的甲醇与汽油的混合物。甲醇汽油通常按照甲醇的含量分为三类：低醇汽油（M3～M5）、中醇汽油（M15～M30）和高醇汽油（M85～M100），其中M后的数字表示甲醇汽油中甲醇的体积百分比。比如，掺入15%、30%、50%、85%甲醇的汽油分别为M15、M30、M50、M85。和普通汽车使用石油液化气燃料需增加特制装置不同，甲醇汽油可直接用于普通燃油车，单独使用或混合使用均可，不仅节省汽油费用，还可节约改制装置费用。但M100甲醇汽车，属于不含汽油的纯甲醇燃料汽车，其发动机不同于汽油车，若普通车使用纯甲醇燃料，则需对车辆发动机进行改造。

99. 甲醇汽油有什么优缺点？

甲醇汽油作为一种新型的替代性能源，具有一些普通汽油、乙醇汽油所不具备的优势。

① 原料丰富、价格低廉。与乙醇来源于粮食不同，甲醇通常来自化肥和制药、煤炭等行业生产的副产品。我国作为煤炭生产大国，很早以前已实现煤

制甲醇的规模化、产业化。甲醇汽油的成本低于乙醇汽油及普通汽油。

② 辛烷值高。甲醇能显著提高燃料的混合辛烷值，增强抗爆性能，可以提高发动机的压缩比，从而提高发动机的功率。

③ 挥发性好，有利于与空气的混和。甲醇汽油的可燃界限宽，燃烧速度快，可以实现稀薄燃烧，有利于提高发动机热效率，对排气净化及降低油耗有利。

④ 通用性较强。甲醇汽油作为一种汽车燃料，具有良好的燃烧性能，能够在燃烧系统内进行充分的燃烧。以当前市场上最常见的 M15 甲醇汽油为例，其动力性能较之普通汽油没有很大区别，能够在不改变车辆结构的情况下直接替代普通汽油。

⑤ 清洁环保。甲醇是高含氧量物质，它在气缸内完全燃烧时所需要的过量空气系数可以远远小于燃用汽油时所要求的值，燃烧更为充分。甲醇汽油排放气体中的毒性比普通汽油小，一氧化碳、碳氢化合物、氮氧化合物都有着明显的降低。同时甲醇汽油可以有效清除车辆供油、燃烧系统积炭，延长发动机使用寿命。

甲醇汽油的缺点主要有：

① 甲醇的汽化潜热高，蒸发时吸收热量较多，易造成甲醇燃料的低温启动性能差，冬天需要采取相应措施。

② 甲醇与汽油混合形成共沸物，在甲醇 15%配比附近甲醇汽油蒸气压显著提高，当环境气温较高时甲醇汽油在油路中容易形成气阻，造成汽车供油不畅。

③ 甲醇热值较低，只有汽油一半不到，大比例甲醇汽油（如 M85、M100）的汽车动力性能会受影响。

④ 甲醇具有腐蚀性，对橡胶有溶胀作用，同时甲醇是优良溶剂，进入气缸后会破坏缸壁油膜，容易造成气缸壁-活塞环摩擦副的异常磨损，因此在甲醇汽油中往往要加入抗腐蚀、抗溶胀的添加剂。

100. 使用甲醇汽油应注意哪些事项？

① 调配甲醇汽油时，应使用符合国家标准的无铅汽油，并严格按比例和调配工艺进行调配。且调配和储存要用专用储罐。

② 甲醇汽油水分含量超标，会破坏其稳定性，在储存、运输和使用过程中应检查、清理油罐、油箱中的积水，并在操作过程中注意密封，防止水分混入。

③ 甲醇汽油具有清洁作用，能清除油箱、燃油过滤器和油路系统的胶质和积炭。使用前应仔细清除上述部件的胶质、水分和污垢、以免影响使用效果。使用初期若有供油不畅、怠速不稳等情况，是因为清除下的胶质堵塞滤芯，需检查清洗供油系统，或更换过滤器。

④ 甲醇汽油对泡沫塑料件有溶胀现象，使用中发现上述情况，可适时更换为耐溶性材料。

⑤ 甲醇为含氧化合物，甲醇汽油燃烧所需空气较少，使用中可适当调小风门，并调整点火提前角，提高车辆动力性、降低油耗。

⑥ 甲醇汽油储存、运输、销售和使用的安全规则和普通汽油一样，应严格按照国家有关安全规定操作。同时，使用甲醇汽油应注意：严禁用嘴吸油；禁止用甲醇汽油清洗零部件、衣物及长时间接触皮肤；当溅入眼中或皮肤时，应及时用清水冲洗。

101. 什么叫乙醇汽油？乙醇汽油有哪些优缺点？

乙醇，俗称酒精，乙醇汽油是由变性燃料乙醇和普通汽油按一定比例混配形成的新型替代能源。所谓变性燃料乙醇是指特定工艺生产的高纯度无水酒精，加入变性剂后不能饮用，只作燃料用的乙醇。目前我国推广使用的是添加了体积分数为 10%生物燃料乙醇的车用乙醇汽油，称为 E10。对应着普通汽油的牌号，车用乙醇汽油也分为 89 号、92 号、95 号和 98 号四个牌号。因乙醇属于可再生能源，是由高粱、玉米、薯类等经过发酵而制得。理论上来说，它不影响汽车的行驶性能，还可减少有害气体的排放量，对于保护环境起到了一定的积极作用。乙醇汽油的使用，有利于缓解我国对国际原油的依赖，是一项战略性举措。另外，乙醇汽油含氧量高，烯烃含量低，燃烧后释放的一氧化碳少，对大气的污染小，有利于环境保护。

乙醇汽油的优缺点与甲醇汽油类似，不同于甲醇汽油的是，乙醇是由含糖作物及纤维类原料制作的，它的制作原料属于可再生能源，可以减少对石油的依存度。此外乙醇的热值比甲醇高，甲醇的热值不到汽油的一半，乙醇的热值则接近汽油的三分之二。

102. 什么是生物柴油？和普通植物油一样吗？

生物柴油学名为脂肪酸甲酯，是由含油植物和动物油脂以及废食用油为原料，与甲醇或乙醇等低碳醇在酸或者碱性催化剂和高温（230～250℃）下进行转酯化反应而成，再经洗涤干燥即得生物柴油。其碳链由 C_{12}～C_{18} 组成，而石化柴油的碳链为 C_{14}～C_{16} 组成，故生物柴油与石化柴油的碳链基本一致，使其可替代石化柴油。生物柴油可与石化柴油以任意比混合，制成生物柴油混合燃料，表示为 BXX。BD100 指的是生物柴油由动植物油脂或废弃油脂与醇（例如甲醇或乙醇）反应制得的脂肪酸单烷基酯、最典型的为脂肪酸甲酯（FAME）。B5 柴油指的是体积分数为 1%～5% 的 BD100 生物柴油与体积分数为 95%～99% 的普通柴油的调和燃料。生物柴油不同于普通植物油，普通植物油是制取生物柴油的原料。

103. 生物柴油有哪些优缺点?

与常规柴油相比，生物柴油使用时柴油机不需作改动，且具有下述无法比拟的性能。

① 具有优良的环保和可再生特性。与石化柴油相比，柴油车尾气中有毒有机物排放量仅为 10%，颗粒物为 20%，二氧化碳和一氧化碳的排放量仅为 10%。生物柴油在环境中很容易被微生物分解利用，具有良好的生物降解性，不会对环境造成严重污染。作为可再生能源，可通过农业和生物科学家的努力，资源不会枯竭。

② 具有较好的低温发动机启动性能。无添加剂冷滤点达-20℃。

③ 具有较好的润滑性能。使高压油泵、发动机缸体和连杆的磨损率低，使用寿命长。

④ 具有较好的安全性能。由于闪点高，生物柴油不属于危险品。因此，在运输、储存、使用方面的优势是显而易见的。

⑤ 具有良好的燃料性能。生物柴油十六烷值高，使其燃烧性好于柴油，燃烧残留物呈微酸性使催化剂和发动机机油的使用寿命加长。

生物柴油的主要缺点如下：

① 密度大。一般为 0.865～0.885kg/m³，如在石化柴油的体系下终端为按体积销售，对经济性有一定损失，但密度大又具有燃烧值高的特点（俗称耐烧），对最终用户无影响。

② 运动黏度高。一般 40℃时为 4～6mm²/s，比石化柴油高（2～4mm²/s），致使其雾化效果略差，但运动黏度高，更容易在气缸内壁形成一层油膜，从而提高运动机件的润滑性，降低机件磨损。

③ 冷滤点不稳定。因其原料为废弃动植物油脂，虽有部分原料在 20℃时的冷滤点可达到−10℃，但其中具有高冷凝点的原料如过多，则冷滤点会在 3℃左右。冬季使用时应选择低冷凝点的原料生产的生物柴油。

此外，生物柴油的热值比石油柴油略低，氧化安定性也相对差，生物柴油对橡胶有破坏作用，尾气中的 NO_x 排放量比石油柴油略有增加。

104. 车用生物柴油的牌号有哪些？

B5 车用柴油按凝点分为 3 个牌号：5 号 B5 柴油，适用于风险率为 10%的最低气温在 8℃以上的地区使用；0 号 B5 柴油，适用于风险率为 10%的最低气温在 4℃以上的地区使用；−10 号 B5 柴油，适用于风险率为 10%的最低气温在−5℃以上的地区使用。

105. 什么是清洁能源？

传统意义上，清洁能源指的是对环境友好的能源，意为环保，排放少，污染程度小。包含两方面的内容：①可再生能源：消耗后可得到恢复补充，不产生或极少产生污染物。如太阳能、风能，生物能、水能，地热能，氢能等；②非再生能源：在生产及消费过程中尽可能减少对生态环境的污染，包括使用低污染的化石能源（如天然气等）和利用清洁能源技术处理过的化石能源，如洁净煤、洁净油等。

目前，清洁能源的准确定义应是：对能源清洁、高效、系统化应用的技术体系。含义有三点：①清洁能源不是对能源的简单分类，而是指能源利用的技术体系；②清洁能源不但强调清洁性，同时也强调经济性；③清洁能源的清洁性指的是符合一定的排放标准。

106. 什么是新能源汽车？

新能源汽车是指除汽油、柴油发动机之外所有其他能源汽车，包括混合动力汽车（HEV）、纯电动汽车（BEV）、燃料电池汽车（FCEV）、氢发动机汽车以及燃气汽车、醇醚汽车等，其特点是废气排放量比较低。

新能源汽车采用非常规车用燃料作为动力来源（或使用常规车用燃料、采用 新型车载动力装置），综合车辆的动力控制和驱动方面的先进技术。随着能源紧缺，环境污染越来越严重，新能源汽车成为汽车产业未来发展的趋势。

107. 世界新能源汽车的研究过程经历了哪几个阶段？

第一阶段是摇摆不定阶段（2006 年以前）：这一阶段，各国对新能源汽车动力源没有决定，重心放在了氢燃料电池，中国处于摸索、定义阶段。

第二阶段是大力扶持发展阶段（2007—2011 年）：各国确定新能源汽车战略，并以锂电池为主，加大研发、基础设施投入，给予消费补贴，市场规模不断扩大。

第三阶段是继续扶持、逐渐进入收获阶段（2012 年至今）。各国维持新能源汽车战略，仍然以锂电池为主，维持消费补贴，加大对汽车二氧化碳排放控制力度。美国等国家规定每个汽车制造商至少每年出售一定零排放车辆，否则要缴纳碳税。

从新能源汽车的发展来看，各国扶持补贴政策起到了重大作用，随着第二阶段扶持补贴政策作用的逐渐显现，以及各国的持续性投入，新能源汽车逐渐进入收获阶段。

108. 我国新能源汽车的发展现状如何？

我国新能源汽车产业始于 21 世纪初。2001 年，新能源汽车研究项目被列入国家"十五"期间的"863"重大科技课题，并规划了以汽油车为起点，向氢动力车目标挺进的战略。"十一五"以来，我国提出"节能和新能源汽车"战略，政府高度关注新能源汽车的研发和产业化。形成了完整的新能源汽车研发、示范布局。

2012 年，国务院发布实施《节能与新能源汽车产业发展规划（2012—2020年）》，拉开了我国新能源车产业发展的序幕。多年来，国家出台新能源汽车免征车辆购置税和车船使用税、中央与地方财政补贴等一揽子优惠政策一一落实，不仅让新能源汽车产业在初期快速落地生根，更取得了举世瞩目的发展与推广成果。

自 2015 年起，我国新能源车迎来了高速发展期，产销量、保有量连续五年居世界首位。中国的新能源汽车，正逐步成为引领世界汽车产业转型的重要力量。

2020 年出台了多个持续扶持新能源汽车发展的相关政策。2020 年 3 月，国务院常务会议上确定了对于促进汽车消费的三点新举措，其中，决定将年底到期的新能源车补贴和免征购置税政策延长 2 年。2020 年 5 月，财政部等五部门印发《关于开展燃料电池汽车示范应用的通知》，标志着燃料电池动力这一技术路线得到进一步重视，同时提出"以奖代补"，形成布局合理、各有侧重、协同推进的燃料电池汽车发展新模式。2020 年 10 月，《新能源汽车产业发展规划（2021—2035 年）》通过，部署了 5 项战略任务，从各个方面具体描绘了今后我国新能源汽车产业的发展蓝图，为下一阶段的发展规划了更明确的方向，成为我国新能源汽车"2.0 时代"的新指南。而在 2020 年 11 月发布的《中共中央关于制定国民经济和社会发展第十四个五年规划和二〇三五年远景目标的建议》中，提及发展战略性新兴产业版块，其中新能源汽车是受到关注的重点产业之一。中国汽车已经进入了结构调整、转型升级的重要阶段。新能源汽车产品紧跟技术发展，开发更多创新性、高质量、高品质的产品，得到了消费者更广泛的认同。

109. 什么是混合动力汽车？有哪些优缺点？

混合动力汽车是指那些采用传统燃料的，同时配以电动机/发动机来改善低速动力输出和燃油消耗的车型。按照燃料种类的不同，主要又可以分为汽油混合动力和柴油混合动力两种。国内市场上，混合动力车辆的主流都是汽油混合动力，而国际市场上柴油混合动力车型发展也很快。按照能否外接充电又可以分为插电式混合动力汽车（PHEV）和非插电式混合动车汽车（MHEV）。

非插电式混合动力汽车优点：

① 采用混合动力后可按平均需用的功率来确定内燃机的最大功率，此时处于油耗低、污染少的最优工况下工作。需要大功率，内燃机功率不足时，由电池来补充；负荷少时，如制动、下坡、怠速时，富余的功率可以十分方便地为电池充电，回收能量。

② 在繁华市区，可关停内燃机，由电池单独驱动，实现"零"排放。

③ 有了内燃机可以十分方便地解决耗能大的空调、取暖、除霜等纯电动汽车遇到的难题。

④ 可让电池保持在良好的工作状态，不发生过充、过放，延长其使用寿命，降低成本。

非插电式混合动力汽车缺点：长距离高速行驶基本不能省油。

插电式混合动车汽车优点：除了以上非插电式混合动车汽车全部优点外，

通常拥有比非插电式混合动车汽车长得多的纯电续航里程，日常通勤可以做到完全纯电行驶（如国内某品牌插电式混合动力车型已经做到 100 公里纯电出航里程）。

插电式混合动车汽车缺点：电量不足时驾驶感受会有所降低。

110. 什么是纯电动汽车？有哪些优缺点？

纯电动汽车（battery electric vehicle，简称 BEV），它是完全由可充电电池（如铅酸电池、镍镉电池、镍氢电池或锂离子电池）提供动力源的汽车。电动汽车的组成包括：电力驱动及控制系统、驱动力传动等机械系统、完成既定任务的工作装置等。电力驱动及控制系统是电动汽车的核心，也是区别于内燃机汽车的最大不同点，由驱动电动机、电源和电动机的调速控制装置等组成。电动汽车的其他装置基本与内燃机汽车相同。

纯电动汽车的优点是技术相对简单成熟，只要有电力供应的地方都能够充电。由于电动机的扭力输出稳定，控制也比内燃机容易，纯电动车的行驶较畅顺，震动及噪声也较小。此外，由于电力可以从多种一次能源获得，如煤、核能、水力、风力、光、热等，减少对日见枯竭的石油资源的依赖。电动汽车还可以充分利用晚间用电低谷时富余的电力充电，使发电设备日夜都能充分利用，大大提高其经济效益。

纯电动汽车的缺点是蓄电池单位重量储存的能量太少，还因电动车的电池较贵，又没形成经济规模，故购买价格较贵，使用成本主要取决于电池的寿命及当地的油、电价格。

111. 什么是燃料电池汽车？有哪些优点？

燃料电池汽车（FCV）也可以算作电动汽车，是指以氢气、甲醇等为燃料，通过化学反应产生电流，依靠电机驱动的汽车。其电池的能量是通过氢气和氧气的化学作用，而不是经过燃烧，直接变成电能的。燃料电池的化学反应过程不会产生有害产物，因此燃料电池车辆是无污染汽车，燃料电池的能量转换效率比内燃机要高 2～3 倍，因此从能源的利用和环境保护方面，燃料电池汽车是一种理想的车辆。单个的燃料电池必须结合成燃料电池组，以便获得必需的动力，满足车辆使用的要求。

与传统汽车相比，燃料电池汽车具有零排放或近似零排放，行驶时不产生任何污染物，减少了机油泄漏带来的水污染，降低了温室气体的排放，能量转换效率高，具有节约能源、运行平稳、无噪声等优点。此外，与电动汽车相比，燃料电池灌满燃料的时间只需要几分钟，而电动汽车充满电往往需要几个小时。

112. 燃料电池发电的原理是什么?

燃料电池是一种不燃烧燃料而直接以电化学反应方式将燃料的化学能转变为电能的高效发电装置。燃料电池有多种，目前燃料电池汽车使用的主要是氢燃料电池，其发电的基本原理是：在电池的阳极（燃料极）输入氢气（燃料），氢分子（H_2）在阳极催化剂作用下被离解成为氢离子（H^+）和电子（e^-），H^+穿过燃料电池的电解质层向阴极（氧化极）方向运动，e^-由外部电路流向阴极；在阴极输入氧气（O_2），阴极的O_2在催化剂作用下离解成为氧原子（O），与通过外部电路流向阴极的e^-和燃料穿过电解质的H^+结合生成稳定结构的水（H_2O），完成电化学反应放出热量。这种电化学反应与氢气在氧气中发生的剧烈燃烧反应是完全不同的，只要阳极不断输入氢气，阴极不断输入氧气，电化学反应就会连续不断地进行下去，e^-就会不断通过外部电路流动形成电流，从而连续不断地向汽车提供电力。与传统的导电体切割磁力线的回转机械发电原理也完全不同，这种电化学反应属于一种没有物体运动就获得电力的静态发电方式。因而，燃料电池具有效率高、噪声低、无污染物排出等优点，这确保了 FCV 成为真正意义上的高效、清洁汽车。

为满足汽车的使用要求，车用燃料电池还必须具有高比能量、低工作温度、起动快、无泄漏等特性，在众多类型的燃料电池中，质子交换膜燃料电池（PEMFC）完全具备这些特性，所以 FCV 所使用的燃料电池都是 PEMFC。

113. 燃气汽车有哪几种? 有何优缺点?

燃气汽车主要包括使用压缩天然气（CNG）、液化天然气（LNG）和液化石油气（LPG）为燃料的压缩天然气汽车、液化天然气汽车和液化石油气汽车。

燃气作为汽车能源的突出优点是：

① 汽车发动机不必做大的改动就可直接使用，且天然气的价格比汽油便宜。

② 容易与空气混合形成均匀的可燃混合气，燃烧完全，可以大幅度减少CO、碳氢化合物和微粒的排放。另外，火焰温度低，因此 NO_x 的排放量也相

应减少。燃气汽车与同功率的燃油汽车相比，CO_2 排放量平均减少 20%左右，CO 排放量平均减少 90%左右，碳氢化合物排放量平均降低 70%左右，氮氧化合物排放量平均减少 30%左右，固体颗粒物排放量平均减少 35%，排放物中基本不含铅、硫化物及苯类等有害物质。

③ 天然气辛烷值高达 130，液化石油气的辛烷值也在 100 左右，因此，燃用天然气或液化石油气可提高发动机的压缩比，从而获得较高的发动机热效率。

④ 冷起动性和低温运转性能良好，在暖机期间无需加浓混合气。

⑤ 燃烧界限宽，稀燃特性优越。燃烧稀混合气，可以减少 NO_x 的生成和改善燃料经济性。

⑥ 不稀释润滑油，可以延长润滑油更换周期和发动机使用寿命。

燃气作为汽车能源的缺点是：

① 储运性能差。将压缩天然气充入车用气瓶内储运的办法，这些气瓶既增加了汽车自重，又减少了载货空间。虽然可以通过深冷液化技术制成液化天然气，但技术复杂，生产成本高。

② CNG 或 LPG 的一次充气的续驶里程短。

③ 与汽油或柴油相比，CNG 或 LPG 的理论混合气热值小，因此，燃用 CNG 或 LPG 将使发动机功率下降。

114. 压缩天然气、液化天然气和液化石油气有什么差别？

燃气汽车使用的天然气是从天然气田直接开采出来的，其主要成分是甲烷，甲烷常温下不能液化。因此，目前大都将其压缩到 20MPa 的高压（约 200个大气压），充入车用气瓶中储存和供汽车使用，即所谓的压缩天然气（CNG），需要耐高压储罐。液化天然气（LNG）是将天然气在常压下冷却至-162℃后液化而成。LNG 储罐是高真空绝热容器，主体结构含内胆和外胆，中间为真空和绝热保温，在内胆外壁缠绕由玻璃纤维纸和光洁的铝箔组成的多层绝热材料，储罐成本高。液化石油气是石油催化裂化过程或油田伴生气回收轻烃过程中得到的气体产品，在常温下加压到 1.6MPa 液化而成，储罐成本相对天然气要低。液化石油气汽车（LPGV）的燃料使用的是从油田伴生气获得的 LPG，其主要成分为丙烷、丁烷和少量的乙烷和戊烷，不含烯烃，适于作车用燃料。而从炼油厂得到的 LPG，除含丙烷、丁烷外，还含有较多的烯烃，烯烃在常温下化学安定性差，在储运过程中容易生成胶质，燃烧后容易积炭，不宜作车用燃料。

115. 压缩天然气汽车与液化天然气汽车各有什么优缺点?

　　液化天然气汽车。天然气在常压下冷却至-162℃后液化形成 LNG,其燃点为 650℃,爆炸极限为 5%~15%,安全性较高。LNG 汽车可以明显地压缩天然气体积,一次充气,可以行驶 500 公里甚至 1000 公里以上,非常适合长途运输使用。与 CNG 汽车相比,LNG 汽车在安全、环保、整车轻量化、整车续行里程方面都具有优势。

　　与 CNG 汽车相比,LNG 储罐储存的天然气能量密度高,为同体积 CNG 气瓶的 2~3 倍。相应的续行里程长,一般可长达 600 公里以上。特别适合代替柴油重卡车及长途柴油客车。而相比之下,CNG 汽车能量密度低,续行里程一般在 250 公里以内,只能用于中短途运输,特别适合城市公共汽车、出租车、教练车以及私家轿车等。

　　在天然气汽车的保有量方面,CNG 汽车占绝对优势:据统计,2018 年我国 CNG 汽车保有量为 626 万辆,加气站保有量在 5600 座左右,LNG 汽车保有量为 44 万辆,加注站为 3400 座左右。

　　LNG 汽车发展有一定的制约因素:

　　① LNG 气源是经 CNG 提炼而来,这就决定了 LNG 的价格终将会比 CNG 价格高 10%~20%,这是一大制约因素。

　　② LNG 重卡和 LNG 长途客车的新车购置费较同型柴油车贵约 20%;往往使业主望而却步。

　　③ LNG 只能加装在大型运输车辆及各地公交车上,私家车和出租车由于技术原因,只能加装 CNG,适合 LNG 汽车应用的领域较窄。

　　④ LNG 汽车方面技术标准较 CNG 汽车欠缺不少,如至今没有"车用液化天然气""车用 LNG 储气罐""LNG 汽车车用储气罐的定期检测与评定""LNG 汽车改装技术条件"等。

　　综上所述,CNG 和 LNG 这两种方式都是天然气汽车推广的主要方式。它们各有各的优势与缺点,应当根据需要进行选择和推广。

116. 使用压缩天然气比汽油安全吗?

　　使用压缩天然气比汽油安全。汽油具有良好的挥发性,随着气温升高挥发性增强,汽车燃料系统从构造上看没有十分严密的封闭措施,尤其是在向汽车加注汽油时,附近空气中易形成可燃性混合物,遇到小火花极易着火。汽车碰撞、倒置或漏油后发生火灾是常见的事故。而压缩天然气储存在经专门设计加工、高强度的气瓶内，传输和加注均是在严格封闭的管道中进行的，比较安全，即使发生漏气现象，由于天然气比空气轻，在空气中遇风而被驱散，加上天然气燃点高达538℃，不易形成可燃性混合气，所以天然气汽车不易发生火灾，比用汽油安全。

117. 什么是氢动力汽车？

氢动力汽车是一种真正实现零排放的交通工具，排放出的是纯净水，其具有无污染，零排放，储量丰富等优势，因此，氢动力汽车是传统汽车最理想的替代方案。与传统动力汽车相比，氢动力汽车成本至少高出20%。中国长安汽车在2007年完成了中国第一台高效零排放氢内燃机点火汽车，并在2008年北京车展上展出了自主研发的中国首款氢动力概念跑车"氢程"。

氢动力车的优点主要有：排放物是纯水，行驶时不产生任何污染物。缺点主要有：氢燃料电池成本过高，而且氢燃料的存储和运输按照技术条件来说非常困难，因为氢分子非常小，极易透过储藏装置的外壳逃逸。另外最致命的问题是，氢气的提取需要通过电解水或者利用天然气，如此一来同样需要消耗大量能源，除非使用核电来提取，否则无法从根本上降低二氧化碳排放。

118. 使用氢气作为替代能源有何优点？

氢气作为一种清洁、高效和丰富的新能源已渐为世人所共识。用氢气能替代汽油、柴油具有以下优点。

① 清洁。氢气燃烧过程中只产生水，对环境没有任何污染，实现真正的"零排放"。

② 贮能高。燃烧1g氢可以放出140kJ的热量，约为燃烧1g汽油放热的3倍。

③ 使用效率高。采用催化燃烧氢气燃烧产热，比常规化石燃料的热效率高10%～15%；用于发动机产生动力，比汽油效率高15%～25%。

④ 来源丰富。占地球表面71%的水中含有大量的氢，资源非常丰富。

⑤ 便于运输。输氢成本最低，损失最少。一条直径0.91m的输氢管道，用于950～1600km输氢，其所输送的能量相当于50万伏高压输电线路所输能量的10倍以上。而建设这样的输送管道所需费用，仅为建设高压输电线路的

$1/4 \sim 1/2$。

⑥ 用途广泛。用氢代替煤和石油，不需对现有的技术装备作重大的改造，现在的发动机稍加改装即可使用。还可用于燃料电池或转换成固态氢用作结构材料。

因此，随着"氢经济"时代的到来，人类社会亟待寻求经济有效的、可以实现工业化生产的制氢技术。

119. 太阳能电动汽车有何进展？

太阳能汽车也是电动汽车的一种，所不同的是电动汽车的蓄电池靠工业电网充电，而太阳能汽车用的是太阳能电池。太阳能电池把光能转化成电能，电能会在蓄电池中存起备用，用来推动汽车的电动机。由于太阳能车不用燃烧化石燃料，所以不会放出有害物。据估计，如果由太阳能汽车取代燃气车辆，每辆汽车的二氧化碳排放可减少43%～54%。

到目前为止，太阳能在汽车上的应用技术主要有两个方面：

① 完全用太阳能为驱动力代替传统燃油，这种太阳能汽车与传统的汽车不论在外观还是运行原理上都有很大的不同，太阳能汽车已经没有发动机、底盘、驱动、变速箱等构件，而是由电池板、储电器和电机组成。利用贴在车体外表的太阳电池板，将太阳能直接转换成电能，再通过电能驱动车辆行驶，车的行驶快慢只要控制输入电机的电流就可以解决。目前此类太阳车的车速最高能达到100km/h以上，而无太阳光最大续行能力也在100公里左右。

② 太阳能和其他能量混合驱动汽车，太阳能辐射强度较弱，光伏电池板造价昂贵，加之蓄电池容量和天气的限制，使得完全靠太阳能驱动的汽车的实用性受到极大的限制。复合能源汽车外观与传统汽车相似，只是在车表面加装了部分太阳能吸收装置，比如车顶电池板，用于给蓄电池充电或直接作为动力源。这种汽车既有汽油发动机，又有电动机，汽油发动机驱动前轮，蓄电池给电动机供电驱动后轮。电动机用于低速行驶。当车速达到某一速度以后，汽油发动机起动，电动机脱离驱动轴，汽车便像普通汽车一样行驶。

国内太阳能汽车依然处在研发初期阶段，报道也多是在现有的电动汽车上加装太阳能电池板并进行改造而成，其基本构造、车载蓄电池、驱动电机和控制系统均与传统电动汽车相似，区别主要为太阳能汽车在车顶上增加了太阳能电池作为电源。目前，基于太阳能汽车的开发进程依然较少，而真正投入生产和使用的车型则更是寥寥无几。究其原因主要是太阳能电池板和蓄电池成本高昂，且其单位输出功率较小，再考虑到用户使用习惯和依然有限的宣传力度，由此制约了其当前的技术发展，但不可否认，太阳能汽车是未来新能源汽车的一个重要发展方向。

120. 核动力汽车进展如何？

早在 1957 年，美国福特公司推出一款名为 Nucleon 的核动力概念车，只停留在设计图纸跟模型车上。其在两个后轮之间的核反应堆以铀元素的核裂变为能源，能够把水变成高压蒸汽，再推动涡轮叶片驱动汽车。然后蒸汽在冷却之后返回核反应堆里面再次加热。只要核燃料没有用完，它就能不断发出动力。按照当时的设计思想，大约在 8000 公里核燃料耗尽之后，核燃料将能够在路边的"加铀站"得到补充。而且你还可以选择你所需要的动力类型：持久型的或者爆发型的（准确来说是爆炸型的，例如原子弹）。

2009 年凯迪拉克推出了名为"WTF"（World Thorium Fuel）的核动力汽车，意思是钍燃料。钍是一种放射性的金属元素，它在地球上的储量几乎同铅一样丰富。钍在核反应中可以转化为原子燃料铀-233，所储藏的能量，比铀、煤、石油和其他燃料总和还要多许多。凭借这一特性，驱动这辆车所需要的钍燃料极少，因此它的发动机几乎在 100 年之内不需要保养。当然这是个理想化的数字，但它确实开启了汽车新能源开发的另一扇大门。

核动力汽车储能大、体积小、质量轻，真正实现零排放、绿色环保，在新能源领域极具优势。同时核电池的能量密度大，是锂电池的数千倍，尺寸非常小，不占用空间；核电池衰变放出的能量是特定的，方便进行辐射屏蔽，安全可靠。相比使用小型反应堆，核电池价格较便宜，也不用进行核废料后处理。以核裂变供能的核动力汽车需要将反应堆小型化放置在汽车后部，当今技术实现相当困难；随着核衰变的核电池技术在深海、航空等领域的成熟运用，在可预见的未来，核电池也必将在未来汽车产业得到应用。

第二部分
润滑油

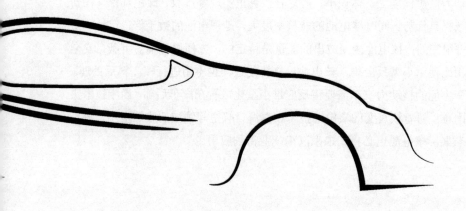

一、基础知识

121. 摩擦与润滑的形式有哪些?

机械的润滑是为了降低两个相对运动的接触面（简称摩擦副）间的摩擦与磨损。当两个互相接触的物体作相对运动时，存在着一种抗拒其作相对运动的力，这种力就叫摩擦力。摩擦的类别取决于摩擦条件，可分为干摩擦、液体摩擦、边界摩擦和混合摩擦。摩擦会产生下列后果：磨损、噪声、高温。

摩擦对设备是非常有害的，主要表现在使能量损失增加和加大机件的磨损程度。良好的润滑能提高机械效率，保证机械长期可靠地工作，节约能源。

润滑可分为四种形态：流体润滑（HL）、弹性流体润滑（EHL）、边界润滑（BL）及混合润滑（ML）。

① 流体润滑。当物体之间的接触面被润滑油膜完全隔开时，此时的润滑称为流体润滑。流体润滑时，物体之间的摩擦面没有直接接触，因此摩擦仅发生在润滑油之间，摩擦系数取决于润滑油的黏度，因而摩擦系数很小，一般在0.001~0.01的范围内，是最理想的润滑方式。

② 弹性流体润滑。在齿轮、滚动轴承等零件中，两摩擦面的几何形状差别很大，实际接触面较小，因此承受的压力也较高。在很高的压力下，材料产生弹性变形，间隙内润滑油的黏度也将急剧增大，由于黏度增大和表面变平的联合作用，使摩擦表面间得以保持住足够厚的油膜，并能在油膜中产生较大的压力，足以和外压抗衡，保证了油膜不被挤出，防止了机件表面的磨损。这种情况下的润滑称为弹性流体润滑。

③ 边界润滑。是指物体之间的摩擦面上存在一层由润滑剂构成的边界膜时润滑。在大负荷、低转速或润滑油黏度降低的情况下，液体油膜将会变薄，当油膜厚度小于摩擦面微凸体的高度时，两摩擦面较高的微凸体将会直接接触，其余的地方被一到几层分子厚的油膜隔开，这时摩擦系数增大到0.05~0.15，并出现可控的有限磨损，这种情况就属于边界润滑。边界润滑时的减摩抗磨作用主要取决于润滑油添加剂与金属摩擦表面形成吸附膜或化学反应膜。

④ 混合润滑。混合润滑是边界润滑和流体润滑之间的一种过渡状态，是包括大部分流体润滑和局部边界润滑的一种中间润滑状态。也可以是弹性流体润滑和边界润滑交替出现，而以弹性流体润滑为主的润滑过程。在实际润滑过程中，当油膜厚度下降到流体润滑膜的下限，不能形成完整的连续膜时，则为

混合润滑区域。

122. 车用润滑油（液）的应用部位有哪些?

汽车使用的油（液）主要分为润滑、冷却、保障、能源供给四大类，具体应用部位见表2-1。

表2-1　车用润滑油（液）的应用部位

	名称	使用部件	保养期限	注意事项
润滑	机油	发动机	5000公里换油(少数高品质轿车可达 7500～10000公里)、换滤芯	不同牌号尽量不混加，每周检验一次，行车中要注意油压指示
	齿轮油	前后桥、变速箱、转向机	以使用手册为准	6个月检验一次，不同牌号避免混加
	自动变速箱油	自动变速箱	以使用手册为准	6个月检验一次，不同牌号避免混加
	液压油	转向助力器、液压部件	以使用手册为准	
	润滑脂	轴头、轴承、拉杆头	以使用手册为准	每年检验加注一次
冷却	冷却液	水箱、发动机缸体	以产品说明为准	要经常查验，冬季前测一次凝结点值，不同牌号避免混加，行车中要注意水温指示
	冷媒体	空调压缩机	以产品说明为准	夏季前查验一次
供给	燃油	油料箱	1万公里换一次滤芯	注意燃油系统清洗
保障	刹车油	刹车总泵、分泵、管路	不要轻易更换	经常查验刹车油液面,如更换油、泵、管后要排气，不同牌号避免混加
	电解液	电瓶	每月查验一次液面	冬季前查一次电解液密度
	清洗液	玻璃清洗罐		

123. 润滑油的主要成分是什么?

润滑油是石油产品中品种、牌号最多的一大类产品，但各种润滑油都是由不同黏度等级的基础油配以不同比例的几种添加剂调和而成。对于发动机油，基础油通常约占90%，其余的是添加剂。

① 基础油。基础油质量对于润滑油性能至关重要，它提供了润滑油最基础的润滑、冷却、抗氧化、抗腐蚀等性能。润滑油基础油主要分为矿物油与合成油两大类。矿物基础油应用广泛（约95%以上），但有些应用场合则必须使用合成基础油调配的产品，因而使合成基础油得到迅速发展。用于发动机润滑油基础油的合成油主要是烃类和酯类。

② 添加剂。为了提高润滑油的性能，在润滑油中加入添加剂。添加剂是一系列的化学产品，在一种型号的润滑油中，添加剂品种可以多达十几种。添加剂是近代高级润滑油的精髓，正确选用，合理加入，则可弥补和改善基础油某些性能方面的不足，对润滑油赋予新的特殊性能，或加强其原来具有的某种性能，满足更高的要求。发动机油的添加剂包括抗氧剂、防锈剂、防腐剂、抗泡剂、黏度指数改进剂、降凝剂、清净剂、分散剂及抗磨剂等。上述添加剂并不是越多越好，多项性能需要综合平衡。

124. 国际基础油分类标准有哪些？

早期国外各大石油公司曾经根据原油的性质和加工工艺把基础油分为石蜡基基础油、中间基基础油、环烷基基础油等。1993 年美国石油学会（American Petroleum Institute，缩写为 API）按照基础油主要化学组成（饱和烃含量、硫含量）和黏度指数进行分类（API 1509），将基础油分成 Ⅰ、Ⅱ、Ⅲ、Ⅳ 和 Ⅴ 类基础油（见表 2-2）。标准将矿物油和其他类型的基础油分开，明确将 PAO 列为 Ⅳ 类基础油。

表 2-2　API 1509 基础油分类标准

试验方法	ASTM D2007	ASTM D2622/D4294/D4927/D3120	ASTM D2270
类别	饱和烃含量/%	硫含量(质量分数)/%	黏度指数(VI)
Ⅰ类	< 90	>0.03	80～120
Ⅱ类	≥90	≤0.03	80～120
Ⅲ类	≥90	≤0.03	>120
Ⅳ类	聚 α-烯烃(PAO)		
Ⅴ类	所有非 Ⅰ、Ⅱ、Ⅲ 或Ⅳ类基础油		

近年来，随着产品质量的不断升级以及天然气合成油（GTL）的出现，国外相关机构在 API 标准的基础上将黏度指数指标进一步细化，逐步形成国际上通行的现代润滑油基础油分类规范，详见表 2-3。

表 2-3　国际通用基础油分类标准

类别	制备工艺	饱和烃含量/%	硫含量 （质量分数）/%	黏度指数（VI）
Ⅰ$^{-1}$	传统的"老三套"工艺(溶剂精制、酮苯脱蜡、白土补充精制)	< 90	>0.03	80～90
Ⅰ$^{-2}$				80～100
Ⅰ$^{-3}$				>100

类别	制备工艺	饱和烃含量/%	硫含量 （质量分数）/%	黏度指数（VI）
II	传流溶剂精制，再经加氢精制处理	≥90	≤0.03	95～110
II⁺	经过催化脱蜡、异构脱蜡等加氢工艺生产			110～120
III	经过深度加氢裂化、异构脱蜡工艺生产	≥90	≤0.03	≥120
III⁺	GTL 技术	≥90	≤0.03	≥130
IV类	烯烃聚合、齐聚工艺	聚 α-烯烃（PAO）		
V类	酯类、醚类化学合成	所有非 I、II、III 或IV类基础油		

注：其中II⁺、III⁺以及 I 类的三种分类不是 API 官方划分，但已在业界获得普遍认同。

I 类基础油是由传统的"老三套"工艺生产，通过一系列物理过程将油中的非理想组分（多环芳烃、极性物质等）除去，不改变油中既有的烃类结构，因而生产的基础油质量取决于原料中理想组分的含量和性质，使该类基础油在性能上受到限制。

II 类基础油是通过组合工艺（溶剂工艺和加氢工艺结合）制得，工艺主要以化学过程为主，不受原料限制，可以改变原来的烃类结构。因而 II 类基础油杂质少，饱和烃含量高，热安定性和抗氧性好，低温和烟炱分散性能均优于 I 类基础油。

III 类基础油是通过全加氢工艺制得，与 II 类基础油相比，属高黏度指数的加氢基础油，又称作非常规基础油（UCBO）。III 类基础油在性能上远远超过 I 类基础油和 II 类基础油，尤其具有很高的黏度指数和很低的挥发性。某些 III 类油的性能可与聚 α-烯烃合成油相媲美，其价格却比合成油便宜得多。

以上三类基础油的原料相同，都是原油炼制过程中产物，称为矿物油。

IV类基础油指的是聚 α-烯烃（PAO）合成油。常用的生产方法有石蜡分解法和乙烯聚合法。PAO 依聚合度不同可分为低聚合度、中聚合度、高聚合度，分别用来调制不同的油品。这类基础油与矿物油相比，无硫、磷和金属，由于不含蜡，所以倾点极低，通常在-40℃以下，黏度指数一般超过140。

除 I～IV类基础油之外的其他合成油（合成烃类、酯类、硅油等）、植物油、再生基础油等统称V类基础油。

21 世纪对润滑油基础油的技术要求主要有：热氧化安定性好、低挥发性、高黏度指数、低硫/无硫、低黏度、环境友好。传统的"老三套"工艺生产的 I 类润滑油基础油已不能满足未来润滑油的这种要求，加氢法生产的 II 或 III 类基础油及合成油将成为市场主流。

125. 我国对基础油是如何分类的?

我国润滑油基础油标准建立于 1983 年, 为适应调制高档润滑油的需要, 中石化 1995 年对原标准进行了修订, 颁布企业标准 QSHR 001—1995, 该标准按照石油的性质及黏度将润滑油基础油分为超高黏度、很高黏度、高黏度、中黏度、低黏度五类指标。2005 年中国石化参照 API 标准发布了《润滑油基础油协议标准》(2005), 取代 QSHR 001—1995 标准, 详见表 2-4。"协议标准"是根据饱和烃含量、硫含量和黏度指数将基础油划分为 "0、Ⅰ、Ⅱ、Ⅲ、Ⅳ、Ⅴ" 六大类。其中, "0" 类和 "Ⅰ" 类为溶剂精制基础油, "Ⅱ" 类和 "Ⅲ" 类为加氢基础油, "Ⅳ" 类为 PAO, "Ⅴ" 类为其他更高一级的合成油。该标准于 2012 年 10 月进行修订, 将于 2013 年 1 月 1 日正式实施。新标准修订了系统内基础油的数据指标, 优化了黏度指数、外观、蒸发损失、酸值、空气释放等项目数据, 尤其在黏度指数、蒸发损失等重要指标上有显著提升, 将对中国石化润滑油产品在高低温性能、氧化安定性和油品使用寿命等性能方面产生直接的积极影响。

表2-4 中国石化《润滑油基础油协议标准》(2005)

项目	类别							Ⅳ	Ⅴ
	0	Ⅰ			Ⅱ				
	MVI	HVI Ⅰa	HVI Ⅰb	HVI Ⅰc	HVI Ⅱ	HVI Ⅱ+	HVI Ⅲ	PAO	其他
饱和烃/%	<90	<90	<90	<90	≥90	≥90	≥90		
硫含量/%	≥0.03	≥0.03	≥0.03	≥0.03	<0.03	<0.03	<0.03		
黏度指数 VI	≥60	≥80	≥90	≥95	90~110	110~120	≥120		

中国石油天然气股份公司在 2002 年也颁布了基础油正式标准, 并于 2009 年进行修订。在中国石油天然气股份公司新版《通用润滑油基础油》(Q/SY 44—2009) 企业标准中, 通用润滑油基础油按饱和烃含量和黏度指数的高低分为三类共 7 个品种, 其中 Ⅰ 类分为 MVI、HVI、HVIS、HVIW 四个品种; Ⅱ 类分为 HVIH、HVIP 两个品种, Ⅲ 类只设 VHVI 一个品种。详见表 2-5。

表2-5 中石油通用润滑油基础油分类（Q/SY 44—2009）

项目	I		II		III
	MVI	HVI HVIS HVIW	HVIH	HVIP	VHVI
饱和烃/%	<90	<90	≥90	≥90	≥90
黏度指数	80≤VI<95	95≤VI<120	80≤VI<110	110≤VI<120	≥120

注：MVI 表示中黏度指数 I 类基础油；HVI 表示高黏度指数 I 类基础油；HVIS 表示高黏度指数深度精制 I 类基础油；HVIW 表示高黏度指数低凝 I 类基础油；HVIH 表示高黏度指数加氢 II 类基础油；HVIP 表示高黏度指数优质加氢 II 类基础油；VHVI 表示很高黏度指数加氢III类基础油。

126. 矿物油、半合成油及全合成油有什么区别?

① 矿物油（mineral lubricant）。矿物油是直接由原油经物理过程提炼、加工得到的基础油，如第 I 类和 II 类基础油，生产以物理过程为主，不改变烃类结构。矿物基础油的质量取决于原料中理想组分的含量与性质。但矿物油就其本质而言，由于是原油中较差的成分，其使用寿命、润滑性能及低温流动性能等都较半合成油和合成油逊色。

② 半合成油（semi-synthetic lubricant）。半合成油是使用III类基础油与全合成机油调和而成，半合成油的纯度非常接近全合成油，但其成本较合成油低，是矿物油向合成油的理想过渡产品。代表性的是嘉实多公司从 1999 年开始使用III类基础油 VHVI 代替原来配方的 PAO，贴上"synthetic"合成油的标签。

③ 全合成油（synthetic lubricant）。合成油是通过有机合成的方法生产出来的有机化合物，其成分与石油烃类油不同。根据化学结构的差异，合成油又分为几大类，应用范围较广和较有前途的润滑油基础油有聚α-烯烃、酯类油、聚醚、硅油等，而发动机润滑油常用的是聚α-烯烃。由于 PAO 基础油对添加剂溶解性差，因此通常会加入一种酯（一般是双酯和/或多元醇酯），一同作为基础油。此外，PAO 会使密封橡胶收缩，而酯类油则会使橡胶膨胀。因此，当两种基础油共存时，对橡胶的影响会抵消。美孚的合成机油主要以 PAO 为原料，嘉实多的合成油多以酯类为基础油。

127. 与矿物油相比合成油有哪些优点?

与矿物油相比较而言，合成油具有以下优点：

① 良好的低温性能。合成油由于不含蜡，凝点一般都低于-40℃，双酯可

在-60℃以下工作，乙二酸双酯可在-70℃下正常工作。

② 良好的高温性能。合成油热安定性和氧化安定性好，即因氧化而产生酸质、油泥的趋势小，在各种恶劣操作条件下，对发动机都能提供适当的润滑和有效的保护，因而具有更长的使用寿命和较长时间的机油保质期，保证了机油在长期使用期内的性能稳定性。

③ 良好的黏温特性。大多数合成油的黏度指数较高，一般超过 140，黏度随温度变化小，在高温黏度相同时，合成油倾点（或凝点）低，低温黏度小。

④ 较低的挥发性。由于合成油的分子结构较为整齐，沸点范围较窄，挥发损失小，可以延长油的使用寿命，同时也可减少废气排放以及延长催化转换器的使用寿命。

此外，与传统矿物油型机油相比，合成机油还具有优良的化学稳定性，抗燃性、抗辐射性好，油膜强度高和泡沫少的特点，能用在矿物油所不能应用的领域。因此，一般高档车都选择合成机油，但其成本比矿物油高很多。

128. 合成油基础油比矿物油有更好的抗磨性吗？

一般人可能认为，合成油由于采用了 PAO 或酯类基础油，因此会有比矿物油更好的抗磨性，其实这是错误的观念。

单就基础油而言，在没有加入添加剂以前，不论是矿物油还是合成油，都是几乎没有抗磨能力的。机油的抗磨性是由复合抗磨添加剂提供，而和基础油无关。尽管矿物油中含有痕迹量的硫、氮和磷活性元素，但由于含量少，不足以提供抗磨能力。合成油与矿物油相似，也需要添加抗磨剂以补偿本身的不足，要达到相同的抗磨效果，需要的抗磨剂量也与矿物油的需要量相当，而掺和酯的发动机油则需要更多的抗磨剂。

129. 矿物基础油的烃结构对润滑油性能有何影响？

矿物基础油是由石油的高沸点、高分子量烃类和非烃类的混合物经一系列加工而得，主要由烷烃、环烷烃、芳烃、环烷芳烃，以及含氧、含氮、含硫有机化合物和胶质、沥青质等非烃化合物组成，几乎没有烯烃。对馏分润滑油料而言，其烃类碳数分布约为 $C_{20} \sim C_{40}$；沸点范围约为 350～535℃；分子量在250～1000 或个别更高。

烃类是构成润滑油的主体成分，烃结构对润滑油的黏度、黏度指数、凝点等性能均有显著影响。

① 对黏度影响。烃类的黏度与其分子结构、分子大小、环的数目和类型有关。润滑油的黏度随烃类分子量的增大而增大；在碳原子数相同的各种烃类中，烷烃的黏度最小，芳香烃次之，环烷烃的黏度最大，并且随着环数在分子中的比例增加而增加；在环数相同的烃类中，黏度随侧链长度的增加而增加。

② 对黏温性质影响。烃类本身的黏度指数差别很大，在润滑油产品所含的烃类中，正构烷烃的黏度指数最高，能达到 180 以上；异构烷烃的黏度指数比相应的正构烷烃的要低一些，并且随着分支程度的增加而下降；其次是具有烷烃侧链的单环、双环环烷和单环、双环芳烃；最差的是重芳香烃、多环环烷烃和环烷-芳烃；对于双环和多环烃类，黏度指数随链的数目和长度的增加而增加，随环数的增加而急剧下降；胶质黏温性质更差。

③ 对凝点影响。各种烃类的凝点由大到小的顺序为：正构烷烃＞异构烷烃＞环烷烃＞芳烃。正构烷烃的凝点最高，且随碳原子数增加而升高。如正十六烷的凝点为 18.16℃，正十八烷为 36.7℃；异构烷烃的凝点比相应的正构烷烃的低，而且随着分支程度的增大而迅速下降；带侧链的环状烃，侧链分支程度愈大，凝点下降也愈快。

从分子结构对润滑油的一些物理性质的影响可知，从烃分子的结构来改变润滑油的性能是受到限制的，当改变分子结构使某一性能改善时，往往另一性能就变差，只有适当的选择才能得到性能相对全面的润滑油。

130. 润滑油中为什么要加入添加剂?

润滑油基础油虽然具备了润滑油的基本特性和某些使用性能，但由于受其化学组成和族组成的限制，基础油不可能具备商品润滑油所要求的各种性能。因此，为弥补润滑油某些性质上的缺陷并赋予润滑油一些新的优良性质，润滑油中要加入各种功能不同的添加剂，其添加量从百分之几到百分之十几。由于添加剂提高了润滑油的质量，对减少机械磨损、延长机械的使用寿命、节约燃料、降低润滑油本身的消耗、便于操作和维护等方面都带来了极大的好处。

一般说来，添加剂对润滑油的作用归纳起来主要有两方面：一是改变润滑油的物理性质，二是改变润滑油的化学性质。例如，黏度指数改进剂、降凝剂、油性剂、抗泡剂等是使润滑油分子变形、吸附、增溶而改变其物理性能的；抗氧抗腐剂、极压抗磨剂、防锈剂、清净分散剂等是使润滑油增加或增强了某些化学性能。通过这些物理和化学性质的变化，进而达到改进润滑油的使用性能的目的。

131. 油品标准中某些指标为"报告"，其含义是什么？

在油品的国家标准中，会看到某些指标项目的标准为"报告"，是不是这些指标没有具体数值，不可控制呢？

一般情况下，标准为"报告"的指标项目意味着此项结果与所采用的材料有关，采用的基础油不同，或添加剂不同，实测值不同；或表明这些项目国家尚未出示严格的数值标准，方案还在讨论过程中，但这些项目在标准规定中是必须测定的。不同厂家的油品实测值不同是允许的，油品原材料及配方一旦确定，必须根据这些项目的实测值来监控生产。

132. 润滑油有哪些一般理化性能？

每一类润滑油脂都有其共同的一般理化性能，以表明该产品的内在质量。对润滑油来说，这些一般理化性能如下：

（1）外观（色度）

油品的颜色，往往可以反映其精制程度和稳定性。对于基础油来说，一般精制程度越高，其烃的氧化物和硫化物脱除得越干净，颜色也就越浅。但是，即使精制的条件相同，不同油源和基属的原油所生产的基础油，其颜色和透明度也可能是不相同的。对于新的成品润滑油，由于添加剂的使用，颜色作为判断基础油精制程度高低的指标已失去了它原来的意义。

（2）密度

密度是润滑油最简单、最常用的物理性能指标。润滑油的密度随其组成中含碳、氧、硫的数量的增加而增大，因而在同样黏度或同样相对分子质量的情况下，含芳烃多的，含胶质和沥青质多的润滑油密度最大，含环烷烃多的居中，含烷烃多的最小。

（3）黏度

黏度反映油品的内摩擦力，是表示油品油性和流动性的一项指标。在未加任何功能添加剂的前提下，黏度越大，油膜强度越高，但流动性越差。

（4）黏度指数

黏度指数表示油品黏度随温度变化的程度。黏度指数越高，表示油品黏度受温度的影响越小，其黏温性能越好，反之越差。

（5）闪点

闪点是表示油品蒸发性的一项指标。油品的馏分越轻，蒸发性越大，其闪点也越低。反之，其闪点也越高。同时，闪点又是表示石油产品着火危险性的指标。油品的危险等级是根据闪点划分的，闪点在 45℃以下为易燃品，45℃以上为可燃品，在油品的储运过程中严禁将油品加热到它的闪点温度。

（6）凝点和倾点

润滑油的凝点是表示润滑油低温流动性的一个重要质量指标。对于生产、运输和使用都有重要意义。凝点高的润滑油不能在低温下使用。凝点低的润滑油生产成本高，在气温较高的地区则没有必要使用凝点低的润滑油，造成不必要的浪费。一般说来，润滑油的凝点应比使用环境的最低温度低 5～7℃。但是特别还要提及的是，在选用低温的润滑油时，应结合油品的凝点、低温黏度及黏温特性全面考虑，因其低温黏度和黏温性亦有可能不符合要求。

凝点和倾点都是油品低温流动性的指标，两者无原则的差别，只是测定方法稍有不同。同一油品的凝点和倾点并不完全相等，一般倾点都高于凝点 2～3℃，但也有例外。

（7）酸值、碱值和中和值

酸值是表示润滑油中含有酸性物质的指标，单位是 mg KOH/g。酸值分强酸值和弱酸值两种，两者合并即为总酸值（简称 TAN）。通常所说的"酸值"实际上是指总酸值（TAN）。

碱值是表示润滑油中碱性物质含量的指标，单位是 mg KOH/g。碱值亦分强碱值和弱碱值两种，两者合并即为总碱值（简称 TBN）。通常所说的"碱值"实际上是指总碱值（TBN）。

中和值实际上包括了总酸值和总碱值。但是，除了另有注明，一般所说的中和值，实际上仅是指总酸值。

（8）水分

水分是指润滑油中含水量的百分数，润滑油中水分的存在会破坏润滑油形成的油膜，使润滑效果变差，加速有机酸对金属的腐蚀作用，锈蚀设备，使油品容易产生沉渣。总之，润滑油中水分越少越好。

（9）机械杂质

机械杂质是指存在于润滑油中不溶于汽油、乙醇和苯等溶剂的沉淀物或胶状悬浮物。这些杂质大部分是砂石和铁屑之类，以及由添加剂带来的一些难溶于溶剂的有机金属盐。通常，润滑油基础油的机械杂质都控制在 0.005%以下（机械杂质在 0.005%以下被认为是无）。

（10）灰分和硫酸灰分

灰分是指在规定条件下，灼烧后剩下的不燃烧物质。灰分的组成一般是一些金属元素及其盐类。灰分对不同的油品具有不同的概念，对基础油或不加添加剂的油品来说，灰分可用于判断油品的精制深度。对于加有金属盐类添加剂的油品（新油），灰分就成为定量控制添加剂加入量的手段。国外采用硫酸灰分代替灰分。其方法是：在油样燃烧后灼烧灰化之前加入少量浓硫酸，使添加剂的金属元素转化为硫酸盐。

（11）残炭

油品在规定的实验条件下，受热蒸发和燃烧后形成的焦黑色残留物称为残炭。残炭是润滑油基础油的重要质量指标，是为判断润滑油的性质和精制深度而规定的项目。残炭的多少不仅与其化学组成有关，而且也与油品的精制深度有关，润滑油中形成残炭的主要物质是：油中的胶质、沥青质及多环芳烃。油品的精制深度越深，其残炭值越小。一般讲，空白基础油的残炭值越小越好。

目前，许多油品都含有金属、硫、磷、氮元素的添加剂，它们的残炭值很高，因此含添加剂油的残炭已失去残炭测定的本来意义。

机械杂质、水分、灰分和残炭都是反映油品纯洁性的质量指标，反映了润滑基础油精制的程度。

133. 车用润滑油有哪些特殊理化性能？

除了上述一般理化性能之外，每一种润滑油品还应具有表征其使用特性的特殊理化性质。越是质量要求高，或是专用性强的油品，其特殊理化性能就越突出。

（1）氧化安定性

氧化安定性说明润滑油的抗老化性能，一切润滑油都依其化学组成和所处外界条件的不同，而具有不同的自动氧化倾向。在使用过程中发生氧化作用，逐渐生成一些醛、酮、酸类和胶质、沥青质等物质，氧化安定性则是抑制上述不利于油品使用的物质生成的性能。

（2）热安定性

热安定性表示油品的耐高温能力，即润滑油对热分解的抵抗能力。一些高质量的抗磨液压油、压缩机油等都提出了热安定性的要求。油品的热安定性主要取决于基础油的组成，很多分解温度较低的添加剂往往对油品安定性有不利影响。

（3）油性和极压性

油性是润滑油中的极性物在摩擦部位金属表面上形成坚固的理化吸附膜，从而起到耐高负荷和抗摩擦磨损的作用，而极压性则是润滑油的极性物在摩擦部位金属表面上，受高温、高负荷发生摩擦化学作用分解，并和表面金属发生摩擦化学反应，形成低熔点的软质（或称具可塑性的）极压膜，从而起到耐冲击、耐高负荷高温的润滑作用。

（4）腐蚀和锈蚀

由于油品的氧化或添加剂的作用，常常会造成钢和其他有色金属的腐蚀。腐蚀试验一般是将紫铜条放入油中，在 100℃下放置 3h，然后观察铜的变化；测定防锈性是将 30mL 蒸馏水或人工海水加入到 300mL 试油中，再将钢棒放置其内，在 54℃下搅拌 24h，然后观察钢棒有无锈蚀。

（5）抗泡性

润滑油在运转过程中，由于有空气存在，常会产生泡沫，尤其是当油品中含有具有表面活性的添加剂时，则更容易产生泡沫，而且泡沫还不易消失。润滑油使用中产生泡沫会使油膜破坏，使摩擦面发生烧结或增加磨损，并促进润滑油氧化变质，还会使润滑系统气阻，影响润滑油循环。因此抗泡性是润滑油等的重要质量指标。

（6）水解安定性

水解安定性表征油品在水和金属（主要是铜）作用下的稳定性，当油品酸值较高，或含有遇水易分解成酸性物质的添加剂时，常会使此项指标不合格。它的测定方法是将试油加入一定量的水之后，在铜片和一定温度下混合搅动一定时间，然后测水层酸值和铜片的失重。

（7）抗乳化性

工业润滑油在使用中常常不可避免地要混入一些冷却水，如果润滑油的抗乳化性不好，它将与混入的水形成乳化液，使水不易从循环油箱的底部放出，从而可能造成润滑不良。因此抗乳化性是工业润滑油的一项很重要的理化性能。一般油品是将 40mL 试油与 40mL 蒸馏水在一定温度下剧烈搅拌一定时间，然后观察油层-水层-乳化层分离成 40mL-37mL-3mL 的时间；工业齿轮油是将试油与水混合，在一定温度和 6000r/min 下搅拌 5min，放置 5h，再测油、水、乳化层的毫升数。

（8）空气释放值

液压油标准中有此要求，因为在液压系统中，如果溶于油品中的空气不能及时释放出来，那么它将影响液压传递的精确性和灵敏性，严重时就不能满足液压系统的使用要求。测定此性能的方法与抗泡性类似，不过它是测定溶于油品内部的空气（雾沫）释放出来的时间。

（9）橡胶密封性

在液压系统中以橡胶做密封件者居多，在机械中的油品不可避免地要与一些密封件接触，橡胶密封性不好的油品可使橡胶溶胀、收缩、硬化、龟裂，影响其密封性，因此要求油品与橡胶有较好的适应性。液压油标准中要求橡胶密封性指数，它是以一定尺寸的橡胶圈浸油一定时间后的变化来衡量。

（10）剪切安定性

加入增黏剂的油品在使用过程中，由于机械剪切的作用，油品中的高分子聚合物被剪断，使油品黏度下降，影响正常润滑。因此剪切安定性是这类油品必测的特殊理化性能。测定剪切安定性的方法很多，有超声波剪切法、喷嘴剪切法、威克斯泵剪切法、FZG 齿轮机剪切法，这些方法最终都是测定油品的黏度下降率。

（11）溶解能力

溶解能力通常用苯胺点来表示。不同级别的油对复合添加剂的溶解极限苯胺点是不同的，低灰分油的极限值比过碱性油要大，单级油的极限值比多级油要大。

（12）挥发性

基础油的挥发性对油耗、黏度稳定性、氧化安定性有关。这些性质对多级油和节能油尤其重要。

（13）防锈性能

这是专指防锈油脂所应具有的特殊理化性能，它的试验方法包括潮湿试验、盐雾试验、叠片试验、水置换性试验，此外还有百叶箱试验、长期储存试验等。

134. 检测评定润滑油脂质量性能的方式和内容有哪些？

润滑油脂的性能是润滑油脂的组成及调和工艺的综合体现。润滑油脂性能的测试不但在生产上和研究工作上有决定性的意义，而且在使用部门对润滑油脂的选用和检验上也是必不可少的。润滑油脂性能的测试可分为以下三个步骤：

① 在实验室评价润滑油脂的理化性能。试验包括密度（或相对密度）、颜色、黏度、黏度指数、倾点、闪点、酸值、水溶性酸碱、总碱值、机械杂质、水分、灰分和硫酸盐灰分、残炭等。试验方法必须有代表性、简单和快速。

② 模拟试验。将润滑油脂润滑的特定机械部件在标准化的试验条件下（如温度、速度、载荷等）进行试验。所选用的试验条件尽量能模拟实际使用情况。试验项目包括低温特性（表观黏度、低温泵送、成沟点等）、抗腐蚀性、防锈蚀性、抗泡性、气体释放性、抗乳化性、氧化安定性、热安定性、剪切安定性、水解安定性、橡胶密封性、清净分散性、抗极压性（四球试验、梯姆肯试验、叶片泵试验）等。

③ 台架试验。将机油在选用的发动机上按标准化条件进行一定时间的运转后评定其性能。发动机台架试验的结果是判定内燃机油质量等级的依据，对于内燃机油特别重要。台架试验包括：汽油机台架试验，柴油机台架试验，齿轮油后桥台架试验等。

二、发动机润滑油

135. 发动机的主要润滑磨损部位及常见故障有哪些？

发动机的主要润滑磨损部位有三对摩擦副：

① 活塞环与气缸套的润滑和磨损。在活塞运动的上下止点处，活塞环与气缸壁之间处于边界润滑状态，若润滑油出现供应不足或中断，或者使用的润滑油质量差，都会使上述部位润滑状态进一步恶化，活塞积炭和漆膜增多，环和缸套出现磨损、卡环甚至拉缸。选用优质机油，可减少或避免这些故障。

② 轴承的润滑与磨损。包括曲轴轴承、连杆大小头的轴承等，虽然这些部位一般处于流体润滑状态，但当负荷突然变大，或润滑油被稀释时，都可能引起"烧瓦"故障。除保持发动机操作平稳外，若机油变稀，要查清原因，超出使用黏度变化范围时，应更换机油。

③ 配气机构的润滑与磨损。主要指凸轮与挺杆，这对摩擦副由于单位面积上承受的载荷大，多处于边界润滑状态。若油品质量差，在其间不易保持润滑油膜，凸轮顶有时会"磨秃"，影响配气系统正常工作。

因此，根据发动机生产年代、载荷及道路等，合理选用润滑油，是保证发动机正常工作，减少润滑故障的重要手段。

136. 汽车发动机润滑油是在什么样的条件下工作的？

发动机是由各种部件组合而成的，它需要润滑的部件虽然很多，但在考虑发动机的润滑时，主要着眼于气缸-活塞、连杆轴承、曲轴轴承及配气机构等主要摩擦副。因为这些部件运动时产生的摩擦损失占内燃机摩擦损失的绝大部分，约为96%。同时这些部件的工作条件比较苛刻，表现为：

① 温度高，温差大。发动机工作时，燃气的工作温度最高，汽油机和柴油机分别高达1900~2500℃和1500~1900℃；活塞顶及燃烧室壁的温度大约在250~500℃之间；活塞裙部从上到下大约在260℃至175℃之间；连杆轴承的温度约为110℃；曲轴主轴承的温度约为100℃；曲轴箱油温为85~95℃；而发动机在启动时，其零部件的温度和环境温度接近。

② 负荷大。现代内燃机功率高、马力大、重量轻，各运动部件单位摩擦面负荷较大。汽油机和柴油机的燃气最高压力分别达3~5MPa和5~10MPa，这就意味着作用在曲柄连杆机构上的瞬时冲击力可达数万牛顿。

③ 运动速度快且活塞速度变化大。发动机曲轴转速多在1500~4800r/min之间；活塞在气缸中的运动速度变化大，在上下止点时速度为零，中间速度最大，高达8~14m/s。摩擦面形成润滑膜十分困难，活塞与气缸壁之间经常处于边界润滑状态。

④ 易受环境因素影响。随空气进入气缸的粉尘、燃烧的废气及其他残留物对润滑油构成污染。

这些工作条件中主要是工作温度较高，能达300℃左右，窜到活塞上部的润滑油还会遇到更高的温度，在高温下润滑油容易氧化，产生积炭等沉积物。由于发动机润滑油的工作条件比较苛刻，所以要求机油须具有良好的使用性能，以保证发动机在复杂的条件下正常工作。

137. 发动机磨损的主要原因是什么？

造成汽车发动机磨损的原因通常有以下几个方面：

① 腐蚀磨损。燃油在发动机燃烧室燃烧后会产生许多有害物质，汽油燃烧时会产生氮氧化物和硫酸，这些物质不仅会对气缸造成腐蚀，而且还会通过三道活塞环（顶、中、底环）窜到发动机中，对发动机的主要部件，如凸轮曲轴等造成金属腐蚀。

② 锈蚀磨损。发动机在停机后，由高温冷却到低温，这个温度变化过程会使发动机内部产生水冷凝气以致积水。这会对发动机造成严重的金属锈蚀，特别是再次启动发动机短距离运转，发动机温度还来不及将水汽蒸发掉时，情况就更为恶劣。

③ 灰尘造成的强磨损。发动机在燃烧时需要吸入空气，即使再好的空气过滤装置也很难绝对避免灰尘随空气吸入到发动机中。由于灰尘被吸入而造成强磨损，这种磨损是润滑油所不能完全消除的。特别是在我国干旱少雨、风沙大的地区，这种强磨损就更为突出。

④ 冷启动干摩擦。美国通用汽车公司的研究表明，当汽车发动机停转 4h 后，所有在摩擦界面上的润滑油都将回流到润滑油箱中。这时启动发动机，由于油泵还来不及将润滑油打到各润滑部位，短时间内会产生周期性润滑丧失的干摩擦，从而造成发动机严重的异常强磨损。相关资料研究指出，这种强磨损占发动机总磨损的 70% 以上。

⑤ 发动机正常运转时产生的磨损。

138. 发动机润滑油的主要作用有哪些？

① 润滑作用。发动机工作时转速很高，活塞与缸壁之间、连杆轴瓦与曲轴之间等部位配合紧密，如果这些配合部位得不到充分的润滑，就会产生干摩擦。干摩擦在短时间内产生的热量足以使金属熔化，造成活塞拉缸、曲轴抱瓦等。机油的首要任务是供给发动机各主要部件以适当的润滑，避免金属面接触而造成磨损加剧；同时减少摩擦损失，节省能量。

② 冷却作用。燃料燃烧后产生的热能并不能全部转变为机械能。一般内燃机的热效率只有 30%～40%，其余部分的热消耗用于摩擦和使内燃机发热，以及通过排气进入大气。很多人认为发动机的冷却只是通过冷却系统带走热量，事实上，冷却系统只是冷却了发动机的上部——气缸盖、气缸套和配气系统，大约带走 60% 的损失热量；而主轴承、连杆轴承、摇臂及其轴承、活塞和在发动机下部的其他部件主要由机油来冷却。

③ 清洁作用。发动机的内部工作环境十分恶劣，易形成油泥和积炭。积炭对发动机的工作影响很大，它不仅影响混合气的充分燃烧，而且会造成发动机内部局部过热，大量的胶质会使活塞环黏结卡滞，导致发动机不能正常运转。润滑油在机体内循环流动过程中，其中含有的清净剂和分散剂能够清洁金属表面，分散污垢，保持发动机内部清洁。当更换润滑油时，这些杂质随同润滑油一起排出，因此使用过的润滑油会呈现较黑的颜色。

④ 密封作用。发动机各机件间，如气缸和活塞间、活塞环与环槽间都有一定的间隙，这些间隙如果得不到密封，燃烧室就会漏气，致使发动机输出功率降低。同时，废气还会从燃烧室经过活塞环与气缸壁的间隙，向下窜进油底

壳，稀释和污染润滑油。润滑油填满了活塞与气缸间的间隙，形成油封避免不漏气，起到密封作用。

⑤ 防锈作用。发动机在运转或存放时，大气中的水或机油中的水及燃烧时产生的酸性气体窜入曲轴箱，都会对机件产生锈蚀、腐蚀作用，进而在摩擦面上造成腐蚀磨损或磨粒磨损。为了使发动机能长期可靠地运转，要求润滑油有防锈性。

⑥ 减震作用。每当发动机起动、加速以及负荷增加时，活塞销、连杆的大小头、曲轴轴承等部件均要承受振动、冲击负荷和压力的急剧变化，黏度合适的内燃机油形成的油膜可吸收部分冲击能量，起到缓冲、减震的作用。

139. 汽车发动机润滑油应具备哪些性能?

随着发动机设计制造技术的迅速提高及日益严格的排放法规的实施，对润滑性能方面的要求也日趋苛刻、复杂。发动机润滑油应具备以下几个主要性能:

① 适宜的黏度和良好的黏温性。发动机润滑油的黏度关系到发动机的启动性和机件的磨损程度、燃油和润滑油的消耗量及功率损失的大小。机油黏度过大，流动性差，进入摩擦面所需的时间长，燃料消耗、机件磨损加大，清洗和冷却性能差，但密封性好;黏度过小，不能形成可靠油膜而保证润滑，密封性差，磨损大，功率下降。为保证发动机在正常工作条件下的润滑和密封，要求机油在其使用条件下具有合适的黏度。通常负荷小、温度低、转速高的发动机应选用黏度小的油。反之，则应选用黏度大的润滑油。

发动机润滑油的工作温度范围很宽，要求它在300℃左右有足够的黏度保证润滑;在0℃以下，甚至在-40℃时有足够的流动性，以保证顺利启动。所以要求润滑油的黏温性要好。

② 清净分散性能好。润滑系统产生的油泥等污垢过多时会从油中析出，造成机油滤清器和油孔堵塞、机油的流动性差、活塞环黏着、燃油油耗增大、功率降低等现象。为防止上述故障，必须要在润滑油中添加油溶性的清净分散剂。

③ 良好的润滑性。发动机使用的大都是滑动轴承，而且要承受很大的负荷。如主轴承为5～10MPa（汽）和10～20MPa（柴），连杆轴承为7～14MPa（汽）和12～15MPa（柴），个别部件可达到90MPa。发动机润滑油在高负荷、高压的条件下必须有良好的润滑性。

④ 酸中和性好。发动机润滑油中的劣化产物和窜气中的有机酸等对金属有腐蚀性;燃油（尤其是柴油）中含有大量的硫成分，燃烧后产生的酸性气体

与水结合形成硫酸或亚硫酸等酸性物质，这些酸也会对发动机内的金属产生腐蚀。因此要求润滑油具有很好的酸中和能力，减少酸性物质对发动机的损害。

⑤ 良好的氧化安定性。润滑油会在高温下氧化而变质失效，这是造成发动机许多故障的主要原因之一。润滑油中应添加各种抗氧化添加剂，避免其氧化变质。

⑥ 良好的抗泡沫性。机油在油箱底壳中，由于曲轴的强烈搅动和飞溅润滑，容易使润滑油生成气泡，润滑性能下降，同时会使泵抽空，导致机油泵故障。此外，润滑油中添加的各种添加剂，如清净剂、极压剂和腐蚀抑制剂等大多数是极性强的物质，这些添加剂大大增加了油的起泡倾向。为了提高油的抗泡沫能力，就必须加入抗泡剂。

140. 什么是黏度指数？如何测定？

润滑油的黏度随温度变化而变化的性能，称为润滑油的黏温性能。润滑油的黏温性能常以黏度指数（VI）来表示。

黏度指数是指某一润滑油黏度随温度变化程度与标准油黏度随温度变化程度进行比较所得的相对数值。黏度指数高，表示黏度因温度变化而变化较小，黏温性好。黏度指数也是许多商品润滑油的最重要的性能指标之一。

黏度指数的测定方法是：人为地选定两个标准油：一种是黏温性能好的石蜡基润滑油，其黏度指数定为100；另一种是由黏温性能差的环烷基原油制取的润滑油，其黏度指数定为 0。两种油都分成若干个窄馏分，并分别测定其98.9℃和 37.8℃下的黏度。经过数学处理得到 98.9℃下黏度每增加 0.1mm²/s 时，对应的好油和坏油在 37.8℃时的黏度（H 和 L），并绘制成表格（详见《石油炼制剂石油化工计算方法图表集》）。当选取一测试油，分别测得其 98.9℃黏度和 37.8℃黏度后，在表格中的 98.9℃黏度中选一组和测试油 98.9℃黏度相同的数据，并查得相对应的 H 和 L 值，其黏度指数按下式计算：

$$黏度指数（VI）= \frac{L-U}{L-H} \times 100$$

式中，U 为测试油在 37.8℃时的黏度，mm²/s；H 为好油在 37.8℃时的黏度，mm²/s；L 为坏油在 37.8℃时的黏度，mm²/s。

当黏度指数大于 100 时，黏度指数按下式计算：

$$黏度指数（VI）= \frac{10^N - 1}{0.0075} + 100$$

式中，$N = \dfrac{\lg H - \lg U}{\lg Y}$；$Y$ 为测试油在 98.9℃时的黏度。

需要说明的是，黏度指数只能表示润滑油从常温到100℃之间黏温曲线的平缓度，不一定能说明油品在更低温度下的黏度特性。

141. 发动机润滑油中基础油的作用是什么?

发动机润滑油对基础油的质量要求比较高，主要有以下几个方面，即黏度、黏温性能、抗氧化安定性、清净分散性和抗磨性等。在这些质量要求中，除清净分散性、抗氧性和抗磨性是靠加入相应的添加剂来改善外，其余的诸如黏温性能、挥发度、热安定性、色度、流动性以及对添加剂的感受性等主要取决于基础油的化学组成以及馏分组成。以往润滑油质量的提高主要通过增加添加剂品种和加剂量来实现，但润滑油质量的好坏不仅仅取决于添加剂的配方是否合适，还要看基础油质量的好坏。只有质量档次高的基础油才能调和出高档发动机润滑油。

142. 发动机润滑油中常加哪些添加剂? 其目的是什么?

目前，我国汽车用机油添加剂可分为清净剂、分散剂、抗磨剂、抗氧抗腐剂、黏度改进剂、降凝剂、防锈剂和抗泡剂等多种。

① 清净分散剂。发动机工作时，发动机润滑油要承受高温、高压的苛刻条件，并与空气中的氧和金属接触，因而发生氧化、缩合、分解等反应，由此形成油泥、积炭、沥青质、胶质和有机酸等。加入清净分散剂的目的就是要通过清净分散剂的增溶、分散、酸中和及洗涤作用，使沉积在机械表面上的油泥和积炭洗涤下来，并使它们分散和悬浮在油中通过过滤器除去，从而使活塞及其他零件保持清洁，正常工作。清净分散剂的使用量约占全部润滑油添加剂总量的 50%。

② 抗氧抗腐剂。润滑油在使用过程中经常要与空气接触，氧化是不可避免的。润滑油的抗氧化性能虽然与基础油的组成、精制方法和精制深度有关，但是，即使是精制最好的润滑油，在使用条件下也难免氧化。为了抑制或减轻润滑油的氧化，防止或减轻氧化产物对金属的腐蚀，必须在润滑油中加入抗氧抗腐剂。

③ 黏度指数改进剂。也称润滑油稠化剂，为了改善润滑油的黏温性能，

以适应不同季节的温度变化，在多级油（也称稠化油）中加入黏度指数改进剂，提高润滑油的黏度指数。

④ 降凝剂。是一种合成的高分子有机化合物，在其分子中具有与石蜡烃的锯齿形链结构相同的烷基侧链，还可能含有极性基团和芳香核。润滑油基础油一般都经过脱蜡处理，但脱蜡不宜过深，因为脱蜡过深不仅使润滑油数量减少，而且会使润滑油的黏温性变差。为使倾点达到标准要求，就需在润滑油中加入适量的降凝剂。

⑤ 抗泡剂。润滑油中含极性添加剂，在高速运转、强烈震动或搅拌作用时会形成泡沫。这将导致：增大润滑油与空气的接触面积，促进油品氧化，缩短润滑油的使用寿命；降低油品冷却效果，致使部件过热甚至烧损；破坏正常润滑状态，使润滑系统产生气阻、断油等现象，加速机件磨损。

抗泡剂是碳链较短的表面活性剂，如醇或醚等。可降低油品泡沫的表面张力，阻止泡沫的形成。最广泛使用的抗泡剂是二甲基硅油。

⑥ 油性剂、抗磨剂和极压剂。发动机活塞和气缸壁间很难保证液体润滑，有时在苛刻的边界润滑条件下工作，为减少磨损，通常加抗磨剂、油性剂或极压剂来提高内燃机油的油性和极压性能。

⑦ 防锈剂。防锈剂是油溶性的表面活性剂。防锈剂分子可以通过以下方式保护金属表面延缓锈蚀：a.在金属表面形成吸附性保护膜；b.置换金属表面的水膜和水滴排除金属表面的水分；c.在油中捕集、分散油中水和有机酸等极性物质将它们包溶在胶束和胶团中。

143. 清净分散剂是怎样起到清洁发动机作用的？

清净分散剂的主要作用是使发动机内部保持清洁，使生成的不溶性物质呈胶体悬浮状态，不至于进一步形成积炭、漆膜或油泥。具体说来，其作用可分为酸中和、增溶、分散和洗涤等四方面。

① 酸中和作用：清净分散剂一般都有一定的碱性，有的甚至是高碱性，它可以中和润滑油氧化生成的有机酸和无机酸，阻止其进一步缩合，因而使漆膜减少，同时还可以防止这些酸性物质对发动机部件的腐蚀。

② 增溶作用：清净分散剂都是一些表面活性剂，它能将本来在油中不能溶解的固体或液体物质增溶于由 5～20 个表面活性分子集合而成的胶束中心，在使用过程中，它将含有羟基、羰基、羧基的含氧化合物、含有硝基化合物、水分等增溶到胶束中，形成胶体，防止进一步氧化与缩合，减少在发动机部件

上有害沉积物的形成与聚集。

③ 分散作用：能吸附已经生成的积炭和漆膜等固体小颗粒，使之成为一种胶体溶液状态分散在油中，阻止这些物质进一步凝聚成大颗粒而黏附在机体上，或沉积为油泥。

④ 洗涤作用：能将已经吸附在部件表面上的漆膜和积炭洗涤下来，分散在油中，使发动机和金属表面保持清洁。

清净分散添加剂是它们的总称，它同时还具有洗涤、抗氧化及防腐等功能。因此，也称其为多效添加剂。从一定意义上说，润滑油质量的高低，主要区别在抵抗高、低温沉积物和漆膜形成的性能上，也可以说表现在润滑油内清净分散剂的性能及加入量上，可见清净分散剂对润滑油质量具有重要影响。

144. 清净分散剂有哪些类型？

清净分散剂主要分为金属型和无灰型。其中金属型清净分散剂能防止活塞环槽中的油泥沉积，对活塞环区的清净能力好，单独使用时称为清净剂；无灰型清净分散剂对防止环槽中的油泥能力差，但促使油泥在油中分散的能力强。能将低温油泥分散于油中，以便在润滑油循环中将其滤掉，单独使用时称为分散剂。两者最好复合使用。金属型主要包括金属的磺酸盐、烷基酚盐、烷基水杨酸盐、硫磷酸盐等，无灰型主要有丁二酰亚胺型、丁二酸酯聚合型。具体牌号很多，国内就有将近 20 种。

145. 黏度指数改进剂是怎样提高润滑油的黏度指数的？

黏度指数改进剂又称增黏剂或黏度剂，其产量仅次于清净分散剂。黏度指数改进剂是油溶性的链状高分子聚合物，其分子量由几万到几百万大小不等。它们溶存在润滑油中，在高温时膨胀伸长，把大量的润滑油包含起来，使润滑油黏度不至下降太大，保持一定的黏度，形成一定厚度的油膜，起到应有的润滑作用。而当低温时，这些有机化合物卷曲缩小，悬浮在润滑油中，起破坏并阻碍润滑油分子间的亲和、吸附和凝聚作用，使润滑油黏度不致增加太多，以免引起发动机起动困难，增大磨损。由于不同温度下黏度指数改进剂具有不同形态并对黏度产生不同影响，它可以增加黏度和改进黏温性能。

黏度指数改进剂主要用于生产多级汽柴油机油，另外液压油和齿轮油也要使用。常用的黏度指数改进剂有：聚异丁烯、聚甲基丙烯酸酯、乙烯/丙烯共聚物、苯乙烯与双烯共聚物和聚乙烯正丁基醚等。

146. 抗氧抗腐剂的作用原理是什么?

抗氧抗腐剂可以抑制油品氧化,主要用于工业润滑油、内燃机和工艺用油等。按其作用原理可分为两种类型:

① 键反应终止剂。常用的屏蔽酚型和胺型化合物抗氧剂,属于链反应终止剂,可以和过氧化基(ROO·)生成稳定的产物(ROOH 或 ROOA),从而防止润滑油中烃类化合物的氧化反应,如 2,6-二叔丁基对甲酚、4,4-亚甲基双酚、N,N-二仲丁基对苯二胺等。

② 过氧化物分解剂。过氧化物分解剂能分解油品氧化反应中生成的过氧化物,使链反应不能继续发展而起到抗氧化作用;能在热分解过程中产生无机络合物,在金属表面形成保护膜而起到抗腐作用;能在极压条件下在金属表面发生化学反应,形成具有承载能力的硫化膜而起到抗磨作用,所以它是多效添加剂。抗氧抗腐剂的主要品种有二烷基二硫代磷酸锌盐(ZDDP)、硫磷烷基锌盐、硫磷丁辛基锌盐及其系列产品。

147. 油性和极压抗磨剂的作用原理是什么?

极压抗磨添加剂是指在高温、高压的边界润滑状态下,能和金属表面形成高熔点化学反应膜,以防止发生熔结、咬黏、刮伤的添加剂。它的作用是分解产物在摩擦高温下能与金属起反应,生成剪切应力和熔点都比纯金属低的化合物,从而防止接触表面咬合和焊熔,有效地保护金属表面。极压抗磨剂一般分为有机硫化物、磷化物、氯化物、有机金属盐和硼酸盐型极压抗磨剂等,主要品种有:氯化石蜡、酸性亚磷酸二丁酯、磷硫酸含氮衍生物、磷酸三甲酯酚、硫化异丁烯、二苄基二硫、环烷酸铅、硼酸盐等。

油性剂是一种表面活性剂,分子的一端带有极性基团,另一端为油溶性的烃基基团。含有这种极性基团的物质对金属表面具有很强的亲和力,它能牢固地定向吸附在金属表面上,在金属之间形成一种类似于缓冲垫的保护膜,防止金属表面的直接接触,减小摩擦和磨损。常用的油性剂为高级脂肪酸(如硬脂酸、软脂酸、油酸、月桂酸、棕榈酸、蓖麻油酸等),脂肪酸的酯(如硬脂酸乙酯、油酸丁酯等),脂肪酸胺或酰胺化合物(如硬脂酸胺、N,N-二(聚乙二醇)十八胺、硬脂酰胺等),硫化鲸鱼油、硫化棉籽油,二聚酸、苯三唑脂肪胺盐及酸性磷酸酯类等。

148. 降凝剂的作用原理是什么?

润滑油含蜡油在低温下会失去流动性,原因是在低温下蜡分子形成针状或片状结晶并相互联结,形成三维的网状结构,同时将低熔点的油通过吸附或溶剂化包于其中,致使整个油品失去流动性。当油品含有降凝剂时,降凝剂分子在蜡表面吸附或共晶,对蜡晶的生长的方向及形状产生作用。降凝剂的作用机理主要有以下 3 种理论:

① 晶核作用。降凝剂在高于油料析蜡温度下结晶析出,成为蜡晶发育中心,使油料中的小蜡晶增多,从而不易产生大的蜡团。

② 吸附作用。降凝剂吸附在已经析出的蜡晶晶核活动中心上,从而改变蜡结晶的取向,减弱蜡晶间的黏附作用。

③ 共晶作用。降凝剂在析蜡点下与蜡共同析出,从而改变蜡的结晶行为和取向性,并且因蜡晶体被降凝剂主链分隔,产生立体位阻作用,蜡晶体就不再能够形成可阻碍流动的三维结构了,从而达到改善油料低温流动性能、降低凝固点的作用。降凝剂分子中的碳链分布与蜡中碳链分布越接近,降凝剂的效果越好。

149. 什么是复合添加剂?

20 世纪 80 年代以前,我国调和润滑油的添加剂基本上都是单剂,随着汽车工业的发展,对内燃机油的质量要求越来越高。使用单剂调和油品不仅在工艺上麻烦,而且在配方评定方面困难很大,大多数润滑油调和厂难以办到。所以一些著名的厂家在台架评定的基础上生产出了具有成品油要求的多种功能复合添加剂。只要在指定性质的基础油中加入适量的这种添加剂,就可以生产某一质量级别的油品,因此,复合添加剂是指多种不同性能的单剂,如清静剂、分散剂、抗氧剂或抗磨剂等以一定比例混合,并能满足一定质量等级的添加剂混合物。

复合添加剂的性能不仅要靠添加剂单剂质量的提高,还要通过添加剂复合规律研究确定添加剂相互协同作用的本质,以获得综合性能最佳的复合剂。使用复合添加剂可以减化配方筛选的难度,降低润滑油生产的成本并且稳定油品生产质量。

150. 添加剂加入顺序是否有规定？

添加剂加入顺序对油品质量有颇大的影响，对油品调配操作也产生较大影响，故各厂均根据各类油的调和，规定了一些添加剂的加入顺序，但并没有形成规章。在润滑油生产技术长期交流过程中，有一些规定在原则上达成了共识，添加剂加入顺序的大体规律如下：

① 对机油有抗泡性要求的，应先加入抗泡剂使其充分分散，再加入其他添加剂。

② 对有降凝要求的油品，在加入抗泡剂后，应先加入降凝剂；对有增黏要求的油品，可随后加入增黏剂。

③ 随后再加入其他功能添加剂。

④ 对有固体添加剂者，应根据固体添加剂的溶解状况确定其溶解温度，使其溶解。

⑤ 对有反应要求的添加剂，在加入前几种添加剂后紧接着加入需反应的添加剂，使其反应充分完成后再加入其他添加剂。

⑥ 对不需要起反应的添加剂，但在一起又要起反应的添加剂，如具有酸性和具有碱性的两种添加剂不能同时加入，应先将一种加入油中分散后，再加入另一种。

151. 发动机润滑油有哪几种？

① 根据基础油分类。润滑油根据基础油不同分为三种：一种是采用矿物基础油与添加剂调和而成，称为矿物油；另一种是采用合成基础油与添加剂调和而成，称为合成油；第三种是使用Ⅲ类基础油与全合成机油，再加入添加剂调和而成的半合成油。半合成油与合成油的性能均比矿物油更好，但价格也昂贵一些。

② 根据发动机燃料分类。汽车发动机根据所用燃料不同，分为汽油发动机和柴油发动机。由于两种燃料的点火方式和结构的不同，车用机油分为汽油机油、柴油机油及汽油柴油发动机通用油。

③ 根据黏度分类。根据黏度等级分类法将润滑油分为夏季用油（高温型）、冬季用油（低温型）和四季通用油（全天候型）。前两种油品只能满足低温或高温一种黏度级别，称为单级油。换季时，单级油必须更换。四季通用油既能满足低温时的黏度等级要求，又能满足高温时黏度等级要求，叫多级油。

152. 评定机油质量等级的主要国际组织有哪些?

在机油的罐身标签上常常可以看到各种标识，如 API、ACEA、ILSAC 以及各车厂认证等。机油品质的好坏是靠上述机构所通过的认证来判别的，各大油厂会将自己生产的油品送到有公信力的机构作测试与认证，所以这些机构的认证标志就成了鉴识油品品质的指针。

① API，美国石油学会（American Petroleum Institute）的缩写，是最常见的机油认证规范标示。API 将机油分为汽油机油（字母"S"开头的系列）、柴油机油（"C"开头的系列）和汽柴通用油三类，汽柴通用油"S"和"C"两个字母同时存在，如"S"在前，则主要用于汽油发动机，反之，则主要用于柴油发动机。汽油机油从"SA"一直到"SP"（柴油机油从"CA"一直到"CK"）每递增一个字母，机油的性能都会优于前一种，机油中会有更多用来保护发动机的添加剂。具体分类后面详细叙述。

② ACEA，即欧洲汽车制造商协会，是欧洲润滑油性能标准的核心机构。ACEA 的前身是欧洲共同市场汽车制造商协会（CCMC），1992 年 CCMC 解体，ACEA 发动机油系列标准是于 1996 年发布，用以替代之前使用的 CCMC 标准由 ACEA 标准取代。该组织不仅包含欧洲本土汽车企业，也包含了北美和日本的主要汽车厂商。它所制定的机油质量标准，主要针对在欧洲研发、生产、销售的车型。ACEA 的质量标准分为 A/B、C 和 E 三个类别：A/B 类别可同时用于汽油发动机和轻型柴油发动机，用途在之前较为广泛；E 为重负荷柴机油标准；C 类别即为国Ⅵ排放标准实施后，当前非常热门的环保机油质量标准。ACEA 标准使得润滑油制造商能够确保他们的产品与最新的发动机技术相匹配。

③ ILSAC，即国际润滑剂标准化及认证委员会组织（International Lubricant Standardization and Approval Committee）。它是于 20 世纪 90 年代初由美国汽车制造商协会（AAMA）和日本汽车制造商协会（JAMA）联合组成。并相继推出了 GF-1（1992 年）、GF-2（1996 年）、GF-3（2000 年）和 GF-4（2004 年）、GF-5（2009 年）、GF-6（2019 年）汽油机油规格。其认证委托 API 发布。

④ JASO，即日本车辆标准组织，也是评定车用发动机的机构之一，它是由日本的石油公司、添加剂公司、汽车制造商及日本政府共同组成，所制订的规范适用于日本及太平洋国家，用于补充 API 测试规范。

除以上几个国际组织外，美国军部、德国军部、法国军部也制定了各自的标准，用于保证军用机油的品质。一些著名汽车制造厂商也制定了自己的规范，比较常见的有大众公司、美国宝马公司、保时捷公司、德国奔驰公司等车厂认证，这些车厂制定出来的认证规范，通常会比 API 或 ACEA 的规范严苛，许多石油大厂会将所生产的机油送去参与车厂规范的测试。由于费用很高，一般的小厂无法做到，所以这也是消费者选购机油的一种保障。

153. 汽油机油的 API 质量等级分类是怎样的?

美国石油学会按机油质量等级将机油划分为不同的级别，即 API 级别，该标准以字母"S"代表汽油发动机用油。汽油机油规格从 1967 年发布第一代 SA 级别发展到 2020 年生效的 API 1509—2019 标准中的最高档 SP 级别，分别是 SA、SB、SC、SD、SE、SF、SG、SH、SJ、SL、SM、SN、SP，其中 SI、SK 和 SO 级别空缺是为避免其他组织或标志混淆。每递增一个字母，机油的性能都会优于前一种，机油中会有更多用来保护发动机的添加剂，即字母越靠后，质量等级越高。SA 至 SG 级别的汽油机油已淘汰，SH 等级只有申请授权发动机油作为汽油和柴油发动机通用机油时方可申请，已不再单独作为汽油发动机油级别授权。具体分类列于表 2-6。

表 2-6　美国汽油机油的 API 1509—2019 分级分类

等级	使用对象（及更新换代原因）	油品性能特点	状态
SA	20 世纪 50 年代至 1963 年生产的中负荷汽油机（相当于我国的老解放牌汽车用）	由一定深度精制加工的基础油调配成黏度合适的油品即可，基本不加添加剂	废止
SB	20 世纪 50 年代至 1963 年生产的中负荷汽油机	加入某些抗氧、抗腐、抗磨剂（ZDDP 等）0.5% 左右即可，也可加入少量其他添加剂。发动机评定仅用 CRC-L38	废止
SC	用于 1964—1967 年生产的汽油轿车（因在市内停停开开，低温油泥问题出现）	加入清净分散剂与抗氧抗腐剂 2%～4% 左右。主要改善了低温分散性。要求通过 MS 发动机评定程序	废止
SD	用于 1968—1971 年生产的汽油轿车（开始重视环保，安装 PCV 阀，油泥增多，并有锈蚀问题）	增加改善高温清净性能与防锈性能，加入各种添加剂 4%～6% 左右。要求通过 L-38，MS ⅡB、ⅢB、ⅣB、ⅤB 及防锈等评定	废止
SE	用于 1972—1979 年生产的汽油轿车（高速公路普及并安装 EGR，油的高温氧化加快）	具有更好的高温抗氧化变稠及抗低温油泥性能，加入各种添加剂 6%～8%。要求通过 L-38，MS ⅡC、ⅢC、ⅤC 等评定	废止
SF	用于 1980—1987 年生产的汽油轿车（重视节能，车型变小，4～6 缸），高温氧化更快，且环保更严，普及催化转化器	具有比 SE 更好的抗高温氧化及抗磨性能。改进添加剂配方，加入量 8% 左右。要求通过 L-38，MS ⅡD、ⅢD、ⅤD 等评定	废止
SG 及 SH（GF-1）	用于 1988 年以后生产的汽油轿车（兼顾高、低温性能，解决黑油泥危害。为了严格评定，自 1994 年 SG 转为 SH 级）	具有比 SF 更好的低温分散性及抗氧化性能。添加剂中引入新型无灰剂，加入量达 10%～12%，要求通过 L-38，MS ⅡD、ⅢE、ⅤE、Ⅵ（节能）以及 1-G2 等评定	SG 废止 SH 只限汽柴通用油 GF-1 废止

等级	使用对象（及更新换代原因）	油品性能特点	状态
SJ（GF-2）	用于 1996 年后生产的涡轮增压汽油机和推广应用的二冲程直喷汽油机，以更好用微机控制燃烧，利于节能，同时推广含氧新配方汽油（含各种醇类、醚类），以利环保	进一步改进添加剂配方，且提高基础油质量，推广 5W/30, 0W/20, 5W/20 SJ 等节能油。能耗比 1988 年规定降低 40%，相当于 5.9 升/百公里。评定基本同 SH 级，但以 VF 代 VE，以 VIA 代 VI	SJ 当前 GF-2 废止
SL（GF-3）	为 2001 年 7 月 1 日生效。在防止机油稠化、高温积炭控制、蒸发损耗方面的要求更为严格	与 SJ 相比增加程序 VIB 节能评定，采用新型发动机及配件作为评定手段，要求油品具有节能性及节能持续性。SL 还对机油的磷含量限制规定为质量分数不得超过 0.10%	SL 当前 GF-3 废止
SM（GF-4）	于 2004 年引入，SM 性能级别标准的机油优于 API SL、SJ 机油，适用于 2004 年汽油发动机，以及以前所有的汽油发动机	可以在整个使用过程中提高抗氧化性、改善抗沉渣性、增强抗磨损性以及提高低温性能。有些 SM 级别机油可能也满足最新的 ILSAC 标准/或被认定为节能产品	SM 当前 GF-4 废止
SN（GF-5）	2010 年 10 月 1 日正式启用，适用于 2010 年最新技术的汽油发动机，以及以前所有的汽油发动机	SN 级的机油与 SM 级相比，在一些涉及到排放兼容性方面的添加剂种类与含量做了一些调整，为的是适应节能减排的发展趋势。GF-5 拟定用于为活塞和涡轮增压器提供更好的高温积垢保护，进行更严格的淤渣控制，改善燃料经济性，提高排放控制系统的兼容性、提供密封适应性和在使用含乙醇燃料（最高 E85）时保护发动机。可替代 GF-1 至 GF-4	当前
SN PLUS	2018 年 5 月 1 日推出，是专门针对涡轮增压直喷汽油发动机实际运行过程中出现的低速早燃（LSPI）问题而制定的润滑油标准	SN PLUS 属于过度标准，相对于 SN 级别标准，它最大的一个不同点就在于级别标准非常强调"对低速早燃"的抵抗力	当前
SP（GF-6）	最新标准，2020 年 5 月 1 日正式启用，标志着达到此标准的润滑油品质为目前最高，对目前主流的涡轮增压直喷发动机及未来的发动机，E85 以下的乙醇燃料发动机提供更好的保护	该标准在制定过程中纳入了 7 个全新发动机测试，在抗磨损性、抗低速早燃、抗氧化、抗沉积、清洁性以及其他与润滑油系统有关的性能方面均进行了关键升级，测试标准也更为严苛，更加环保和节能	当前

154. 柴油机油的 API 质量等级分类是怎样的？

API 柴油机油质量等级分类以字母"C"代表柴油发动机用油，随排放法规的日趋严格和发动机技术的不断进步，为满足发动机更高的润滑需求，柴油机油规格不断升级和更新。2016 年底，API 推出新的 CK-4 和 FA-4 柴油机油规格，以应对美国最新的汽车尾气排放标准、燃油经济性法规以及客户更长换油周期的需求，首次为 API 柴油机油规格增添了"F"节能系列柴油机油规格，只认证特定的 XW-30 黏度等级的机油。至此，现在 API 重负荷柴油机油规格发展成为包含"C"和"F"两个系列，规格标准得到进一步完善。

柴油机油由低到高的 API 等级规格为 CA、CB、CC、CD、CE、CF、CF-4、

CG-4，CH-4、CI-4 和 CJ-4、CK-4 和 FA-4 等，字母排列越向后，质量等级越高，具体分类见表 2-7。

表 2-7　柴油机油的 API 分级分类

等级	使用对象（及更新换代原因）	油品性能特点	备注
CA，CB （已废除）	非增压柴油机(轻、中负荷)，20 世纪 50 年代规格	加清净分散剂与抗氧、抗腐剂，CA 级共达 1%～2%，CB 级可达 2%～3%。发动机评定 L-38，L-1	废止
CC （已废除）	低增压柴油机,20 世纪 60 年代规格	兼顾改进高温抗氧、清净性能及低温分散性能，加大剂量达 3%～6%（未计入Ⅶ剂，下同）。要求发动机评定通过 L-38，1H2，MSⅣ	废止
CD	增压高功率柴油机。1955 年制订规格	主要提高酸中和、高温抗氧、清净性能。加剂量达 7%～10%。发动机评定程序 L-38，1G2	废止
CE	1988 年生效，用于涡轮增压重负荷>25T 货车用柴油机，解决高速公路上长期运行的高温氧化沉积过多、缸套磨光、油耗大的问题	进一步提高高温性能和分散性，改进添加剂配方，加剂量达 11%～12%。发动机评定须通过 L-38，1G2，Cummins NTC-400，Mack T6，T7 等	废止
CF-4	1991 年生效，适应现代直喷式柴油机的苛刻工况。又从 1994 年对于非车用直喷式柴油机油，规格较缓和些，称为 CF 级。对城市内的大功率二冲程柴油坦克，又有 CF-2 规格	继续提高上述高温性能，延长换油期，改进添加剂配方，总剂量达 12%～14%。发动机评定通过 L-38，1-K，NTC-400，T6，T7 等	废止
CG-4	1995 年生效。为加强环保，控制柴油机尾气排放污染，改进直喷式柴油机设计，颁布了 CG-4 规格，相应地于 1997 年发展出 CG、CG-2 规格	继续沿上述方向提高性能，改添加剂配方。发动机评定通过 L-38，MS ⅢE，1-N，GM 6，2L，Cummins L-10，Mack T-8 等	废止
CH-4	已在 1998 年生效。进一步严格提高环保标准，适应 1998 年后出厂的四冲程柴油机的要求	同上，包括改进添加剂配方和提高基础油质量两个方面。发动机评定通过 L-381PCummins M-11，Mack T-9，GM 阀系磨损等	当前
CI-4	2002 年制定。针对新一代高速、四行程重型柴油引擎的保护需求，及符合 2002/4 美国环保法规而设计发展的 CI-4 柴油机油，满足美国环保署关于柴油机排放的规定	关键点是改进了尾气再循环系统 EGR，其配方组成采用低灰分添加剂，改善油品的碱保持性，油品具有更好的分散性和耐烟炱磨损能力。发动机评定通过 1R，T-10(EGR)，ⅢF，M-11 GER	当前
CJ-4	CJ-4 最新的柴油引擎机油级数于 2006 年 10 月 15 日正式认证注册使用。适合高速、四行程柴油引擎，符合 2007 年美国公路废气排放标准要求及兼容于早先柴油引擎机油级数	CJ-4 油品可有效维持装置有粒子捕捉器，或其他先进的后处理器及其废气控制系统的寿命耐用性。并提供最佳的保护以控制触媒的毒化，粒子过滤器的堵塞、引擎磨损、活塞积垢、高低温稳定性、油烟煤灰处理、氧化稠化、泡沫性及剪力黏度下降。具有卓越的保护发动机能力	当前
CK-4	2016 年 12 月 1 日生效，定义为 XW-30 和 XW-40 黏度等级的油品，适用于高速四冲程柴油发动机，可满足 2017 年设计的公路用车排放标准和非道路用柴油车 Tier 4 尾气排放标准	CK-4 是 CJ-4 的升级版，在 CJ-4 的基础上对油品氧化、发动机磨损、高速剪切、活塞积炭等进行改进，主要适用于高速四冲程柴油机发动机。CK-4 为"高 HTHS"发动机油	当前

等级	使用对象（及更新换代原因）	油品性能特点	备注
FA-4	2016 年 12 月 1 日生效，定义为 XW-30 黏度等级的油品，不推荐将 FA-4 发动机油与硫含量大于 15mg/kg 的燃料一起使用。在许多情况下，发动机制造商只推荐将 FA-4 发动机油用于较新型的发动机	新的 FA-4 发动机油将提供较低的黏度等级 XW-30，可更好地防止机油氧化增稠发泡、由剪应力引起的黏度降低、机油溶气，防止催化剂中毒、微粒过滤器阻塞、发动机磨损、活塞积垢、低高温特性退化，以及由烟灰引起的机油黏度增加不能向下兼容，主要用于下一代新型发动机，以帮助最大限度地提高燃油经济性，而不牺牲对发动机的保护功能。FA-4 为"低 HTHS"发动机油	当前

155. 车用机油的 SAE 黏度等级是如何划分的？

SAE 是美国汽车工程师学会的简称，它规定了机油的黏度等级，该分类将机油分为夏季用油、冬季用油和四季通用油。

① 夏季用油。表示为"SAE+数字"，如 SAE 30、SAE 40 等，SAE 后标注的数字的大小反映了机油黏度的大小，数字越大表明机油黏度越大。由于这种机油的黏度相对较大，所以比较适合夏季高温下使用，气温越高的地方应选择标号数字较大的产品。

② 冬季用油。表示为"SAE+数字+W"，如 SAE 0W、SAE 15W、SAE 20W 等，数字后的"W"表示冬季，数字的大小反映了机油黏度的大小，数字越小表示黏度越小，对于温度越低的地区应选用数字标号越小的机油。机油黏度越低，发动机的启动转速越大，同时机油的倾点越低，机油就越容易被泵送，可以更快捷地到达润滑部位，缩短发动机经受干摩擦的时间。

③ 四季通用油，也称多级油。如果一种机油的黏度既符合"W"系列的低温黏度级别，又符合非"W"系列的高温黏度级别，即具有两个黏度等级，则称为多级油。表示为"SAE+数字+W-数字"，如 SAE 5W-30、SAE 10W-30 等。W 前的数字越小，表示润滑油在低温时的流动性越好，汽车启动越容易。而 W 后边的数字越大，则表明该机油在高温环境的黏稠性越好，生成的油膜强度更强。多级油能同时满足高温及低温环境的要求，这种机油基本可以四季通用，不需按季节换油。

SAE 分类标准（SAE J300 JAN2015）从低到高有十四个黏度等级：0W、5W、10W、15W、20W、25W、8、12、16、20、30、40、50、60，其黏度范围如表 2-8。

表 2-8　发动机润滑油 SAE 黏度分类（SAE J300 JAN2015）

SAE 黏度等级	低温启动黏度/（mPa·s）最大	低温泵送黏度/（mPa·s）最大（无屈服力）	低剪切速率下，100℃运动黏度/(mm²/s) 最小	低剪切速率下，100℃运动黏度/(mm²/s) 最大	高温高剪切黏度/（mPa·s）（150℃，10^6s^{-1}）最小
0W	6200(−35℃)	60000(−40℃)	3.8	—	—
5W	6600(−30℃)	60000(−35℃)	3.8	—	—
10W	7000(−25℃)	60000(−30℃)	4.1	—	—
15W	7000(−20℃)	60000(−25℃)	5.6	—	—
20W	9500(−15℃)	60000(−20℃)	5.6	—	—
25W	13000(−10℃)	60000(−15℃)	9.3	—	—
8	—	—	4.0	<6.1	1.7
12	—	—	5.0	<7.1	2.0
16	—	—	6.1	<8.2	2.3
20	—	—	—	<9.3	2.6
30	—	—	—	<12.5	2.9
40	—	—	—	<16.3	3.5(0W-40, 5W-40, 10W-40), 3.7(15W-40, 20W-40, 25W-40, 40)
50	—	—	—	<21.9	3.7
60	—	—	—	<26.1	3.7

156. API 认证标识和服务标识有哪些？新标准中的"盾牌图"认证标识代表什么？

通过API测试认证的油品可以在机油桶身上打上API标识。新标准颁布以前，API授权使用两类标识：API认证标识"星爆图"（Starburst）和 API 服务标识"圆环图"（Donut）。2020年5月1日执行的新标准 API 1509—2019 中增加了 API 认证标识"盾牌图"（Shield）。

（1）API服务标识"圆环图"

如果一个品牌的机油产品申请并获得了API的认证，就获得了在其产品包装上使用 API 服务标识"圆环图"的权力。API 服务标识是一个双环图（图 2-1），可分为三个部分：外圈分为两个部分，上半部标有 API 服务类别，如 API SERIVICE SL，代表油品质量等级，也是选购机油时首先寻找的指针；外圈下半部有"ENERGY COSERVING"的字样，说明该油品通过了 API 的节能认证，如果机油没有节油性能，则这一栏必须为空白；内圈所标示的为 SAE 黏度等级标示，如 SEA 5W-30。

图2-1 API 服务标识"圆环图"

此外，自 2016 年 12 月 1 日起，当要求使用 API FA-4 服务时，服务符号的上半部分被一条垂直线分开（图 2-2），垂线左侧标有"FA-4"，垂线右侧标有"API 服务"字样。

图2-2 带有 FA-4 的 API 服务标识"圆环图"

（2）API 认证标识"星爆图"

满足 API 服务类别的机油，只有在同时满足目前由国际润滑油标准化及认证委员会 ILSAC 制定的现行发动机保护标准和节油要求时的，才拥有在产品的包装上使用"星爆图"（图 2-3）的权利，如 GF-5、GF-6 可以使用"星爆图"标识，而 GF-4 则不能使用。

（3）API 认证标识"盾牌图"

高压缩比发动机与低黏度机油的发展趋势，使得 2020 年 5 月 1 日执行的 API 新标准首次引入了分离式的 ILSAC 规范，GF-6A 可以替代 GF-5 及以下标准，但 GF-6B 不向下兼容 GF-5 及以下标准。为了防止这些低黏度等级的机油在不适用的发动机中被误用，对于符合 ILSAC GF-6B 标准的 API 许可油，API 引入了最新的"盾牌"（Shield）认证标识（图 2-4）：上部"AMERICAN PETROLEUM INSTITUTE"是美国石油学会英文大写字母；中间为 SAE 黏度等级；下部"CERTIFIED FOR GASOLINE ENGINES"为汽油发动机认证。"盾牌"认证标识兼容以往的 SAE 0W-16 API SN 等级，且性能更好。

图2-3 API认证标识星爆图　　　　图2-4 API认证标识"盾牌图"

需要注意的是，使用 API 和 ILSAC 认证标识是一种权力，而不是义务。也就是说，获得认证的品牌可以使用，也可以不使用认证标识。使用 API 标识的机油不仅被认为质量可靠而且具有先进水平，而且已成为产品走向国际市场的通行证，但产品配方和质量要受到抽查和监管，企业不能"灵活"的调整配方。在美国市场上，各大品牌只要获得了 API 和 ILSAC 认证，都会使用认证标识。在中国使用认证标识的品牌几乎没有，但是上 API 官网去查，许多企业都是有认证的。

157. 符合 API 标识的 SAE 黏度等级有哪些?

2020 年 5 月 1 日执行的 API 1509—2019 中规定了可与 API 标识一起使用的 SAE 黏度等级，具体列于表 2-9。

表2-9 可与 API 标识一起使用的 SAE 黏度等级

低温黏度等级	高温黏度等级						
	—	16	20	30	40	50	60
—		Y	Y	Y	Y	Y	Y
0W	Y	Y	XY	XY	XY	XY	XY
5W	Y	Y	XY	XY	XY	XY	XY
10W	Y	Y	XY	XY	XY	XY	XY
15W	Y	Y	Y	Y	Y	Y	Y
20W	Y	Y	Y	Y	Y	Y	Y
25W	Y	NA	NA	Y	Y	Y	Y

注：X 指符合 API 认证标识，前提是油品满足 API 1509—2019 中概述的所有 API 许可证要求认证标识；Y 指符合 API 服务标识，前提是油品满足 API 1509—2019 中概述的 API 服务标识的所有许可证要求；NA 指不适用。

158. 如何识别机油的牌号、性能（怎样看懂机油桶）？

掌握前面的 API 质量分类和 SAE 黏度等级分类的基本知识，我们就很容易解读润滑油外包装上常见符号的意义。如果包装上只标有 API S*（*代表 J、L、M、N、P 等，代表质量等级的高低）的是汽油机油，如"API SP SAE 10W-40"，质量等级是目前最高的 SP 级别，黏度等级为 10W-40 的四季通用油；如果包装上只标有 API C*（*为 H、I、J、K 等，代表质量等级的高低）的是柴油机油，如"API CK-4 SAE 5W-30"，质量等级是目前最高的 CK-4 级别，黏度等级为 5W-30 四季通用油。"API CJ-4 SAE 40"表示仅适用于柴油发动机；如果包装上标有 API S*/C*或 C*/S*标识，如"API SL/CI-4 SEA 20W-40"，表示这是一种汽柴机通用油，主要适用于汽油发动机，但柴油发动机也可使用，质量等级与 SL 级别的汽油机油和 CI-4 级别的柴油机油相当，黏度等级为 20W-40 的四季通用油。

159. ACEA 欧洲机油认证标准指的是什么？

ACEA（欧洲汽车制造商协会），全称为 Association des Constructeurs Européensd' Automobiles，总部设在比利时的布鲁塞尔。是欧洲汽车制造业对汽车用润滑油的检验、认证、划分等级标准的机构，从技术要求上，ACEA 标准要高于我们熟知的美国 API 标准。

ACEA 标准包括两大类：A/B 类规定了轿车汽油机和轻负荷柴油机装填及服务用发动机油的要求；C 类轻负荷发动机油规范主要是针对装备尾气后处理装置［如柴油机颗粒过滤器（DPF）、三元催化器（TWC）等］轿车而引入。

目前，ACEA 标准共更新过 10 次，基本上是每隔 2 年左右更新一次，第 10 次更新已于 2016 年 12 月 1 日正式发布实施。与 2012 版 ACEA 规格相比，2016 版发生了较大的变化，除了新增试验和替代试验之外，2016 版轻负荷发动机油序列发生了结构性的变化，废除了 A1/B1 规格，推出了非常严苛的 C5 规格。

160. 2016 版 ACEA（欧标）轻负荷发动机油规格是如何规定的？

与 2012 版 ACEA 规格相比，2016 版轻负荷发动机油废除了 A1/B1 规格，推出了 C5 规格。规格包括 A3/B3-16、A3/B4-16、A5/B5-16、C1-16、C2-16、C3-16、C4-16、C5-16，详见表 2-10。

表 2-10　2016 版 ACEA 轻负荷发动机油的规格及主要特点

	项目	HTHS（150℃）/（mPa·s）	硫含量/%	磷含量/%	硫酸盐灰分（质量分数）/%	特点	适合车型
A/B系列	A3/B3-16	≥3.5	报告	报告	0.9～1.5	高 HTHS，常见机油黏度有 5W-40、10W-40 和 15W-40	适用于不带先进后处理装置的各类汽油发动机和轻负荷柴油发动机
	A3/B4-16	≥3.5	报告	报告	1.0～1.6	高 HTHS，碱值和灰分略高于 A3/B3，在活塞积炭清洁能力、抗油泥能力、抗磨损能力等指标更加符合欧洲发动机的用油需求，常见机油黏度有 10W-40、5W-40、5W-30、0W-30	适用于不带先进后处理装置的高性能汽油发动机和轻负荷柴油发动机，可以满足众多 OEM 的性能要求，特别是 2016 年以前的德系车发动机，油品黏度范围广泛
	A5/B5-16	2.9～3.5	报告	报告	≤1.6	低 HTHS，是 A1/B1 标准的升级版，A5/B5 机油在沉淀物和燃油经济性方面比优于 A1/B1，具有出色的耐久性和长寿命，常见机油黏度有 5W-30 和 5W-20	用于装置 DPF（柴油颗粒过滤器）及 TWC（三元催化转换器）使用低黏度发动机油的高性能汽油及轻型柴油发动机，具有一定的燃油经济性
C系列	C1-16	≥2.9	≤0.2	≤0.05	≤0.5	低 HTHS、低 SAPS 要求的低黏度发动机油，具有优异的燃油经济性	由于其超低的硫、磷及硫酸盐灰分限值，目前还没有 OME 使用 C1 发动机油
	C2-16	≥2.9	≤0.3	0.07～0.09	≤0.8	低 HTHS、中 SAPS 要求的低黏度发动机油，具有较高的燃油经济性要求	适用于装置 DPF 及 TWC 的高性能汽油及轻型柴油发动机
	C3-16	≥3.5	≤0.3	0.07～0.09	≤0.8	高 HTHS、中 SAPS 要求的高黏度发动机油，具有一定燃油经济性要求	符合大多数 OEM 的性能要求，目前该系列发动机油应用非常广泛
	C4-16	≥3.5	≤0.2	≤0.09	≤0.5	高 HTHS、低 SAPS 要求的高黏度发动机油，具有一定燃油经济性要求	较少被 OEM 使用
	C5-16	2.6～2.9	≤0.3	0.07～0.09	≤0.8	低 HTHS、中 SAPS 要求的低黏度发动机油，基于 C3 标准要求，在燃油经济性上提出了更高的限值要求，燃油经济性比 C3 提高 2%	C5 是唯一满足用于使用低黏度机油而设计的汽油和轻负荷柴油发动机的润滑

　　ACEA A/B 系列发动机油属于常规灰分润滑油，对配方中的硫、磷含量无限制要求，不适用于带有先进后处理装置的发动机的润滑。ACEA C 系列属于

低 SAPS（低硫、低磷、低硫酸盐灰分）润滑油，对配方中的硫、磷和硫酸盐灰分有限值要求，与发动机尾气后处理装置具有良好的兼容性，满足现代发动机 GDI 和 T-GDI 等最新发动机技术和后处理装置适应性要求。

161. 机油的 HTHS 值是什么意思？怎样选择机油的 HTHS 值？

HTHS 英文全称是 High Temperature High Shear，中文为机油的"高温高剪切黏度"，是机油在高温高剪切下黏度稳定性的指标，也反映了机油在高温高剪切条件下润滑保持能力，即在高温高剪切条件下的油膜强度，该指标越高，高温高速性能越好。

美国 API、欧盟 ACEA 和中国 GB 标准对 HTHS 都有明确规定且具有一致的最低要求，其测试标准是 150℃、$10^6 s^{-1}$ 剪切速率下的表观黏度（也就是动力黏度），这个工况是曲轴轴承的工况。而 HTHS 反映了在活塞和气缸之间、轴与轴瓦之间的机油的附着能力，与机油中所添加的油性剂或极性剂有关。

如果汽车经常长途高转行驶，比如经常 3000 转以上行驶，应使用 HTHS≥3.5 的机油。涡轮增压、大排量轿车或者 SUV，这类发动机的特点为转速快、发动机温度高，需配合使用 HTHS≥3.5 及黏度指数高的全合成机油。

一般情况下，德系一般要求机油 HTHS 大于 3.5，美系、英系、法系一般要求 HTHS 大于 3.2，而日韩系对 HTHS 基本要求在 2.9 左右。

162. API 与 ILSAC 及 ACEA 标准有什么区别与联系？三种标准的机油等级对应关系？

（1）ILSAC 标准与 API 标准

API 以往对润滑油标准的制定更多地考虑到其对发动机机械性能的影响以及在不同运行环境下节能性的发挥。ILSAC 标准的"GF-X"规格要求在达到 API 相应质量等级的基础上，还要通过 EC 节能认证，更加注重节能和排放，简单地说，GF 规格 ＝API 规格+节能要求。因二者的密切联系，各个等级的油品也有相应的对应关系，如现行标准中的 GF-5 ＝ SN+节能，GF-6 ＝ SP+节能。

基于节能要求，ILSAC 只认证 30 黏度及更低的黏度，ILSAC 建议汽车消费者使用 XW-30，XW-20 或更低的黏度润滑油（XW-40 的机油不会有 ILSAC

认证），而 API 规格几乎覆盖全部黏度等级（见表 2-8）。ILSAC 削弱了抗磨添加剂（磷），意味着不适合暴力高转速驾驶，更不适合德系车，适合追求节油环保和注重低扭的日韩美系车。此外，ILSAC 的质量标准仅仅只针对汽油发动机。

（2）API 标准与 ACEA 标准

二者只有部分相似，但存在很多差异，其所使用的试验方法有很大不同，ACEA 标准采用欧洲制发动机进行试验，而 API 标准主要采用美国、日本制发动机进行试验。因此，目前还没有办法直接将 ACEA 的各个等级对应与 API 等级对应。

在机油效能上，欧洲汽车制造商往往比美国有更高要求。汽车方面，欧洲汽车制造商较关注汽油机油对密封材料的适应性、油泥产生及热稳定性问题。商用车方面，欧洲柴油机油单位体积润滑油所承受的功率或热损失率比美国高，亦较为考虑发动机缸套抛光磨损的性能。因此，欧洲 ACEA 认证比美国 API 更为严格苛刻。主要表现在以下几个方面：

① ACEA 加剂量要求明显高于 API 标准，油品配方需要更多的分散剂、清洁剂。

② 从基础油的选用来看，API 标准并未对基础油选用做要求，一类、二类基础油都可以使用，ACEA 标准绝大多数需要三类以上的基础油或全合成基础油，使用的基础油也优于 API 标准。

③ ACEA 相对于 API 规格既包括汽机油的试验也包括柴机油的试验，ACEA 更加关注对涡轮增压的保护，机油换油周期更长。

只通过美国 API 认证的机油不能在欧洲生产的引擎上使用，否则机油容易劣化变质，换油周期大幅缩短。相反，已经通过 ACEA 认证的机油可以应用在美国汽车引擎。事实上，根据欧洲法例，机油如果没有通过 ACEA 认证，是不允许在欧洲市场上出售的。

综上，ACEA 规格和 ILSAC 规格是在 API 规格的基础上增加了各自要求。

163. API SP/GF-6 汽油机油新标准有哪些方面的变化？适合什么样的车型？

目前汽车制造商在发动机的硬件设计时，追求更高的燃油经济性和减少废气排放，新发动机技术发展路线呈现几大趋势：缸内直喷化、涡轮增压化、小排量化和混合动力化，汽车制造商普遍通过提高压缩比、降低摩擦、应用低黏度机油、稀薄燃烧、增加后处理系统等技术手段来全面提升发动机的热效率。发动机技术快速进步，对润滑油也提出了更高的性能要求。在此背景下，API向行业推出的最新版机油标准（第 18 版 API 1509 标准）已于 2020 年 5 月 1 日正式生效。新版机油标准包括两个新的 ILSAC 规格：GF-6A 和 GF-6B，以及一个新的 API 服务类别 API SP。高压缩比发动机与低黏度机油的发展趋势使 API 首次引入了分离式的 ILSAC 规范，GF-6A 可以替代 GF-5 及以下标准，但 GF-6B 不向下兼容 GF-5 及以下标准。相较于 GF-5，GF-6 在燃油经济上有大幅度的提升，最高提升 30%，在抗氧化性能上提升了 33%。

API SP 相比于目前的 API SN 及 API SN PLUS 标准，在抗磨损性、抗低速早燃、抗氧化、抗沉积、清洁性以及其他与润滑油系统有关的性能方面均进行了关键升级，测试标准也更为严苛，更加环保和节能。API SP 标准的氧化稳定性的要求比 API SN PLUS 提升了 33.3%，对沉积物评分的要求严格了 13.5%，机油氧化稳定性的提升，意味着机油的耐久性提升，可以延长换油周期。

新的 API 发动机油标准针对市面上渐成主流的涡轮增压发动机及未来的发动机，在确保排放控制系统和涡轮增压器等系统发挥最佳性能的同时提供更强大的保护，还提供针对汽油直喷（GDI）涡轮增压发动机常见的低速提前点火（LSPI）的保护，帮助车辆满足燃油经济性要求，同时保护使用 E85 以下乙醇燃料的发动机。对于当前发动机，特别是国Ⅵ车型，是不错的选择，同样也可以为国Ⅴ、国Ⅳ等车型带来更好的体验感。

164. ILSAC 规范 GF-6A 与 GF-6B 有什么差别？

国际润滑剂标准化及认证委员会 ILSAC 委托 API 发布的 GF-6 标准包括 GF-6A 和 GF-6B 两个汽油机油规格，二者不能在车辆设备上互换使用。主要区别如下：

① ILSAC GF-6A 向下兼容 GF 5-1 及以下标准，并为 SAE 等级 0W-20、5W-20、0W-30、5W-30 和 10W-30 设计；ILSAC GF-6B 旨在改善燃油经济性，满足 GF-6A 的所有要求，但黏度更低，仅用于 SAE 0W-16 等级，不向下兼容。

② GF-6B 润滑油在燃油经济性上优于 GF-6A 润滑油。

③ GF-6A 的认证标识为 API "星爆图"，GF-6B 规格的润滑油采用了一个

新的认证标识——API"盾牌图"，以防止这些低黏度等级的油品在不适用的发动机中被误用。GF-6B 目前主要用于日系车。

165. 与上一代的 SN PLUS 标准相比，SP 级别机油的优点有哪些？

SN-PLUS 级别是 2018 年推出的机油标准，相对于 SN 级别标准，它最大的一个不同点就在于 SN-PLUS 级别标准非常强调"对低速早燃"的抵抗力。相比于 SN-PLUS，SP 级别机油有以下优点：

① 满足最新 TGDI（涡轮增压直喷）汽油发动机的用油要求。

② 抗低速早燃性能更优，保障发动机正常工作。

③ 阀系结构的抗磨性增强，保护发动机不受磨损。

④ 高温抗氧化性能更佳，更好地保护涡轮增压器，延长换油周期。

⑤ 燃油经济性能好。

⑥ 有效保护三元催化转化器。

⑦ 更好地保护正时链条不被磨损。

166. 新标准中的柴油机油 API CK-4 和 API FA-4 有什么特点？与 API CJ-4 相比有何优点？

API CK-4 和节能型规格 API FA-4 是 API 于 2016 年 12 月 1 日推出，也是继 1994 年以来第一次同时推出两种标准，目的是为了更好地满足当前不同技术发动机存在的客观条件。为了应对越来越严苛的环保要求，柴机油势必要符合当下和未来的排放法规，这两个标准都是在满足环保要求的前提下，针对不同类型的柴油发动机开发的。

CK-4 可以简单地理解为 CJ-4 的直接升级版，是在 CJ-4 的基础上对油品氧化、发动机磨损、高速剪切、活塞积炭等的改进，主要适用于高速四冲程柴油机发动机；而 FA-4 则侧重于对环保要求更为严苛的柴机油，并且能够满足未来几年的排放要求，属于节能型规格。为了更好地区分两种标准，FA-4 等级机油 API 服务标识圆环图的上半部分，会有一处标有 "FA-4" 阴影部分作为区分。API FA-4、API CK-4 和 API CJ-4 的具体差别如下：

① 燃油经济性和抗氧化性方面。FA-4 和 CK-4 在抗氧化方面强于 CJ-4。低 HTHS 的 FA-4 发动机油通过降低黏度来使其燃油经济性超过 CJ-4、CK-4

发动机油。

② 测试范围方面。与 CJ-4 相比，CK-4 和 FA-4 增加的 2 个台架测试即
Cat C13A 和 Volvo T13，分别用来改进测试氧化性能和空气释放性。

③ 兼容性方面。CK-4 发动机油可以直接替代现在使用的发动机油，即可
以"向下兼容"CJ-4、CI-4、CI-4+和 CH-4。新的 FA-4 发动机油将提供较低
的黏度等级，不能与之前其他等级的油品互换，不能向下兼容，主要用于下一
代新型发动机，以最大限度地提高燃油经济性，而不牺牲对发动机的保护功能。
不推荐将 FA-4 发动机油与硫含量大于 15 mg/kg 的燃料一起使用。

④ 剪切稳定性方面。剪切稳定性是油品中高聚物分子在发动机内严重应
力下抵抗剪切的能力。剪切会使发动机油黏度降低，过度的黏度损失可以影响
发动机油保护发动机关键部件的能力。与 CJ-4 发动机油相比，CK-4 和 FA-4
发动机油改善了剪切稳定性。CK-4 发动机油可以提供更好的启动性能和更好
的磨损保护。

167. 选用润滑油应遵循哪些原则?

润滑油质量的好坏，直接关系到发动机使用寿命的长短，因此要选择质量
信誉好的知名品牌产品。选用发动机机油时，要以机油的质量、黏度等级牌号
为准，即首先是选对油品的质量等级，然后再选取合适的黏度等级。

① 首先应严格按汽车（发动机）出厂说明书规定的用油等级选油，切不
可用低于要求的质量等级的机油，应宁高勿低。如没有出厂说明书，则可根据
汽车（发动机）出产年代或工作条件苛刻程度选油。应按压缩比、排量等进行
使用性能级别的选择。质量好的机油能保证发动机润滑良好、减少磨损、延长
发动机使用寿命、延长换油周期、减轻维护和修理的频度和难度。

② 按照气温、发动机的工况，并结合发动机的新旧进行黏度级别选择。
选择机油黏度时，在保证发动机润滑与密封的条件下，尽量选用低黏度机油，
以便节约燃料。若使用环境的温差较大，应该选用多级油。

此外，还要适当考虑道路的状况，经济性等。一些国产的名牌机油品质相
当不错，而且价格低于进口同类产品很多，没有必要一味追求进口机油。如果
不能识别机油的好坏或是否适用，最好选择有原厂认证的机油，使发动机达到
原厂设计的寿命。

168. 怎样选择内燃机油的黏度等级？

黏度是发动机润滑油的重要指标之一，确定质量等级后，选择合适的黏度就显得更为重要。选择发动机润滑油黏度级号主要是根据气温和工作条件，使油品在高温下有足够大的黏度，以保证发动机在运转时的润滑与密封，在低温下又有足够小的黏度，以保证发动机低温启动性好。黏度牌号的选择一般遵循如下原则：

① 依据地区、季节、温度选用。冬季寒冷地区选用黏度小、倾点低的油或多级油；夏季或全年气温高的地区选用黏度适当高些的油，具体见表2-11。

表2-11 不同黏度适用的温度范围

SAE 黏度等级	适用气温范围/℃	气候条件	地区
0W/20	−35～20		
5W	−30～−25	严寒	东北，西北
5W/20 或 5W/30	−30～30		
10W	−25～−20		
10W/30	−25～30		
15W	−20～−15	寒冷	华北，中西部及黄河以北地区
15W/20	−20～20		
15W/30	−20～30		
15W/40	−20～40		
20W	−15～−5	寒温	黄河以南，长江以北
20W/30	−15～30		
20	−10～20	温	长江以南，长岭以北
30	0～30		
40	10～50	温-热	南方

② 依据载荷和转速选用。载荷高、转速低，一般选用黏度大的机油；载荷低、转速高，如小轿车、吉普车、微型车等，一般选用低黏度油。

③ 根据发动机的磨损情况选用。新发动机应选用黏度较小的机油，而磨损大（磨擦面间隙增大）的发动机因活塞环和缸壁，曲轴轴颈和连杆轴瓦之间间隙比正常状态大，需要黏度高些的机油起到更好的密封作用，同时防止油路泄压。

大修后的发动机必须使用低黏度的润滑油。因为大修后的车辆需要磨合，使用黏度低的润滑油有利于清洗，散热，过滤金属磨粒，快速到达润滑部位，如果使用黏度大的润滑油，容易造成早期磨损和发动机的烧瓦、拉缸等故障。

169. 什么是多级油（四季通用油）？其与单级油相比有哪些优点？

多级油也称"四季通用油"，是在低黏度基础油中加入黏度指数改进剂（或称增黏剂）等调和成的，多级油与单级油的区别主要在于黏温特性的不同。多级润滑油黏度指数通常都在 130 以上，而单级润滑油一般为 75～100。

多级油既能保持原有的低温启动性能，又具有能适应高温下工作的黏度，具有两个黏度等级。多级油特点如下：

① 多级油的低温启动性能较单级油有了明显的改善。在满足高温性能要求的前提下，多级油在低温下较单级油的黏度小得多，因此，在发动机冷启动时，润滑油可以更快到达润滑部位，减少干摩擦的时间，延长发动机的寿命。

② 多级油较单级油具有良好的高温抗磨损性能。即使多级油和单级油具有相同高温黏度（100℃时的黏度），可以在相同的高温环境条件下使用，但多级油的黏度指数远远高于单级油，即多级油黏度随温度变化比单级油小。因此，在 100℃以上的使用条件下，多级油比相应牌号的单级油黏度大，油膜保持得好。

③ 多级油可以降低燃料油消耗和具有较大的适用范围。多级油低温黏度较单级油小，低温启动时摩擦阻力较小，与使用同样黏度的单级油比较，能节省 2%～3%的燃料。另外，多级油规定了低温及高温区两个黏度范围，既可以在一定地区冬夏通用，也可以在不同气候条件的多个地区使用，大大提高了油品对温度的适应性。

170. 多级油价格较高，它比单级油高档吗？

机油档次的高低是根据 API 使用性能区分的，英文字母越往后越高级，机油中所含添加剂越多，对发动机保护性能越好，如 SP 油比 SN 油高级，CK 油比 CJ 油高级。而单级油、多级油指的是润滑油的黏度级别，只是使用的气候条件不同，如 SAE 30 API SN 适合夏季使用，而 SAE 10W/30 API SN 四季都可以使用，前者并不比后者档次低，而是属于同一级别，都是 SN 油。同一级别的多级油之所以价格稍高，是因为多级油中加入了黏度指数改进剂，以提高其黏度指数，适应四季温度变化，材料成本比单级油高。

171. 什么是机油的低温动力黏度，其实用意义何在？

机油的低温动力黏度是多级油在低温、高剪切速率条件下所测得的内摩擦力大小的量度。在润滑油规格中，其单位以毫帕·秒（mPa·s）表示。内燃机油的低温动力黏度是多级内燃机油低温性能的重要指标。低温动力黏度越大，润滑油低温流动性越差，发动机在低温启动时越困难，润滑油到达磨擦部位所需的时间也越长，会出现短暂的干磨擦或半液体磨擦而增加发动机的磨损。因而低温动力黏度可作为预示发动机在低温条件下能否顺利启动的黏度指标。

172. 什么是机油的低温泵送性能？

低温黏度并不能完全说明内燃机油的低温性能。这是因为，即使在低温下油品的低温黏度小，发动机容易启动，但也不能保证发动机启动后能正常润滑。实际使用中发现，有的内燃机润滑油能使发动机在低温下启动，但却使机油泵不能及时、正常供油，给发动机运动部件提供合适的润滑，从而造成运动部件的严重磨损和噪声增大等问题。因此，内燃机油还应具有良好的低温泵送性能。

173. 选购润滑油应注意哪些问题？

优质润滑油除能更好地保护发动机、减少换油的次数外，还能节省燃料油开销。

① 选择润滑油的使用级别时应根据发动机的要求。没必要在较低级别的发动机上使用高级润滑油，降级使用润滑油不经济；切勿将低级别的润滑油用在要求较高的发动机上，否则会造成发动机早期磨损和损坏。

② 尽量选择多级油。多级油的黏温性能好，对发动机有较好的保护作用，使用时间长、节省燃料，而且四季通用、便于管理。基于多级油的特性，在使用过程中可能会出现过早发黑、润滑油压力较普通润滑油小的现象，均系正常。

③ 不必盲目崇洋。一些国产名牌润滑油品质相当不错，而且价格低于进口同类产品很多，仅为进口机油价格的 50%～60%，而且国内的大型炼油厂均能生产符合国际标准的高级润滑油，可以放心地选用。

④ 选择润滑油尽量注意黏度。如发动机状况良好，环境温度较低，应尽

可能使用黏度较小的润滑油，保持润滑的效率。一味地选用高黏度的机油，会使发动机运转时的阻力增加，从而使燃料消耗量增加。

174. 不同的车为什么要用不同的机油？

不同的车应按汽车制造商出厂推荐用油说明来选用牌号和质量等级的润滑油。这是由于：

① 发动机的类型不同。不同类型发动机的工作特点不同，对润滑油的要求也不相同，如汽油机转速高而负荷小，润滑压力低；柴油机转速低，负荷大，润滑压力高，两者对机油性能的要求不同。汽油机要用汽油机油，柴油机要用柴油机油。

② 发动机的结构不同。同是一种类型发动机，有单缸机、有多缸机；有的是自然吸气式、有的是增压进气式；有的压缩比高、有的压缩比低，对润滑油的品质要求也各有不同。

③ 发动机的工作条件不同。同是一种型号发动机，由于负荷、温度、速度环境不同，对润滑油性能要求也有差异，如炎热的夏季要用黏度较大的油；寒冷的冬季要用黏度较小的油；冬夏通用的要用多级油；混合车队最好使用汽、柴油机通用油等。

175. 高档机油的"高档"表现在哪里？可以通过加入抗磨添加剂提高机油的档次吗？

润滑油的外观并不能反映质量水平，一些用户习惯用手捻试的方法来判定油的黏度，或对着光看润滑油是否透亮，都属外行动作。润滑油档次、级别的高低，是根据不同年代生产制造的发动机对润滑油的不同要求，而制定的相应润滑油质量级别标准。

由于发动机技术水平不断升级，排放性能、压缩比、节油性能都不断提高。要求有更高级别的润滑油与之相适应。高级别体现在上百项综合技术指标中，一般要经过模拟发动机运行的"台架试验"取得数百项数据后，才能确定。为此，需要制造商在基础油、添加剂、调和工艺配方、控制手段等方面具备一系列能力，绝不是简单地加点添加剂就可以实现。

176. 如何从包装上区分全合成油、半合成油和矿物油?

全合成,半合成,矿物机油从外包装上还是比较容易区分的。

全合成油:机油桶上英文会标有"Full Synthetil""Advanced Full Synthetic","100% Synthetic";机油桶上中文会标有"全合成机油"。总之,要标有"全"或"Full"。

半合成油:一般机油桶上英文标有"Synthetic Motor Oil""Synthetic Engine Oil""Semi-Synthetil"或"Synth-Tech";一般机油桶上中文标有"合成技术""合成配方""超级合成""超能合成"的基本上都是半合成油,或者只标有"合成油",而没"全"字也是半合成油。

矿物油:矿物油会直接标注"高性能发动机油"或"优质发动机油"等,不出现"合成"或者"Synthetic"的字样。

177. 如何从性能上区分全合成油、半合成油和矿物油?

由于全合成油、半合成油较矿物油价高,有些不法商贩将矿物油标成合成油出售,蒙骗用户,以谋取高额利润。最好的区分方法是借助科学仪器,可通过红外光谱等仪器分析油品的结构,以区分是什么类型的润滑油。对于缺乏分析手段的普通用户,也可用以下方法鉴别:

① 如果是酯类全合成油,可取一些油样与普通矿物油混合,由于它与矿物油不混溶,搅拌后呈现浑浊状态,静置一段时间后会分层,否则不是真正的酯类油。

② 如果是聚α-烯烃合成油,它与矿物油可以混溶,但它的黏度指数很高,一般超过140,而且由于不含蜡,倾点极低,通常在-40℃以下,测定倾点时温度降至-30℃油还能保持清澈透明。如果是石蜡基矿物油,黏度指数也比较高,但倾点高,测定倾点时温度降至-30℃油呈不透明状态;如果是环烷基矿物油,黏度指数低,一般低于80,其他状态相同。

由于半合成油一般是由聚α-烯烃油与石蜡基矿物油按一定比例混合而成,除了借助仪器分析外,没有更好的方法。

178. 汽油机或柴油机专用油的质量比通用油好吗?

专用油指的是适用于汽油机的汽油机油或适用于柴油机的柴油机油;通用油则既可用于汽油机,又可用于柴油机。通用油的出现主要是方便混合车队使用，可以简化机油品种，便于管理，防止错用机油。

有些用户认为，专用油是针对专门的汽油机或柴油机，而通用油则要兼顾汽、柴油机的性能，势必在专项性能上不如专用油好。这种看法是错误的，其实无论哪一种机油，其级别均是通过台架试验评定而确定的，如质量级别为API SN/CI-4 的通用油，它既通过了 SN 汽油机油的台架试验，又通过了 CI 柴油机油的台架试验，同时符合 SN 和 CI 两种油的标准。因此，汽油机上使用SN 专用油与 SN/CI-4 通用油原则上是没有多大区别，但由于通用油兼顾两者性能，技术含量高，价格相对也会高些。

179. 车辆磨合期有何特点？磨合期应选择什么样的机油？

汽车磨合期是指新车或大修车的最初运行阶段，一般为 1000~2500 公里。新的发动机在最初使用阶段，由于零部件加工精度不可能 100%精确，因此，零部件表面工作配合过程中就有受力不均现象，会发生一定的磨损，即所谓的磨合期磨损。发动机需经磨合期运转，使零件之间配合更为和谐，机器运转更为平稳。该阶段的运行对汽车的使用寿命有至关重要的影响。

（1）磨合期内汽车的特点

① 机件磨损速度快。新车或大修车在出厂前虽按规定进行了磨合处理，但机件表面仍较粗糙，加之新配零件间有较多的金属屑粒脱落，使磨损加剧。

② 汽车行驶中故障多。由于机件在加工、装配时存有一定偏差，同时，还隐匿着一些不易暴露和发现的故障。磨合期内，很可能出现机件发卡、温度过高和渗漏等故障。

③ 润滑油易变质。磨合期内，机件配合间隙较小、油膜质量差、温度易升高，机油受高温影响而氧化变质。加之较多的金属屑粒混入机油，使机油质量下降。

④ 耗油量高。为了保证磨合期小负荷运行，化油器安装了限速片，因此易造成混合气偏浓。同时，机件较大的磨损阻力，也使油耗增加。

（2）磨合期内机油的选择

由于磨合期较短，有的用户错误地认为：使用时间不长，用什么机油都可以。然而，磨合期必须用极压抗磨性良好的高档机油或专用的磨合油，才能保证设备的正常使用。原因如下：

① 发动机的不同部位对润滑油有不同的要求，磨合期并未降低对润滑油性能的要求，相反，对润滑油性能要求更高。机器磨合阶段，由于零件机械加

工的误差，零件表面所受的冲击力更大，更需要由优质润滑油保护零件工作表面不受损坏。

② 磨合期只对机器零件之间工作配合不和谐部分磨损掉，如果由于使用不良润滑油导致零件表面大量磨损，会使设备寿命大大缩短。

因此，磨合期要用高档机油或专用的磨合油。磨合油是专门针对设备磨合期使用的油品，油品的黏度较小并加有抗磨剂，以达到设备的最佳磨合。

180. 磨合期为什么应使用黏度较小的润滑油？

新的或大修后的发动机在磨合期内（1000~2500 公里，国外汽车 3000 公里）建议使用黏度级别为 10W-30、30 或 15W-40 的较低黏度润滑油进行磨合。这是因为：

① 磨合期发动机各部机件配合间隙较小或过紧，需要在走合期内进行调整，所以需要较小黏度油。

② 新的或大修后的发动机最怕高温，要求使用较小黏度的润滑油，能起到良好循环冷却作用。

③ 新的或大修后的发动机有些金属碎屑需要过滤清除，只有黏度较小的润滑油才能达到更好的清洗效果。

综上所述，磨合期内要使用黏度较小的机油，否则，如果使用黏度大的润滑油，对发动机清洗、润滑或过滤去屑都有影响。若润滑油黏度太大易造成早期磨损，机油灯闪，发动机的烧瓦、抱轴、拉缸等故障。

181. 磨合期过后的内燃机油为什么必须更换？

新购买或大修后的发动机必须经过一段时间的磨合试运转，才能投入正式运行。汽车在磨合期中，会产生大量的金属磨屑，这些磨屑随机油进入润滑表面，会增加磨损，还会堵塞油路，造成烧瓦事故。因此，新买或大修后的汽车，必须按规定进行磨合，磨合后的油要趁热放出，并用柴油清洗油路，机油滤清器及滤网等，然后再注入新油。

182. 是不是什么车都适用顶级的全合成机油？

全合成机油黏度低，低温流动性好，黏度指数高，无论是冬日冷启动还是夏天的耐高温性都非常出色，并且换油周期长，可以对发动机最大程度保护。但是全合成机油并不适合所有车型。

几万的经济型车，因为发动机加工精度相对比较低，气缸和活塞环之间的间隙密封性不是很精密，需要黏度比较大的机油来起到气缸和活塞环之间的密封作用；如果使用了黏度比较低的全合成机油，加注全合成机油既不利于冷启动，也会影响密封性能，易造成发动机磨损。所以，不同的汽车发动机对机油要求不同，没有必要一定使用很高级的机油。选择机油应根据车的技术要求和使用条件来确定，尽量按照说明书的推荐选择机油。一般情况下，涡轮增加和缸内直喷发动机，应选用全合成机油，多点电喷和自然吸气发动机选择半合成机油就可以了。

183. 为什么高端车都多少会有点烧机油？

烧机油是指机油进入了发动机的燃烧室，与混合气一起参与了燃烧，机油消耗明显增加，较短的时间内就要补加机油。车辆出现烧机油会导致燃烧室的积炭增加，汽车的经济性、动力性下降，尾气排放超标等不良后果，气缸的密封性差是造成烧机油的主要原因。

高端车一般都用全合成机油，全合成机油流动性好，但也意味着黏度更低，因为机油比较稀，机油从气缸和活塞环之间流入燃烧室的比例也就更大，所以机油消耗量自然要高些。高端车若使用全合成高档机油，多多少少都有点烧机油，这是不可避免的。不过，如果每 2000 公里消耗量超过了半升机油则属于非正常消耗量，应查找原因。

184. 涡轮增压车型应选择什么样的机油？

涡轮增压发动机与普通自然吸气式发动机的不同在于转速和温度上。涡轮增压发动机在不增加发动机体积的情况下，提升了发动机的动力输出，但涡轮增压发动机在提高输出功率的同时，工作中产生的最高爆发压力和平均温度也大幅度提高，其废气涡轮端的温度在 600℃以上，转速可达每分钟十几万转。由于涡轮增压车型工作环境温度较高，使得机油在使用过程中容易变质。涡轮增压发动机各部件工况恶劣，使得涡轮增压发动机对机油有特殊要求，必须具有更高的抗氧化性能、高温清净性能、抗磨性好、抗剪切力强、耐高温、建立润滑油膜快、油膜强度高、稳定性好和黏度低等特点。矿物油无法同时达到这些指标，应至少选择半合成机油，或者最好选择全合成机油。

185. 什么是低速早燃（LSPI）现象？有什么危害？

低速早燃 LSPI（Low-Speed Pre-ignition）是发生在新一代小排量涡轮增压汽油直喷引擎上的不正常燃烧现象，指的是当发动机转速不高（常见 1000～2500r/min）、扭矩输出较高时，燃油和机油的混合物在火花塞正常点火之前发生的自燃现象。因此，确切地说低速早燃应该称作"低转速高扭矩早燃"。

低速早燃发生时，气缸内压力剧增，最高燃烧压力通常会上升两倍以上，破坏性要远强于常规爆震，通常伴随极高的爆发压力和强力的爆发震荡，可能会造成火花塞烧蚀、气门击穿和活塞顶面断裂等现象，对发动机结构和运动部件造成严重伤害。合适的机油可以防止低速早燃现象的发生，如 API SN PLUS、API SP/GF-6 均具有抗低速早燃功能。

186. 涡轮增压汽油缸内直喷（T-GDI）发动机对机油有什么要求？

对于涡轮增压汽油缸内直喷（T-GDI）发动机来讲，对润滑油性能的要求主要来自两个方面：一方面是涡轮增压系统润滑油的性能要求；另一方面是缸内直喷（GDI）发动机对润滑油的性能要求。

涡轮增压系统对润滑油的性能要求上面已述及。直喷汽油机与普通汽油机相比，发动机的压缩比提高。为解决 GDI 发动机 NO_x 排放过高的问题，需要采用 EGR（Exhaust Gas Recirculation 的缩写，废气再循环系统）技术。部分发动机的 EGR 率达到 30%以上，增加了油品中的烟炱含量，因而 GDI 发动机油除了具有优异的抗氧化性能、高温清净性能、抗磨性能、油膜强度及抗剪切性能外，还应具有良好的烟炱分散性能。

最新颁布的 API SP/GF-6 汽油机油是针对市面上渐成主流的涡轮增压发动机及未来的发动机设计，可以对这类发动机提供更强大的保护。

187. 燃气汽车的润滑有何特点？

燃气汽车也叫气体汽车，是以 LPG（液化石油气）、CNG（压缩天然气）为燃料的汽车的通称。常见的有 LPG 或 CNG 汽车及 LPG 和 CNG 双燃料汽车。通常将燃气汽车的润滑形容为"两高一难"，所谓的"两高一难"是指燃烧室高温、尾气中氮氧化物含量高和难润滑。

① 燃烧室温度高。LPG、CNG 燃烧产生的热值要比汽油大，使燃烧室温度升高。相对不同气源、不同功率的燃气发动机，燃烧室温度比汽油车高几十到几百摄氏度不等。

② 尾气中氮氧化物含量高。虽然 LPG、CNG 为清洁燃料，但燃烧室高温导致尾气中氮氧化物含量升高，引发机油硝化，产生过量油泥、缩短机油使用寿命。

③ 难润滑。高温不利于润滑油膜的形成，并促使机油快速氧化，高温沉积物增多，影响机油的功效和使用寿命。

此外，汽油发动机中的汽油是以小液滴的形态喷入气缸，对阀门、阀座等部件可起到润滑、冷却的作用；而 LPG（或 CNG）呈气态进入气缸，无润滑作用，易造成上述部件的磨损。

188. 为什么燃气汽车不能使用普通的汽、柴机油润滑？

液化石油气等燃气在燃烧过程中产生的高温，会使普通机油过快氧化，导致机油品质下降或机油失效，不利于对发动机的润滑及保护。主要表现在：

① 在高温的作用下，普通机油的高灰分（灰分即硫酸盐灰分，是表示润滑油中金属盐类添加剂多少的指标）添加剂极易在发动机部件表面生成坚硬沉积物。

② 汽油发动机中的汽油是以雾状小液滴形态喷入气缸，对阀门、阀座等部件可起到润滑、冷却作用，LNG 则呈气态进入气缸，不具备液体润滑功能，易使阀门、阀座等部件干涩无润滑，易产生黏结磨损。普通机油无法解决由气体干涩引起的阀门磨损及关闭不严的问题。

③ 燃气汽车尾气中含大量的氮氧化物，促使普通机油硝化，生成大量油泥，堵塞油路或生成漆膜等有害物质。

基于以上原因，燃气汽车不应使用普通的汽、柴机油润滑，而应使用专用润滑油。

189. 燃气汽车专用机油与普通机油相比有哪些优点？

针对燃气汽车润滑存在的问题，有专门为使用 LPG、CNG 燃料发动机的燃气发动机专用润滑油，与普通机油相比有以下优点：

① 优质的基础油。燃气发动机专用油的基础油要求经过深度精制、质量稳定、高黏度指数、具有较好的氧化安定性和硝化安定性，确保延长油品的使用寿命。

② 适宜的灰分含量。燃气发动机专用油灰分严格控制在 0.4%～0.6%，常规机油灰分则在 0.8%～1.2%。可防止发动机爆震和早燃，既减少发动机的阀系磨损，又不至于造成活塞环和顶环槽积炭增加。

③ 优良的清净分散性。燃气发动机专用油选用高效的清净分散剂和低的灰分/碱值比例，能够保证阀系、活塞、火花塞等部件始终保持高度的清净性，减少积炭等沉淀物的生成，避免由于火花塞积炭而引起的点火提前等发动机故障，特别是高温分散性好于普通汽油机油，保证发动机正常工作。还能控制废气循环系统（EGR）对机油黏度、烟炱增长的影响。

④ 优异的抗腐蚀性能。燃气发动机专用油具有良好的总碱值保持能力，保证了发动机在工作过程中不会产生过多的油泥、积炭等有害物质，而且能够随时中和气体燃料在燃烧过程中产生的酸性物质，减少其对发动机活塞、缸套和铜铅合金轴承造成的腐蚀磨损。

⑤ 优良的高温抗氧化和抗硝化能力。燃气发动机专用油中含有高效的高温抗氧剂和金属钝化剂，能够应对燃气发动机燃烧过程中极易生成的醛、酮、酸、酯类氧化物和硝化物，使专用油具有良好的抗氧化和抗硝化能力，减缓油品的老化变质。

⑥ 较低的磷含量。燃气发动机专用润滑油控制较低的磷含量，以减少对汽车尾气三元催化剂的污染。

⑦ 特有抗磨成分。采用特殊高效抗磨剂，可形成有效的保护膜，抗磨性能是常规机油的 2 倍。

190. 燃气发动机油分类

目前燃气发动机油没有工业标准，因而也就没有评估其性能的标准实验。但又有特殊的特性要求，如硫酸盐灰分、碱值和磷含量要求等，特别是燃气中腐蚀性气体的存在会对发动机造成一定的负面影响。

硫酸盐灰分是燃气发动机油的一项重要指标。硫酸盐灰分主要来源于在燃气发动机油中保护阀系、中和不完全燃烧的产物及燃料中的酸性气体的清净分散。按国际惯例，根据常规燃气发动机油中硫酸盐灰分的含量，可将其粗略地分为四类：

无灰型：硫酸盐灰分<0.1% WS-Ash（总碱值 TBN 为 1~3mgKOH/g）；

低灰型：硫酸盐灰分为 0.1%~0.5% WS-Ash（总碱值 TBN 为 3~6mg KOH/g）；

中灰型：硫酸盐灰分为 0.6%~1.4%WS-Ash（总碱值 TBN 为 6~12mg KOH/g）；

高灰型：硫酸盐灰分不大于 1.4% WS-Ash（总碱值 TBN＞13mg KOH/g）。

对燃气发动机油而言，一方面，如果灰分过低，燃气发动机的气门阀易受到燃气中腐蚀性气体的腐蚀，造成气门烧蚀，导致气门密封不严等问题；另一方面，如果灰分过高，会造成提前点火、热交换减少、气缸爆裂、活塞环黏结、活塞沉积和气门阀嵌入等。选择适宜的灰分，既能对阀系起润滑保护作用，也能起到酸中和作用。燃气发动机油的硫酸盐灰分一般均要求控制在 0.5%~1% 之间。

191. 机油的 TBN 值是什么意思？

机油的 TBN 值指的是总碱值（total base number），在规定条件下，中和存在于 1 克油样中全部碱组分（含强碱与弱碱）所需要的酸量，换算成等当量的碱量，以 mg KOH/g 表示。通常所说的碱值即指总碱值。机油用久以后会氧化变质呈酸性，而酸会逐步腐蚀引擎的内部，所以机油一般都呈碱性。TBN 就是代表机油的碱值，数值越高代表机油能中和的酸的能力越强，但 TBN 值并不代表机油的耐用程度，因为机油变酸的快慢，与油品本身的质量和引擎工作条件有关，仅可以作为一个参考指标。

192. 什么是节能型润滑油？

燃料消耗水平和润滑油的使用有关，所谓的节能型润滑油，即同一般润滑油相比可以减少燃料消耗的润滑油。节能润滑油通常指"低黏度+多级化+摩擦改进剂"型润滑油。

发动机的摩擦主要发生在衬套与活塞环之间、曲轴与轴瓦之间。在流体动力润滑区间，摩擦表面被油膜分开，此时摩擦阻力和润滑油的黏度成正比，因为摩擦副之间的摩擦变为润滑剂分子间的内摩擦。所以，降低润滑油黏度，就可以降低发动机的摩擦扭矩，从而达到节省燃料的目的。国内外实际经验证明，在流体润滑范围内，润滑油在使用条件下黏度每增加 1mm^2/s，能耗大约增加

0.5%～1%；黏度相差一个级号，则能耗大约相差 1%～5%。从节能角度出发，在选用润滑油时应在保证设备润滑的前提下，尽量采用低黏度润滑油。

汽车工作时，受地区、季节、昼夜、负荷的影响，温差变化很大，有时相差数十度，而润滑油黏度随着温度变化而变化。为尽量避免由于黏度变化太大所造成的设备磨损和能耗增多，润滑油应具有优异的黏温特性，在选用油品时，应选用黏度指数高的多级油。试验还表明，多级油既可节约燃料，又可延长发动机寿命，各部位机件的磨损也低于单级油。

193. 机油加的越多越好吗？

在车辆保养中，有用户担心发动机油底壳内机油少了会烧瓦，就多加机油，或认为多加机油总比少加好，因而不按规定加油，使油底壳内机油量超过标准。这样在发动机工作中，曲轴柄、连杆大端会剧烈地搅动机油，增加了曲轴转动阻力，降低了发动机功率；同时机油易起泡乳化，黏度下降；另外还会使大量机油溅到气缸壁上，易窜入燃烧室内参与燃烧，增加了机油消耗，还会使气缸内积炭增多，加速了缸套与活塞的磨损和活塞环的胶结，并易引发机油飞车事故。因此，油底壳内的机油应按规定添加，使机油面位于机油尺上下刻度线之间。

194. 选择机油黏度越大越好吗？

适合的黏度是磨擦表面建立油膜的首要条件，为了防止运动零件间接触面磨损，润滑油必须有足够的黏度，以保证在各种运转温度下，都能在运动零件间形成油膜，油膜承担外载荷的能力也与润滑油的黏度有关。但机油的黏度并不是越大越好，黏度过大会有以下几个方面的缺点：

① 发动机低温启动困难。发动机润滑油黏度过大，流动缓慢，油压虽高，但润滑油通过量不多，特别是在低温启动时，机油不能及时补充到摩擦表面，此时最易出现暂时的干摩擦或半流体摩擦而加剧机件的磨损。

② 发动机的有效功率降低。润滑油黏度大，摩擦阻力及曲轴高速旋转时的搅油阻力都会增大，为克服增大的摩擦力，要多消耗燃料，因此降低了发动机的有效功率。

③ 冷却作用差。机油黏度大，流动性差，循环速度慢，从摩擦表面带走热量的速度也慢，其冷却效果也就差，易使发动机过热。

④ 清洗作用差。机油黏度大，油的循环速度慢，通过滤清器的次数也就

少，不能及时把磨损下来的金属磨屑、炭粒、尘土等杂质从摩擦表面带走，其清洗作用差。

此外，黏度大的机油与黏度小的机油相比，它的残炭颗粒大些，酸值高些，这些也影响到它的使用效果。因此，对于大部分车辆，在保证正常润滑、正常机油压力的情况下，应根据使用时的气温环境，尽可能选择黏度小的机油，机油的低黏度化是当前节油的主要措施之一。但机油的黏度过小，也会导致油膜容易破坏、密封作用不好，加大机油消耗量。

总之，发动机机油的黏度过大或过小都不好，应具有适宜的黏度，使油品既具有足够的高温黏度来保证发动机在运转时的润滑和密封，又能在低温下有足够小的黏度来保证低温启动性能。

195. 怎样判断机油黏度的大小？拉丝油是好油吗？

有些用户误认为机油越黏越好，甚至用机油黏度的大小来判断机油质量的好坏。如用手捻油时感觉不黏手，摇动时动荡大、声音大、易流动，机油颜色浅等，就认为是"机油黏度小，质量差"，这些判断方法都是不科学的。机油的黏度应通过黏度仪进行测定，不能只凭感官来断定。如多级油的低温流动性较好，因此室温下与单级油比感觉较稀，但由于多级油的黏温性好，在高温时仍能对发动机起到比较好的保护作用。

有些人还认为拉丝油好，检验机油质量时，用手蘸点儿油捻一捻然后张开手指，如果有拉丝，就认为油的黏度大，质量好。这种观点是错误的，一般加有增黏剂的机油，如果增黏剂剪切性能不好时会出现拉丝现象，这种油使用后很容易变稀，不能保持正常润滑而保护发动机。

196. 柴油机油和汽油机油有何差别？二者可以互相替代吗？

由于柴油发动机和汽油发动机在性能、结构和工作条件上有很大不同，柴油机油和汽油机油是有明显区别的，两种不同的润滑油不能混用。一般柴油发动机的工作条件比汽油机的工作条件恶劣和苛刻，对柴油机油的质量要求比汽油机油要高得多。主要表现在以下几个方面：

① 柴油机压缩比要比汽油机大一倍多，柴油机内燃料燃烧的爆发力也就大，主轴承和连杆轴承的负荷也大。因此，对柴油机油的黏度和润滑性的要求也较汽油机油严格。

② 柴油机的主要零件受到高温高压冲击要比汽油机大得多，因而有些零部件的制作材料有所不同。例如，汽油机主轴瓦与连杆轴瓦可用材质软、抗腐蚀性好的巴氏合金来制作，而柴油机的轴瓦则必须采用铅、青铜或铅合金等高性能材料来制作，但这些材料的抗腐性能较差，柴油机油中要多加抗腐剂。由于汽油机油中没有这种抗腐剂，如果将其加入柴油机，轴瓦在使用中就容易出现斑点、麻坑，甚至成片剥落的不良后果，机油也会很快变脏，并导致烧瓦抱轴事故发生。

③ 柴油机气缸区的温度比汽油机高，随着增压技术的广泛应用，第一环带温度可达 325℃以上，曲轴箱温度可达 120℃左右，从而加速了润滑油的氧化。此外，由于柴油馏分重、不易挥发、积炭多，易使机油稀释；由于燃烧爆发力大，还使燃烧室中的气体窜入曲轴箱的机会比汽油机大 2～3 倍，因此润滑油易被污染，加速沉淀物的形成。

基于上述原因，两种机油不能混用，以免造成不必要的浪费，缩短发动机的使用寿命。但由于柴油机油的综合性能比汽油机油好，使用中可用柴油机油暂时替代汽油机油，但决不允许在柴油机上加注汽油机油。

197. 机油里需要另外再加添加剂吗？

市售的有些添加剂产品确实能让用户在一定程度上感觉有一些作用，但这是针对不同车况而采取的一种临时措施。优质发动机润滑油里面已经含有抗氧抗腐剂、清净剂、分散剂、抗磨剂、油性剂、防锈剂、降凝剂、消泡剂等多种添加剂，这些添加剂都是经过严格的配方平衡，即通过大量的实验室模拟试验、发动机台架试验和行车试验来评定添加剂配方在发动机内的综合表现，而不是片面强调某些单项性能。有些添加剂根本不可能针对用户原用机油配方，经过严格的适应性试验，使用后有可能打破原配方的平衡，导致机油品质下降。因此，汽车厂、4S 店和知名润滑油公司都不主张用户随便补加润滑油添加剂。

添加剂能否与发动机润滑油很好地相溶是发动机润滑油添加剂面临的最大问题，因为每一系列品牌润滑油都有一定的标准，其成分和使用条件有一定的差别，也就是说不是任何一种添加剂会与任一款润滑油相溶，加入后如果不相溶或与原有发动机润滑油中的成分发生化学反应，生成酸性物质，不仅对汽车没有好处，反而会对汽车造成损伤。

198. 润滑油在使用过程中为什么会形成沉积物？对发动机有何危害？

发动机润滑油在高温作用下发生氧化、聚合、缩合等一系列变化，在活塞顶部形成积炭，在活塞侧面生成漆膜，在曲轴箱中产生油泥。积炭等沉积物产生的过程在柴油机和汽油机中是不同的。

柴油机一般作载重车的动力，经常处于连续工作状态、发动机中的沉积物主要是在高温下生成的漆膜和积炭，其来源主要有两个方面：一方面是润滑油高温氧化；另一方面是燃料燃烧不完全生成的胶质和烟炱，或是含硫燃料燃烧产生的 SO_2、SO_3 进一步与润滑油作用生成漆膜和积炭。

汽油机在高温条件下生成的沉积物与柴油机相似，但在城市中行驶的汽车时停时开，发动机常处于低温条件下运行，容易在曲轴箱中产生油泥。

发动机中的沉积物对发动机的工作有很大的影响，其主要表现在以下几个方面：

（1）积炭的危害

① 使发动机产生爆震的倾向增大。积炭沉积在活塞顶部及燃烧室中，会使燃烧室的容积变小，相对地提高了压缩比；同时由于积炭的导热性差，使气缸的热状态增强，也容易使发动机产生爆震。

② 积炭在燃烧室中形成高温颗粒，使混合气提前点火，造成发动机功率损失 2%～15%。

③ 积炭如沉积在火花塞电极之间，会使火花塞短路，引起功率下降和燃料耗量增大。

④ 排气阀上的积炭使阀门关闭不严，出现漏气，使功率下降。高温颗粒附着在排气阀会使阀座及气阀烧蚀。

⑤ 积炭掉到曲轴箱内能引起润滑油变质，并会堵塞过滤器等。

（2）漆膜的危害

漆膜是一种坚固的、有光泽的漆状薄膜。产生的部位主要是活塞环区、活塞裙部及内腔。在发动机工作的热状态下，漆膜是一种黏稠性物质，能把大量的烟炱黏在活塞环槽中，使环与槽之间的间隙减小，降低活塞环的灵活程度，甚至会发生黏环现象，使活塞环失去密封作用，造成功率下降。同时漆膜的导热性很差，漆膜太多会使活塞所受的热不能及时传出，导致活塞过热而膨胀，以致发生拉缸现象。

（3）油泥的危害

油泥是润滑油、燃料、水和固体颗粒等形成的混合物，沉积于油池底部以及滤清器、连杆盖、曲轴箱边盖等温度较低的部位。油泥的危害主要是能促使润滑油老化、变质，使油的润滑性能下降，并能堵塞润滑系统的油路和滤清器，使摩擦部件得不到润滑，加速发动机的磨损。

因此，为了减少发动机内沉积物的生成，发动机润滑油必须具备良好的清净分散性，通常靠加入清净分散剂来实现。

199. 使用劣质机油对汽车发动机有何危害？

汽车之所以要加注机油，主要是通过机油在发动机各摩擦机件上形成油膜起润滑作用，使金属间的干摩擦变成油层之间的液体摩擦，减小摩擦阻力，减少机件磨损，同时，机油还起到冷却、清洗、密封、防锈和消除冲击负荷等作用。但是，劣质机油不仅起不到这些作用，反而还有很多负作用。这是因为劣质机油有以下共同特点：

① 黏温特性和抗氧化能力都很差。劣质机油低温黏度太大，使机油泵送到发动机各摩擦机件之间的时间变长，导致发动机的干摩擦时间加长；高温黏度太稀，不能形成具有足够强度的油膜。同时，劣质机油在高温环境下还极易氧化变质，失去其功能。

② 劣质机油的清净分散性差。劣质机油不仅不能将发动机工作时吸入空气中的灰尘和燃烧后形成的积炭清洗掉，而其自身容易氧化形成胶质，和其他杂质结合会导致更多积炭的生成，造成润滑不良，磨损加剧，油耗增大，功率下降，严重时会堵塞油道，造成拉缸、抱瓦等后果。

③ 劣质机油抗酸性及中和酸性物质的能力差，自身含硫等成分含量又高，对发动机有酸腐蚀。

因此，劣质机油对汽车发动机的危害非常大，不能图便宜盲目使用劣质机油。

200. 发动机润滑油在使用过程中质量会发生哪些变化？

发动机润滑油的工作环境比较苛刻，需要承受高温、高压、高负荷，同时有可能与空气、水分、沙土及燃烧废气等污染物接触。润滑油在使用过程中会逐渐变质，主要变化有：

① 发动机中的润滑油长期处在高温环境中，加之曲轴箱内的润滑油在飞溅和循环润滑中，不断与各种金属部件和空气接触，在高温和金属的催化作用

下，会促使油料逐渐老化变质。同时，燃烧废气及未完全燃烧的混合气也会通过缸壁和活塞环之间的缝隙窜入曲轴箱，使润滑油产生油泥、酸性物质，加速润滑油的氧化过程。

② 润滑油在一定温度下，所含的较轻馏分不断挥发，使润滑油逐渐变稠，黏度增大。

③ 润滑油中的添加剂在使用过程中会逐渐消耗，而且因氧化而产生的酸性物质还会引起添加剂失效，润滑油将逐渐失去添加剂改善的性能。

④ 一般润滑系统中润滑油中的含水量不应超过 0.03%，但燃料燃烧的副产物水会使润滑油中的含水量增加，加速润滑油的老化，锈蚀或腐蚀发动机的金属部件。水分还会使润滑油乳化，降低其润滑性能；同时水与润滑油中的硫、氯离子作用生成硫酸和盐酸，加速润滑油的劣化。

⑤ 发动机摩擦副磨损产生的金属屑、外来的尘土、沙粒等都会污染润滑油，加速润滑油氧化。杂质颗粒还会随机件相互运动而加速发动机的磨损。

由此可见，发动机油使用一段时间后，由于外来杂质的浸入和机油本身产生了有害物质，造成发动机润滑油理化性质的改变，随使用时间的延长，润滑油的性能趋于劣化。如继续使用这种油会引起发动机沉积物急剧增多，动力性下降，机件磨损加剧，以致发动机发生严重故障。为确保发动机长期正常运行，必须定期更换机油。

201. 发动机为什么要更换机油？如何确定润滑油的添加与更换？

即使在车况良好的情况下，机油也存在正常的消耗。虽然这种机油消耗量并不大，但经过一段时间使用后，仍能够察觉到机油量在减少，所以必须定期检查机油的油量，并根据需要添加适量机油。

但机油不能只是一味地添加而不更换。有不少用户只注意检查润滑油的油量，并按标准添加，而不注意检查润滑油的质量，不知道还要更换机油，或图省钱，长期不更换机油；这样新旧机油混合使用，废机油中的大量胶质、氧化物及酸性物质，会使刚加入的新机油很快氧化变质，缩短使用周期，从而导致发动机的运动机件总是在较差的润滑环境中运转，加速发动机磨损，缩短发动机使用寿命。因此，在发动机的维护保养中，必须定期检查和更换油底壳中的机油。

是添加还是更换机油应依据实际情况来判断。正确的方法是在添加机油前，先检查机油是否变质。有时机油量的减少并不代表机油质量的下降，只是因为某一原因所造成，若直接更换可能会造成不必要的浪费。若发现机油呈深黑色、泡沫多并已出现乳化现象，用手指捻磨，无黏稠感，且发涩或有异味，滴在白试纸上呈深褐色，无黄色浸润区或黑点很多，表明机油已变质，必须及时更换。新发动机在完成磨合后应将机油彻底更换并清洗油道，不可直接添加机油，其目的是排除磨合期内所产生的机械杂质。

202. 汽油机油和柴油机油的换油指标是什么?

发动机机油报废标准各国不尽相同。归纳起来主要是，外观和黏度有变化、酸值和水分增加、闪点降低、沉积物的生成量及斑点试验等超标。表 2-12 为我国现行汽油机油换油指标（GB/T 8028—2010），表 2-13 为我国现行柴油机油换油指标（GB/T 7607—2010），达到下列其中一项指标即应换油。

表 2-12 我国现行汽油机油换油指标（GB/T 8028—2010）

项目		换油指标		试验方法
		SE	SG、SH、SJ（SJ/GF-2）、SL（SL/GF-3）	
运动黏度变化率(100℃)/%	>	±25	±20	GB/T 265 GB/T 11137
闪点(闭口)/℃	<	100		GB/T 261
（碱值-酸值）（以 KOH 计）/(mg/g)	<	—	0.5	SH/T 0251 GB/T 7304
燃油稀释(质量分数)/%	>	—	5.0	SH/T 0434
酸值增加值(以 KOH 计)/(mg/g)	>	2.0		GB/T 7304
正戊烷不溶物(质量分数)/%	>	1.5		GB/T 8926B
水分(质量分数)/%	>	0.2		GB/T 260
铁含量/(μg/g)	>	150	70	GB/T 17476 SH/T 0077 ASTM D6595
铜含量增加值/(μg/g)	>	—	40	GB/T 17476
铝含量/(μg/g)	>	—	30	GB/T 17476
硅含量增加值/(μg/g)	>	—	30	GB/T 17476

表 2-13 我国现行柴油机油换油指标（GBT 7607—2010）

项目		换油指标				试验方法
		CC	CD、SF/CD	CF-4	CH-4	
运动黏度变化率(100℃)/%	>	±25		±20		GB/T 11137
闪点(闭口)/℃	<	130				GB/T 261
碱值下降率/%	>	50				SH/T 0251 SH/T 0688

项目		换油指标				试验方法
		CC	CD、SF/CD	CF-4	CH-4	
酸值增值(以 KOH 计)/(mg/g)	>	2.5				GB/T 7304
正戊烷不溶物(质量分数)/%	>	2.0				GB/T 8926 B 法
水分(质量分数)/%	>	0.20				GB/T 260
铁含量/(μg/g)	>	200 100(适用于固定式柴油机)	150 100(适用于固定式柴油机)	150		SH/T 0077、GB/T 17476 ASTM D 6595
铜含量/(μg/g)	>	—	—	50		GB/T 17476
铝含量/(μg/g)	>	—	—	30		GB/T 17476
硅含量(增加值)/(μg/g)	>	—	—	30		GB/T 17476

① 黏度变化率用下式计算：

$$\eta = \frac{v_1 - v_2}{v_2} \times 100\%$$

式中　v_1——使用油的运动黏度实测值，mm^2/s；

v_2——新油运动黏度实测值，mm^2/s。

② 铁含量测定允许采用原子吸收光谱法。

用同一种试验方法测定结果进行计算；铁含量测定允许用原子吸收光谱和直读式发射光谱测定。

注意事项：

① 采样应在发动机处于热状态怠速运转时从发动机主油道取样。无法在主油道取样的可在发动机熄火后 5min 从油底壳放油孔处取样。

② 采样前不得向机油箱内补加新油。

③ 每次采样量不得过多，以足够分析项目使用数量为准。

④ 采样容器要清洁，无水和杂质。

203. 如何更换机油？

更换机油的方法如下：

① 启动发动机，待发动机温度升至正常工作温度后，趁热将废机油放净（包括机油粗滤器和散热器内的机油）。

② 按机油和柴油 1∶1 的比例配制清洗油，将清洗油加至规定的油面高度。启动发动机，中速运转 5～10min，趁热将清洗油放净，必要时进行两次清洗。

③ 清洗或更换机油滤芯，一次性滤清器必须更换，离心式机油细滤器应清洗转子内腔。

④ 安装机油滤清器时，应将滤清器内灌满清洁的机油，以确保启动初期油道内机油的数量，防止启动性磨损。

⑤ 选择适当牌号的机油加入油底壳，待出油口流出干净机油时拧紧放油旋塞，并将油面调整至规定高度。

⑥ 更换机油后应检查机油压力，若压力发生变化，应依据有关规定予以调整。

⑦ 首次加机油的发动机应在不点火的情况下使发动机转动，直至机油压力表有指示后，方可启动发动机，以免造成运动机件的启动性磨损。

总之，正确选用、检验和更换机油，是确保发动机使用效果和延长其使用寿命的重要环节，必须引起车辆使用和维保人员的高度重视。

204. 如何确定润滑油的换油期？

合理使用润滑油的关键是正确选择换油期。换油周期过长，会增加发动机的磨损；换油周期过短则会造成经济上的浪费。在实际使用中，通常可以根据汽车维修养护手册中规定的换油周期换油。厂家规定的换油周期指的是在正常行驶条件下的换油周期，即轻负荷长距离高速行驶。但由于实际使用环境、条件不同，换油周期也会与厂家的规定有所差异。确定换油期还应考虑以下因素：

① 发动机状况。即使是同一辆车，在同一路况下行驶，在不同的使用阶段其换油行驶里程也会有所差别。新车发动机内部清洁，换油周期可以适当延长，但也不应过长。旧发动机内部积炭胶质较多，新机油加入后很容易被污染，引起色变和质变，因此换油周期应适当缩短。例如某款车要求换油周期为 7500 公里，但当车况明显下降时（一般总行驶里程约在 10 万公里以上），换油周期应缩短为 5000 公里左右。

② 所用油品的类型。矿物机油是 5000 公里或者半年更换一次，半合成润滑油的换油周期是 7500 公里或者 8 个月左右，全合成润滑油的换油周期是10000 公里或者一年，二者选择先到的时间换油。最好还是使用随车手册推荐的机油。

③ 使用环境的影响。在灰尘大的环境下行驶也容易加快机油的变质。因为空气滤清器不可能 100%的起作用，灰尘会磨损发动机的机件表面，并与油混合生成油泥。高温下行驶也属于苛刻条件，油品在高温下更容易氧化变质。

车主不仅应针对环境选用合适级别、黏度的机油，还应适当缩短换油周期，一般以缩短 1/5～1/3 的周期为宜。

④ 运行条件的影响。经常行驶于车流量较大，交通拥挤的城市中，由于车速变化大，走停频繁，则换油周期应相对短一些，经常短途行使也比开高速长途车换油频繁。

对于货车而言，如果经常超载或满负荷使用，机油老化的速度会明显加快，它的换油周期一定要缩短些。如规定换油周期为 12000 公里的大货车，若长期超载运输，一般 8000 公里就应换油。

205. 经常短程行驶的车辆为什么应缩短换油期？

有些车主认为，自己的车用得特别少，行程一般又都短，经常一年才跑6000 公里，而汽车制造商推荐的润滑油更换周期是 10000 公里，所以 2 年更换一次机油也没有问题。这是一个非常错误的观念，更换机油的标准不能单纯看行车里程。这是因为行程短，汽车起停频繁，相对而言发动机的温度较低，无法将油中的水分和燃油残余物蒸发掉。燃烧生成的水分在发动机冷却时凝聚在发动机内壁上，水分与燃烧废气中的氧化氮和氧化硫反应生成的酸对金属有腐蚀性，加速发动机的磨损；而且，凝结水和未燃物也会进入机油箱，加速机油氧化变质。所以，频繁起停对汽车发动机的危害最大，润滑油需要承担的负荷也最重。在这种情况下一般应该适当提前更换润滑油，而不要等到里程数满10000 公里后再更换。

为了保证合理的润滑油更换周期，汽车制造商一般以两种单位给出润滑油的更换周期：汽车每跑够一定的里程数或每过一定的时间就应该更换润滑油。

206. 更换机油时，若品牌不一致是否必须彻底清洁发动机内部？

更换不同种类机油通常情况下无须清洗发动机内部，但需要将旧油排放干净（在机油尚热时放油可以放得更彻底）。但是，当发现发动机内部已产生较多油泥和积炭，或已经使用较长时间（2 年或 30000 公里以上），如果不便对发动机进行拆检，则建议对发动机内部用清洗油进行冲洗。清洗油可选择低黏度，清洁功能强的机油。先放掉旧油并更换滤芯，再将用于清洁的机油加入发动机内，怠速运行 10～15min 后将其放掉，再加新油。这样可以使发动机内变得更清洁，发动机运转更顺畅，动力更充沛。

207. 品牌不同但种类和黏度完全相同的润滑油可以互混使用吗?

一般不能。因为虽然两种油的种类和黏度完全相同,但二者的化学组成不一定相同。内燃机油加入添加剂的种类较多,数量较大,不同厂家生产的机油所加添加剂也不一定相同。有些添加剂混用后可能会发生化学反应,产生对抗效应,生成沉淀,降低油品的使用性能。因此,不了解性能的油品混用问题必须慎重,不同品牌的机油尽量不要混用,以免使润滑油应有的使用效果被破坏,导致不良后果甚至设备润滑事故。

如确实买不到与在用机油品牌相同的油,面对这种情况有两种处理方法:对于油箱体积小的,应放净设备中的旧润滑油液,用新润滑油冲洗干净系统,再注入新油。对于油箱体积大的,可先做互溶储存稳定性试验,并测试其互溶后的主要性能,再抉择。

208. 从润滑油的颜色能否判断产品质量?

润滑油的色度仅是检查润滑油产品质量的标准之一。消费者可从润滑油的透明程度上检测润滑油的一般品质。但不能仅从润滑油、脂的颜色深或浅判断产品质量是否过关,这是因为影响润滑油、润滑脂颜色的因素有以下几条(这里指未经使用的新油、脂颜色):

① 基础油的颜色。不同产地的原油,不同的提炼技术等都会造成基础油颜色的差别。基础油的颜色本身并不是一项质量指标,但通常,经过加氢深度处理的基础油,以及采取化学法制备的合成油,如PAO、酯类油、聚醚类等,会含有更少芳香烃等杂质,它们的颜色会相对浅一些,能够达到如同水一样的透明、白亮,比如常用的大庆原油生产的异构脱蜡基础油颜色很浅。

② 添加剂的颜色。不同的润滑油要添加不同的添加剂以达到最佳的润滑保护效果,所有这些添加剂都有各自不同的颜色。当添加剂和基础油调和后,体现在润滑油的颜色就会有不同的变化,或更深(如棕色),或更浅(常见的大豆色拉油样的浅黄色),所以不可一概而论。

③ 特殊染料的颜色。有时是为了起到警示作用,以区别其他润滑油,要在某些润滑油、润滑脂中加入某种特定的染色剂以改变它们本来的颜色,而染色剂不会起任何润滑保护作用。如将自动变速箱油染成红色以区分发动机润滑油或齿轮油等。

综上而言,单纯从润滑油、润滑脂颜色的更深或更浅,是不能够判断出润滑油、润滑脂内在品质变化的。但可以检查润滑油、润滑脂的颜色是否均匀来一般性地判断产品的质量，如果出现润滑油上下层颜色不一致、润滑脂内出现不同色块的变质情况时，表明油品的质量有问题，使用时应慎重。

209. 机油为什么会变黑？机油发黑就是机油变质吗？

发动机机油是在较苛刻的高温条件下工作的，容易氧化变质产生酸性物质并叠合成高分子沉积物，以致破坏润滑。另外，燃烧的废气窜入曲轴箱也会促使机油氧化变质。因此，使用一定时间后，机油通常会发黑变质，失去其应有的润滑作用。但随着润滑油质量的不断提高，特别是稠化机油的推广使用，机油变黑并不一定意味着机油变质。这是因为稠化机油中加入的清净分散剂使机件上的沉积物分散于油中，使机油颜色变黑。所以，往往高档油比低档油变黑更快。机油是否变质，应进行各项指标的化验，实行定期按质换油，减少不必要的浪费。如添加了某些发动机保护剂的机油，使用一定时间后，同样也会发黑。因此机油发黑不等于就是机油变质。

210. 表面有一层蓝色荧光的机油是好油吗？

在购买机油时，有些油表面有一层蓝色荧光或绿色荧光，用户往往难以断定这类油是不是好油。近年由于基础油价上调，有些生产厂家为谋取私利采用劣质的轻脱油等重组分油调配，机油表面会有一层蓝色或绿色荧光，但有些厂家使用复合添加剂，调配后机油也会出现这种颜色。究竟这些有蓝色荧光的油是由劣质基础油造成的，还是由添加剂带入的，可采用下面的方法识别：

取少量机油，将其加热至200℃以上，由于劣质油抗氧化安定性差，油的颜色会明显变深，而颜色是由添加剂带入的合格油则不会出现这种现象。因此，用户遇到这类机油时，应慎重购买。

211. 如何用简便直观的方法鉴别在用机油是否变质？

检查机油是车辆日常检查的一项重要内容。检查时除了观察机油尺的液面高度以外，更重要的是检查机油的质量，看其是否具备正常继续使用的主要性能，以确定是否更换。

虽然有国家标准来决定发动机的润滑油是否更换，可将油品送到有关单位化验，但普通用户因为条件有限，只能通过感观来辨别。以下列举了几种简易的机油性能检测方法。

（1）外观及气味检测法

观察机油尺沾出的油滴。如果油尺上的油膜呈黄色或亮褐色，油尺上标记又清晰可见，为正常；油滴中间呈暗黑色，而油滴四周为透明，则为半老化；油滴完全呈黑色，说明机油已经老化，不能再继续使用。或用一个洁净的试管接取在用机油样品，用肉眼观察机油状况：

① 机油清澈透明，仍保持新油原有的金黄色或深褐色，表示污染很轻。

② 雾状或浑浊，表示机油被水或防冻液污染。雾状含水量少，浑浊或乳化含水量多。

③ 颜色变灰，可能被含铅汽油污染；燃料燃烧不完全会使润滑油很快变成深黑色。

④ 机油放置一段时间后，仔细观察试管底部有无沉淀物，并用放大镜检查沉淀物的性质。如有沙粒，表明空气滤清器有故障；若出现铝屑，表明活塞发生异常磨损；出现铁屑，表明活塞及缸套磨损；出现铜屑、铅屑，表明轴承损坏或腐蚀。

⑤ 气味异常是润滑油污染的特征之一。润滑油高温氧化带有"灼烧"的刺激气味，严重稀释的润滑油带有汽油或轻柴油的气味。

（2）油斑法

用"油斑法"（润滑油现场检验法）来确定润滑油的变化程度既方便又科学。将样油滴在滤纸中间，然后将滴油滤纸放在环形空心物体上，勿使滤纸有油滴的背面与物体接触，并将滤纸斑点在室内放置2～3h后，再根据形成的三个同心圆环进行判断（如图2-5）。

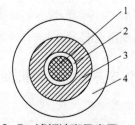

图2-5　滤纸油斑示意图

1—沉淀区；2—圆带；3—扩散区；4—油环

这三个圆环分别是：

① 沉积环。在斑点中心呈淡灰至黑色，是大颗粒不溶物沉积区。润滑油

接近报废时，清净分散剂消失，沉积环直径小、颜色黑。

② 扩散环。在沉积环外圈呈淡灰色到灰色的环带，它是悬浮在油内的细颗粒杂质向外扩散留下的痕迹。环的宽度越大表示分散性越好。环窄或消失，则表示清净分散添加剂已耗尽。

③ 油环。在扩散环外圈，颜色由淡黄到棕红色。此环反映润滑油的氧化程度，新油的油环透明，氧化越深颜色越暗。

判断标准：油斑的沉积环与扩散环之间没有明显界限，整个油斑颜色均匀，油环色淡而明亮，说明油质好；沉积环与扩散环之间没有明显界限，但沉积环颜色深，扩散环较宽，油环颜色变黄，说明油已污染，应加强滤清，但此润滑油可继续使用；沉积环呈黑色，扩散环变窄，油环颜色较深，说明此润滑油接近报废，应更换新油；油斑只有沉积环和油环，沉积环黑而稠厚，且不易干燥，说明此润滑严重污染，完全报废，应立即更换新油。

（3）捻磨法

从油底壳中取出少许机油涂在手指上，用食指和拇指捻磨。较好的机油手感到有润滑性、磨屑少、无摩擦，如果感到油中有杂质或像水一样无黏稠感，甚至发涩或有酸味，则机油已经变质。如果捻磨后在手指上能见到细小闪亮的金属磨削，则说明发动机存在比较严重的磨损部位，同时也说明机油必须立刻更换。

（4）油流观察

没有污染的润滑油流动时油流应是细长、均匀、连绵不断；如出现油流忽快忽慢，时而有大块液体流下，则说明油已变质。

以上检查采油样时，一定要在补加新油前，在发动机运转 5min 后采取，并充分搅动。否则，机油沉淀后，浮在上面的往往是好的机油，这样检查的只是表面现象，而变质机油或杂质存留在油底壳的底部，从而可能造成误检。

212. 如何鉴别新机油的优劣?

油品的常规理化分析（如相对密度、闪点、黏度的测定等）是用简单的仪器对产品进行分析，判断其是否合乎产品规格标准，它只作为生产、销售、用户的质量控制。理化分析不能完全反映机油的使用性能，评定机油的质量需要经过发动机台架试验，考查其润滑性、清洁分散性、抗磨损性、抗腐蚀和抗氧化等性能，但这是普通的消费者所无法办到的。消费者只能通过肉眼、手感黏度或者机油颜色深浅来初步鉴别。

① 观察机油的颜色。不同产品、不同厂家生产的油品颜色有一定差异。正牌散装机油具有明亮的光泽，流动均匀。凡是颜色不均、流动时带有异色线条者均为伪劣或变质机油，若使用此类机油，将严重损害发动机。进口机油晶莹透明，油桶制造精致，图案字码的边缘清晰、整齐，无漏色和重叠现象，否则为假货。

② 闻油的气味。一般机油气味较为温和，无特别的气味，略带芳香。如果对嗅觉刺激性大且有异味的机油均为变质或劣质机油，燃料油味重的有可能是再生油。

普通用户在使用前很难准确判断机油的性能，只有选择品牌信誉度高，在市场上广泛使用的机油，才能有效地保护自己的车。

213. 机油中掺水有何危害？如何鉴别机油是否掺水？

按规定机油中的含水量应在 0.03%以下，当含水量超过 0.1%时，将加速润滑油的劣化，使润滑油失去润滑作用。

（1）润滑油中水分的来源

① 燃烧废气中的蒸汽凝结。燃烧室中的废气不断串入曲轴箱，如果曲轴箱通风装置工作不正常，从燃烧室进入曲轴箱内的水蒸气不能及时排出，当温度低于 100℃时，水蒸气与机件接触凝结成水，流入曲轴箱与润滑油混合。

② 冷却系统某些部件渗漏。例如气缸体和缸盖有砂眼、气孔或裂纹；气缸封水胶圈安装不当，如胶圈有伤痕、折皱等。

③ 盛装润滑油的容器含水。

（2）水分污染的危害

① 润滑油中混入水分后易产泡沫，堵塞油道，还会提高润滑油的凝点，不利于低温流动性能，同时也会减弱油膜的强度，降低润滑功能，导致机件磨损，还可使机油中的添加剂如抗氧化剂、净分散剂等失效，加速机油的氧化过程。

② 水分会与落入润滑油中的铁屑作用生成铁皂，铁皂与润滑油中的尘土、油渍和胶质等污染物混合而生成油泥，聚积在润滑系统的油道内以及各种滤清器的滤网内，造成各摩擦表面供油不足，加速机件的磨损。

③ 润滑油中的水分还会吸收燃烧室废气中的含硫氧化物和低分子有机酸，加剧对金属的腐蚀。因此，机油中含有较多的水时，轻则导致机油过早变质和机件生锈，重则引起发动机抱轴、烧瓦等严重机械事故。

（3）机油掺水的鉴别方法

① 观色法。清洁达标的机油呈蓝色或淡黄色半透明状。机油中有了水则呈褐色。当发动机运转一段时间后，含水机油呈乳白色，并伴有泡沫。

② 燃烧法。把铜棒烧热后放入被检查的机油中，若有"劈啪"响声，说明机油中含有较多的水分。

③ 放水法。发动机停机后，让发动机静止 30min 左右，松开放油螺塞，如有水放出来，则说明机油中含有较多的水分。

④ 加热法。将待检油品倒进试管中，油量为试管容积的三分之二。用软木塞及蜡将试管口封死后，放在酒精灯上加热。如有气泡出现，同时发出"啪、啪"的响声，并且在油面以上的试管壁上凝结有水珠，就可说明油中有水分存在。

⑤ 化学试剂法。将无水硫酸铜（白色粉末）放进装有润滑油的试管中，如硫酸铜由白色变为蓝色，这也能证明油中有水分存在。

214. 如何判断发动机机油消耗是否正常？

首先应对发动机机油消耗建立正确的概念，只要发动机运转就会有机油消耗，即使在车况良好的情况下，机油也存在正常的消耗。正常的机油消耗主要有以下三条途径：

① 进、排气门杆与气门导管之间的间隙。微量的机油必须透过气门油封，以避免气门在气门导管中卡死。

② 活塞与气缸壁之间的间隙。活塞环在上行过程中将气缸壁上残存的润滑油膜带入燃烧室。

③ 曲轴高速旋转过程中溅起的雾状机油液滴通过曲轴箱强制通风管路进入燃烧室。

通过以上三种途径消耗的机油都是通过各种渠道最终进入气缸，燃烧后排入大气，可见正常的机油消耗也是被"烧"掉的。

根据我国 GB/T 19055—2003《汽车发动机可靠性试验方法》的规定，额定转速全负荷时机油/燃油的消耗比小于 0.3%。按此推算，发动机排量为 1.6～2.0L，燃油消耗约为 10 升/100 公里的轿车，其机油消耗量应小于 0.3 升/1000 公里。如果机油消耗量确实过大时，应到指定的维修服务站进行检修。一般烧机油过量的原因可能有以下几方面：

① 润滑系统存在机油渗漏。

② 气缸壁和活塞环过度磨损和损坏。

③ 气门油封损坏或变硬老化。

④ 添加机油量过多，超过机油标尺的上限。

215. 汽车在行驶中哪种现象是烧机油现象？

发动机烧机油不仅造成机油的浪费，还会给车辆带来损害，尤其是会使气缸内积炭增多，加剧气缸与活塞的磨擦，降低发动机的有效功率。常见的发动机烧机油现象一般有以下三种：

① 启动时排气管冒蓝烟，而当发动机工作一段时间后又恢复正常。这很可能是机油在车辆熄火后，进入燃烧室内，气门导管与导管承孔密封不严，造成机油漏出，渗入燃烧室所致。

② 排气管在正常工作时冒蓝烟，而加机油口并无脉冲蓝烟，这可能是活塞与缸壁密封良好，但由于过度磨损或门杆油封失效，使气门室内的机油被吸入燃烧室所致。

③ 排气管冒蓝烟，同时可看见从机油口冒出脉动蓝烟。这可能是机油燃烧后的废气进入曲轴箱，活塞连杆组的活塞与缸壁间隙过大、活塞环弹力小、抱死或对口、活塞环磨损使用端隙、边隙过大等问题，都会使活塞环产生泵油现象。

216. 怎样判断烧机油的原因？

发动机烧机油有两种可能，要正确判断才能对症下药。

① 因活塞环间隙过大而烧机油。检验方式是，可把手放在加机油口，会感觉到有气流排出，这样可以初步认定是活塞环烧机油。

② 因气门油封存间隙过大而烧机油。检验方式是，把火花塞卸下来，观察上面的积炭，如积炭呈干性，则可认为是进气门窜油，如还无法确定，建议去维修厂。

217. 机油灯亮的主要原因有哪些？

据统计，造成机油灯亮的原因有以下方面：

① 机油油面过低。需要添加机油，并检查是否有密封不严造成机油泄漏。

② 机油限压阀弹簧失效，必须清除阀门上的杂质，清洗机油泵，更换弹簧。

③ 机油泵转速过慢或间隙过大，不能提供足够的润滑油。可以先减档以

提高发动机转速，再检查机油泵。

④ 机油过热，黏度过稀。需要检查是否使用了合适黏度的润滑油，同时水温过热对此影响也很大，尤其是夏季高温下长时间怠速或爬坡，此时因车速较慢，冷却效果差，发动机温度容易过高。

⑤ 轴瓦磨损。轴瓦磨损造成了机油通过间隙被泄压，造成机油压力低，常见于刚大修完或较旧的车辆。

⑥ 燃油稀释了润滑油。一般由于燃烧室内可燃气通过活塞组与缸壁的间隙进入曲轴箱造成，部分车辆用柴油或煤油清洗过发动机，也易造成该故障。可通过检测油样的闪点和黏度检测出。

⑦ 只是怠速时压力才低，一给油就正常了。这一般不是故障，因为在车辆启动时，需要有足够的润滑油快速流入需要润滑的零部件，正常行驶时表现出的油压更准确。

⑧ 机油压力传感器损坏。多数车辆有高低压二个油压传感器，分别探测高、低转速的机油压力。如有损坏，需更换。

⑨ 有异物阻塞油路。需要清洗油路。

218. 延缓润滑油在使用时变质的措施有哪些?

随着汽车的压缩比增加、负荷增大，对润滑油的要求也越来越高，润滑油也更易变质。润滑油变质的结果，不但缩短了润滑油的使用期限，也会损坏发动机。所以，需要采取措施，延缓润滑油在发动机工作时的变质速度。

① 使用品质符合要求的润滑油。润滑油品质好坏对其在使用时是否容易变质影响很大。

② 加强保养和正确使用润滑油粗、细滤清器和空气滤清器。润滑油粗、细滤清器可及时滤去润滑油中杂质及沉淀等，可以延长润滑油的使用期限。按规定按时清洗细滤清器，检查滤芯并及时更换，滤芯滤片要压得平整妥帖。

③ 加强曲轴箱通风装置的检查，保持清洁畅通。曲轴箱通气可以及时清除燃气，避免燃气中的水分、二氧化碳等进入润滑油，加速沉淀形成。

④ 及时修理，保持气缸、活塞的正常配合。根据使用经验，发动机气缸的磨损量达 0.30~0.35mm 时，发动机的工作状况即迅速变坏，漏入曲轴箱的燃料油及燃气即大为增加，使润滑油加速变质。同时进入气缸被烧掉的润滑油也随之增加。因此气缸磨损到一定程度，必须及时修理，不应勉强使用。

⑤ 使用中应保持一定的油温、水温和油压。汽油发动机在使用中应保持

润滑油的温度 80～85℃，水温 80～90℃。柴油机也应根据说明书规定，保持一定油温和水温。发动机的油温及水温过高时，润滑油容易产生胶质、沥青质等物质；但温度低时，则易使燃气凝结而产生液相腐蚀，并容易在曲轴箱等处产生油泥。润滑油压力也应保持在规定的范围内。润滑油压力过高，则会使润滑油大量窜入燃烧室，不但浪费润滑油和污染环境，而且会增加发动机燃烧室内的结焦；压力过小，则会使润滑油供应不足，润滑不良，增大机件磨损，甚至有发生拉缸的危险。

⑥ 及时清洗润滑系统。按规定应及时洗涤发动机润滑系统，以免弄脏润滑油，缩短使用期限。清洗方法是：当发动机停止工作后，立即放出热的润滑油于清洁的容器中，集中沉淀。用压缩空气吹清润滑油管路，用低黏度润滑油或柴油与润滑油混合油将润滑系统进行清洗。不宜用煤油洗，否则会使换上的润滑油黏度降低，启动时使机件润滑不良，引起磨损。然后，放出混合油，按规定换上以前换下来经长期沉淀的旧润滑油或新油。

219. 润滑油的代用及混用应遵循哪些原则？

（1）润滑油的代用

不同种类的润滑油各有其使用性能的特殊性或差别。因此，要求正确合理选用润滑油，尽量避免代用，更不允许乱代用。如必须代用，则应遵守以下原则：

① 尽量用同一类油品或性能相近的油品代用。

② 黏度要相当，代用油品的黏度不能超过原用油品的±15%。应优先考虑黏度稍大的油品进行代用。

③ 质量以高代低。

④ 选用代用油时还应注意考虑设备的环境与工作温度。

（2）润滑油的混用

不同种类牌号、不同生产厂家、新旧油应尽量避免混用，以免导致不良后果甚至设备润滑事故。下列油品绝对禁止混用：

① 军用特种油、专用油料不能与别的油品混用。

② 有抗乳化性能要求的油品不得与无抗乳化要求的油品相混。

③ 抗氨汽轮机油不得与其他汽轮机油相混。

④ 含锌抗磨液压油不能与抗银液压油相混。

⑤ 齿轮油不能与蜗轮蜗杆油相混。

下列情况可以混用：

① 同一厂家同类质量基本相近的产品。

② 同一厂家同种不同牌号的产品。

③ 不同类的油品，如果知道对混的两组份均不含添加剂。

④ 不同类的油品经混用试验无异常现象及明显性能改变的。

220. 为什么乙醇汽油发动机最好使用专用润滑油？

国内目前使用乙醇汽油的地区，所用发动机润滑油依然是普通的汽油发动机润滑油，有可能短期内不会出现问题，但长时间使用就会暴露一些问题。主要有以下原因：

① 乙醇汽油燃料更易对发动机造成腐蚀。乙醇燃烧生成的乙酸酸性大大强于汽油燃烧产物的酸性，可对铜等金属造成腐蚀，也可引起发动机活塞环和气缸壁的腐蚀，因此要求使用乙醇汽油的车辆采用具有更好碱值保持能力和腐蚀抑制能力的润滑油。

② 乙醇较汽油难汽化，更易因汽化不良窜入气缸，乙醇本身是一种很好的有机溶剂，更易将附着在气缸壁上的润滑油清洗下来，导致摩擦面的润滑油膜稀释或严重老化，加剧了发动机摩擦磨损。

③ 乙醇是亲水性液体，易与水互溶，使油中水分超标，乙醇易吸水乳化的特点也会促进发动机的腐蚀磨损。

④ 乙醇汽油燃料更易对合成橡胶等造成腐蚀、溶胀、软化。乙醇对本身耐汽油的少数非金属橡胶、塑料材料如丁腈橡胶、氟橡胶等腐蚀、溶胀较重，因此所用的润滑油要具有良好的橡胶相溶性，以确保发动机的良好密封和正常工作。

为了给烧乙醇汽油的车辆提供长效保护，对乙醇汽油发动机最好使用专用润滑油，这种专用润滑油，为了对抗乙醇燃料作了配方的调整，但其 API 等级稍微低了一点。新标准中的 API SP 系列机油对乙醇汽油发动机也有较好的保护作用。

221. 机油压力过低有什么危害？怎样预防机油压力过低？

汽车发动机具有的正常机油压力，是保证发动机各摩擦件之间得以充分良好润滑的前提和必要条件。在正常情况下，怠速时发动机机油压力应不低于

50kPa；中高速时机油压力应保持在 200~300kPa 左右。发动机在运转中，一旦其内部出现故障，诸如发动机温度过高、曲轴与连杆轴承轴瓦磨损加剧或配合松动等都会影响到发动机机油压力的波动。大多数情况下，往往是由于发动机润滑系各机件故障的原因导致发动机机油压力过低。汽车在行驶中，一旦发现机油压力过低，都应停车查找其原因并排除之后方可行车。否则极易造成因发动机机油压力过低而出现曲轴瓦烧融而"抱瓦"，较严重时可能使发动机因此而报废。为此，做到以下几点将会较好地预防机油压力过低：

（1）经常检查

① 抽出机油尺，察看机油是否充足，油中有否含汽油或水，必要时添加或更换机油。

② 发动机在工作情况下，仔细察看各部位是否有漏油现象。

③ 检查机油压力感应塞和机油压力表是否正常。将机油感应塞接线搭铁，若机油压力表指针从 0 点摆到底，则表明两者工作正常。若指针不动，则表示感应塞损坏，应更换。

④ 检查润滑系油压。拧出感应塞，启动发动机，此时应有机油从螺孔中喷出，则说明润滑系油压正常，而故障在感应塞。

⑤ 若上述检查仍无效，也未查出故障所在，则需要拆卸油底壳、清洗机油集滤器、机油滤清器，检视并调整曲轴主轴瓦和连杆轴瓦的装合间隙。

（2）严格装配

在发动机润滑系的检修中，装配机件时稍有不慎都会造成机油压力过低现象的发生。比如，机油泵与缸体之间的垫片、机油滤清器与缸体之间的垫片等，制作这些垫片时，该留出油孔的要有出油孔，进、出油口之间有隔条的要留有隔条。同样的，有些本不应该出现的机件错装有时也会导致机油压力过低，比如，新更换的缸体漏装油堵头或油堵头装配不严。

曲轴前后油封装配方法不得当或曲轴油封设计不合理，再加之使用时密封件磨损，都会造成因机油泄漏而导致机油压力过低。因此，对于曲轴油封应注意两点以防漏油：首先在拆检发动机时应更换新油封以保证油封的可靠系数处于最大值；其次，新油封装复时应严格按操作要求进行，尤其曲轴后端采用盘根式的油封，应装紧堵好缝隙。

222. 常见润滑故障有哪些？如何处理？

常见润滑故障及处理方法见表 2-14。

表 2-14　常见润滑故障及处理方法

故障名称	原　因	处理措施
油压过低	1.油量减少、润滑油黏度太低、变质或被燃油稀释； 2.油压表不准，油压表管线堵塞，润滑油系统吸入空气； 3.供油系统堵塞，润滑油泵不良、润滑油滤清器堵塞； 4.系统漏油或发动机磨损太大，摇臂口给油过多	1.补充新油、换用新油； 2.换新表或校准，检修清洗管线并调整； 3.清洗供油系统并检修调整，检修并调整； 4.清洗或换新、检修，调整供油孔
运转中油压下降	发动机满负荷长期运转，扫气过甚，润滑部位有烧结现象	暂时停车，冷却、检修并调整
油压表震动太大	油量过少，油压表及调节阀失灵	补充润滑油，检修并调整
油压过高	润滑油黏度太大，油压调节阀不灵	换用或掺入低黏度油，检修并调整
润滑油消耗量过大	1.油底壳漏油，活塞环、气缸壁磨损大、间隙大； 2.润滑油黏度太小，油量过多、油面过高； 3.轴箱换气不良、润滑油压力太高、上窜进燃烧室	1.检修，解体检修、换用或掺入高黏度润滑油； 2.调整油量，保持油面、检修并调整； 3.调整润滑油泵，调整油压
轴承烧坏	1.润滑油滤清器堵塞、润滑油严重变质、漏油； 2.尘埃杂质吸入，或水分过多、轴承装配或调整不良； 3.轴承材质不良、润滑油黏度过大，或凝点太高； 4.润滑油抗磨性能差，油膜强度不够	1.清洗或换新、换用新油、检修堵漏； 2.检修机油滤和空气滤、检修并调整； 3.换用良品； 4.换用新油
活塞胶结或拉缸	润滑油供应不良、润滑油质量不良、装配间隙不当	解体检修并调整、换用新油、解体检修并调整
活塞环胶结(卡环)	1.润滑油质量不良、润滑油严重变质； 2.循环润滑油过多，或过少、活塞环装配不当	1.换用新油； 2.调整油量并检修供油系统，检修并调整
活塞环擦伤	1.气缸内壁表面光洁度过高，油膜保持困难而破裂； 2.润滑油抗磨性能不良	1.使气缸内壁表面光洁度适当，增强油膜强度； 2.改用抗磨性能好的高档油
塞擦伤	气缸筒冷却不匀，气缸头部温度高润滑油抗磨性能不良	改善冷却水流情况，改用抗磨性能好的高档油

三、汽车齿轮油

223. 什么是齿轮油？汽车哪些部位需要齿轮油润滑？

车辆齿轮油是用于车辆齿轮传动系统润滑油的统称。车辆齿轮油包括变速箱齿轮油和后桥齿轮油（通常把用于自动变速器的润滑油称为自动变速器油，不包括在此范围内）。汽车齿轮装置（如图2-6）包括变速器、主减速器、差速器、转向器等，其中变速器和主减速器是汽车传动装置中的重要部件，主要起变速变扭或减速增扭作用。在汽车运行过程中，变速器和主减速器齿轮需要适应运转速度的频繁变化，并承受各种工况的交变载荷，容易产生磨损、疲劳和变形，保持变速器内润滑油量充足是避免变速齿轮、同步器等旋转件早期磨损和损坏的关键。汽车后桥双曲线齿轮传递的动力大，工作条件苛刻，必须使用加有高活性极压剂的重负荷车辆齿轮油，才能保证双曲线主减速器的正常润滑，否则，在短行驶里程内就会使主从动齿面产生严重磨损和擦伤。车辆齿轮油主要用于传动箱、变速器、减速器和差速器齿轮的润滑，转向器的传动机件也用齿轮油来润滑。

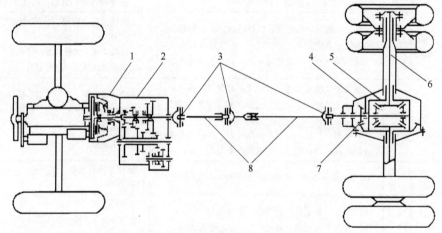

图 2-6 汽车机械式传动系的组成及布置图

1—离合器；2—变速器；3—万向节；4—驱动桥；5—差速器；6—半轴；7—主减速器；8—传动轴

与发动机油相同，齿轮油也是由基础油和添加剂构成，其中基础油也分为矿物油、合成油及半合成油，以合成油作为基础油的齿轮油，其质量和性能高于以矿物油作为基础油的齿轮油。但齿轮油和发动机油在使用条件、自身成分和使用性能上均存在较大差异，两者不可以混用及代用。

224. 车辆齿轮传动机构的工作特点？

汽车传动机构是发动机和汽车驱动车轮之间的动力传动装置，即通过离合器、变速箱、传动轴、主减速器、差速器和半轴将发动机产生的动力传给驱动车轮的装置。

（1）齿轮承受的负荷很大，润滑油膜承受的压力在一般汽车传动装置中齿轮油承受的压力达 2000～3000MPa；在双曲线齿轮上齿轮油承受的压力可达 3000～4000MPa；在不平坦的路面行驶时，由于剧烈的颠簸造成的撞击和震动会使齿轮承受的压力更大，因此摩擦面间润滑油很容易挤出造成磨损。

（2）工作温度比发动机润滑油低，但变化范围大

一般汽车齿轮油工作温度不如内燃机油高，即使在苛刻条件下工作，短时间温度最高也只在 100℃左右。国外高级轿车因车速较高，齿面间滑移速度大，齿形弯曲而压强大，因此后桥双曲线齿轮的油温可达 160～180℃，由于在传动装置中以后桥主降速齿轮箱工作温度最高，因此对车用齿轮油进行评定时主要考虑后桥齿轮油温度。因在苛刻条件下使用的齿轮，特别是双曲线齿轮，会因摩擦而温度很高，使润滑油吸附膜产生脱附而失去作用，形成摩擦面金属的直接接触，为防止在极压条件下金属的磨损擦伤，在齿轮油中要添加极压抗磨剂。齿轮油的工作温度是随环境和季节变化而变化的，因此齿轮油的工作温度范围变化是很大的，在寒冷地区冬季要使用低温流动性能好的齿轮油。

（3）齿轮副处于边界润滑状态

由于齿轮摩擦副的接触应力高，齿轮表面接触时会发生弹性变形，使齿轮副处于弹性流体动力润滑状态，但由于汽车运行中速度变化大、回转次数多，使齿轮油易从齿间被挤压出来。因此要求车用齿轮油有良好的油性和极压性。国外使用的车用齿轮油中极压齿轮油已占绝大多数。对车用齿轮油品质的其他要求还有应具备适当的黏度、良好的黏温特性、良好的抗热氧化安定性等。

225. 车辆齿轮油有何特殊品质要求？

近代汽车多采用双曲面（或双曲线）齿轮和螺旋伞齿轮。这种齿轮在传动时，齿与齿之间的接触面积小，使咬合部位的单位压力很高。由于运行中速度变化快，运转次数多，在这种工作条件下，润滑油容易从齿间的间隙中压出。齿轮在工作中虽然没有外热影响，但齿轮在高负荷下所产生的摩擦热也会使得油温上升，油膜破坏，造成齿轮磨损。另外，汽车工作条件受环境影响极大，如气温、灰尘等，所以要求汽车齿轮油不仅要有适宜的黏度、良好的油性、低温流动性，还必须具有优异的抗极压性、热稳定性、贮存安全性、抗磨损性、抗乳化性和抗泡沫性。要通过高速和冲击负荷试验、高速低扭矩试验、抗锈蚀能力试验和热氧化安全性试验。

226. 影响齿轮润滑的因素有哪些？

① 温度。温度降低时，润滑油变稠，温度升高时，则会变稀。因此，在低温条件下需要低黏度的润滑油，而在高温条件下则需要高黏度的润滑油，以防止金属与金属之间的干摩擦。

② 速度。滑动和转动的速度越快，齿轮间挤进润滑剂的时间就越少。低速用高黏度油（稠油），高速用低黏度油（稀油）。

③ 负荷（压力）。高黏度油比低黏度油更能抵御重负并防止金属与金属之间的碰撞。因此，轻负荷需要低黏度的润滑油，高负荷需要高黏度的润滑油。

④ 冲击负荷。例如由引擎发出的律动力，为了防油膜的瞬间碎裂而产生边界润滑，需要黏度比较大、含有极压添加剂的润滑油。

⑤ 齿轮类型。使用直齿、斜齿、人字齿和伞齿轮副时，滑动和转动会形成有效的油膜从而减缓啮合的轮齿间的直接接触。在涡轮涡杆和双曲面齿轮等非平等轴传动装置上，相对滑动运转的方向不利于维持油膜，在这些传动装置上，往往出现边界润滑。因此，在涡轮涡杆装置和大偏心量的双曲齿轮传动装置上仍需要黏度大的油。当这些传动装置受到重负和高压时，就要选择具有高强油膜特性（高黏度）、高润滑性或含极压添加剂的润滑油。

227. 国外车辆齿轮油执行标准有哪些？

早在 20 世纪 30 年代，随着汽车业兴起，美国汽车业界及军方就开始研究制定车辆齿轮油使用规范。目前国际上影响较大、广泛采用的标准规范有：美国石油学会（API）API 1560，美国国防部军用齿轮油规格 MIL-PRF-2105，美国汽车工程师协会（SAE）SAE J2360，以及美国材料试验协会（ASTM）齿轮油系列规范，如表 2-15 所示。

表 2-15　典型车辆齿轮油规范

规范名称	发布组织
API 1560—2012 汽车手动变速箱、手动驱动桥和车桥的润滑油使用分类	美国石油学会
MIL—PRF—2105E 多用途齿轮润滑油性能规范	美国国防部(已取消，被 SAE J2360 替代)
SAE J2360—2019 商用和军用车辆齿轮油	美国汽车工程师协会
ASTM D5760 手动变速箱齿轮油 MT-1 的性能标准规范	美国材料与试验协会

总的来说，这些规范以两种分类来描述车辆齿轮油产品：一类是 API 1560

用途代号划分，按照齿轮设计类型及车辆操作条件不同，综合齿轮油产品物理化学特性，所推出的质量等级或使用指南分类，如市场上常见的齿轮油代号 GL-4、GL-5 等（GL 为 "Gear Lubricants"，齿轮润滑油的简称），即源于此处；另一类是 SAE 黏度等级分类，依据齿轮油产品特定温度下的运动黏度和低温动力黏度性能进行划分，如 75W-80 等，是不同气候地区选择使用齿轮油产品的重要依据。生产商在齿轮油产品包装上往往结合使用两种分类代号，以提供详细产品信息供使用者了解。

228. 美国石油学会 API 是如何对汽车齿轮油分类的？

目前汽车齿轮油在国际上大多采用美国 API（美国石油学会）的使用性能分类。API 1560—2013《汽车手动变速器、手动驱动桥和轮轴的润滑油服务设计》中是按齿轮油的质量等级进行分类的，在这个分类中，将齿轮油按使用承载能力和使用场合的不同分为 GL-1、GL-2、GL-3、GL-4、GL-5、GL-6 和 MT-1 七个使用级别。其中，由于缺失配件或试验装置，API GL-1、GL-2、GL-3、GL-6 为无效分类，ASTM 也不再保留与这些分类有关的性能试验。同时确认 API GL-4、GL-5 和 MT-1 为有效分类（见表 2-16）。不同级别的齿轮油加入极压添加剂的数量不同，排列越靠后，加入量越多，抗磨性能越好，级别越高。

表 2-16　API 齿轮油等级分类

级别	适用范围	备注
API GL-1	适用于极温和的操作状态，直馏或精制矿物油就可满足要求，可加入抗氧剂、防锈剂和抗泡剂改善其性能	废止
API GL-2	适用于在 GL-1 不能满足的负荷、温度和滑动变速下工作的汽车蜗轮后桥齿轮的润滑	废止
API GL-3	适用于速度和负荷比较苛刻的汽车手动变速箱及较缓和的螺旋伞齿轮驱动桥，此产品的承载能力高于 GL-1 和 GL-2，但低于 GL-4	废止
API GL-4	适用于速度和负荷比较苛刻的螺旋伞齿轮和较缓和的双曲线齿轮的润滑，可用于手动变速器和驱动桥。尽管该分类仍在商业上用于描述此类产品，但用于性能评定的设备已无法获得	当前
API GL-5	适用于在高速或低速及高扭矩条件下工作的齿轮（尤其是后桥中的准双曲面齿轮）	当前
API GL-6	适用于具有极高小齿轮偏置设计的齿轮润滑，这种设计超过了 API GL-5 重负荷车辆齿轮油提供的功能	废止
MT-1	适用于客车和重型卡车上使用的非同步手动变速器，能提供防止化合物热降解、部件磨损及密封件变坏的性能。这些性能是 GL-4 和 GL-5 所不具有的。API MT-1 的性能规格按照 ASTM D5760《手动变速箱齿轮油的性能规格》的最新版本来定义	当前

229. 最新 SAE J 2360—2019 规格有哪些变化？与 API GL-5 的主要差别是什么？

国外发达国家对于商用车配套的车辆齿轮油的换油里程普遍在 50 万公里以上。而在车辆齿轮油规格方面，API（美国石油协会）的 GL-5 齿轮油规格由于没有涉及因沉积物堆积而使密封件受损，或者经场地和/或道路试验验证的性能等方面的技术要求，所以一般推荐的换油里程为 30～50 万公里，不能满足长寿命的使用要求。在 API GL-5 车辆齿轮油规格的基础上，SAE（美国汽车工程师学会）颁布了长寿命车辆齿轮油规格，即 SAE J2360《商用和军用车辆齿轮油》规格。

SAE J2360 标准由军用标准演变而来，美国军方取消其军用标准，并采用了 SAE J2360 标准。标准经历了 SAE J2360—1998、SAE J2360—2012，最新规格为 SAE J2360—2019。在 SAE J2360—2012 版本的基础上，最新的 SAE J2360—2019 版本主要针对承载台架性能试验进行了修订，将 ASTM D8165（L-37-1）台架试验加入到了标准中，成为 L-37 台架试验的可选替代方法；在对车辆齿轮油的原材料，理化性能（如黏度、闪点及剪切安定性等），台架试验（如泡沫性能、储存稳定性、兼容性、氧化安定性、防锈性、承载和极压性能、铜片腐蚀及橡胶兼容性等）和场地/道路试验性能等均进行了规定；对低黏度等级的齿轮油进行了细分，增加了 SAE 65、SAE 70 和 SAE 75 三个黏度等级的齿轮油；同时调整了 SAE 70W、SAE 75W 和 SAE80W 三个等级齿轮油的黏度下限值以提升车辆的燃油经济性，达到节能减排的目的。

最新的 SAE J2360—2019 版本与 API GL-5 规格（GB 13895—2018）的主要差别见表 2-17。在热氧化安定性，橡胶相容性，抗腐蚀性以及使用寿命方面，SAE J2360—2019 规格的技术要求均高于 API GL-5 规格，凸显了长寿命车辆齿轮油的性能。

表 2-17 SAE J2360—2019 规格与 API GL-5 规格主要差别

项目	SAE J2360 规格	API GL-5 规格
铜片腐蚀(121℃，3h)/级	≥2a	≥3
降凝剂含量/%	≤2.0	无要求
热氧化安定性(121℃，3h)：		
100℃运动黏度增长，%	≤100	≤100
戊烷不溶物，%	≤3.0	≤3.0
甲苯不溶物，%	≤2.0	≤2.0

项目	SAE J2360 规格	API GL-5 规格
积炭/漆膜评分	>7.5	无要求
油泥评分	≥9.4	无要求
橡胶相容性(150℃，240h)：		
聚丙烯酸酯橡胶	相容	无要求
氟橡胶	相容	无要求
场地/道路试验里程		
轻型货车/Mm	160(16 万公里)	无要求
重型货车/Mm	320(32 万公里)	无要求

230. 美国汽车工程师协会 SAE 与我国的车用齿轮油黏度分类是怎样的？

汽车齿轮油的黏度分类在国际上大多采用美国 SEA（美国汽车工程师协会）的黏度分类，SAE J306《车辆齿轮油黏度等级分类》。SAE J306 于 1991 年发布，将齿轮油按运动黏度划定分类限值范围。黏度等级的统一分类给车辆制造商、齿轮油生产商及用户选用带来极大便利。经历 1998 年、2005 年和 2019 年三次修订，最新版为 SAE J306—2019。SAE J306—2019 与我国目前执行的 GB/T 17477—2012 的对比情况见表 2-18。

表 2-18　SAE J306—2019 与我国 GB/T 17477—2012 车用齿轮油黏度的分类情况

黏度等级		达到 150Pa·s 的最高温度/℃		100℃时的运动黏度/(mm²·s⁻¹)			
				最大值		最小值	
SAE	我国	SAE	我国	SAE	我国	SAE	我国
70W	70W	−55	−55	—	—	3.8	4.1
75W	75W	−40	−40	—	—	3.8	4.1
80W	80W	−26	−26	—	—	8.5	7.0
85W	85W	−12	−12	—	—	11.0	11.0
65	—	—	—	<5.0	—	3.8	—
70	—	—	—	<6.5	—	5.0	—
75	—	—	—	<8.5	—	6.5	—
80	80	—	—	<11.0	<11.0	8.5	7.0
85	85	—	—	<13.5	<13.5	11.0	11.0
90	90	—	—	<18.5	<18.5	13.5	13.5
110	110	—	—	<24.0	<24.0	18.5	18.5
140	140	—	—	<32.5	<32.5	24.0	24
190	190	—	—	<41.0	<41.0	32.5	32.5
250	250	—	—	—	—	41.0	41.0

SAE J306 分类方法把汽车齿轮油分为 70W、75W、80W、85W 等低温黏度牌号（冬季用油）和 65、80、90、140、250 等高温黏度牌号（春、夏、秋季用油）。其中冬季用油是根据汽车齿轮油黏度达到 150Pa·s 时的最高温度和 100℃时的最小运动黏度两项指标划分的；而春、夏、秋季用油是根据 100℃时的运动黏度划分的。以上的油品均为单级油，另外还有四季通用有 80W/90、85W/90 等，称为多级油。

SAE J306 的两次修订细化了高温黏度和低温黏度等级，如高温黏度 80、85、110、190 和低温黏度 60、65、70 都是后来添加的。细化黏度级别的分类可帮助用户和汽车制造商（OEM）更加严谨地确定油品黏度级别，以确保在给定应用条件下油品具有预期的理化性质。

231. 我国车辆齿轮油质量等级分类与产品执行标准有哪些?

我国车辆齿轮油分类执行 GB/T 28767—2012 标准，基本从美国规范转换而来，包括各类分类标准、产品标准和试验标准等，具体分类见表 2-19。普通车辆 GL-3 执行的是 1992 年发布的行业标准；中负荷车辆齿轮油 GL-4 尚无国

表 2-19　我国车辆齿轮油 GB/T 28767—2012 分类情况

品种代号	使用说明	名称及最新执行标准
GL-3	适用于速度和负荷比较苛刻的汽车手动变速器及较缓和的螺旋伞齿轮驱动桥	普通车辆齿轮油（SH/T 0350—1992）
GL-4	适用于速度和负荷比较苛刻的螺旋伞齿轮和较缓和的准双曲面齿轮，可用于手动变速器和驱动桥	中负荷车辆齿轮油（Q/SH PRD0116—2016）
GL-5	适用于高速冲击负荷，高速低扭矩和低速高扭矩下操作的各种齿轮，特别是准双曲面车辆齿轮	重负荷车辆齿轮油（GB 13895—2018）
MT-1	适用于在大型客车和重型卡车上使用的非同步手动变速器。该类润滑剂对于防止化合物热降解、部件磨损及油封劣化提供保护，这些性能是 GL-4 和 GL-5 要求的润滑剂所不具有的。MT-1 没有给出乘用车和重负荷车辆中同步器的和驱动桥的性能要求	手动变速箱油

家标准，最新标准为中国石油化工集团公司于 2016 年 11 月 1 日实施的企业标准；GL-5 执行 2019 年 1 月 1 日实施的最新国家标准 GB 13895—2018。三类产品现行标准中已有 21 种牌号的系列产品，如表 2-20 所列。手动变速箱油目前也没有国家标准，执行的多为企业标准。

表 2-20 车辆齿轮油质量级别和黏度级别对照

质量级别	75W	75W-90	80W	80W-90	80W-110	80W-140	85W-90	85W-110	85W-140	90	110	140
普通车辆齿轮油（GL-3）	—	—	—	●	—	—	●	—	—	●	—	—
中负荷车辆齿轮油（GL-4）	●	●	●	●	●	—	●	●	●	●	—	●
重负荷车辆齿轮油（GL-5）	—	●	—	●	●	●	●	●	●	●	●	●

注：—代表没有相应的黏度级别，●代表有相应的黏度级别。

232. 新版国家标准 GB 13895—2018 重负荷车辆齿轮油（GL-5）有哪些变化?

GB 13895—2018《重负荷车辆齿轮油（GL-5）》国家标准于 2018 年 7 月 13 日正式发布、2019 年 2 月 1 日实施,对 GL-5 重负荷车辆齿轮油的黏度设置、剪切稳定性、试验方法、关键台架试验的具体通过指标等进行了修订。与 GB 13895—1992 相比,增加了 5 个黏度级别,对各黏度级别的 100℃运动黏度范围进行了重新划分,提高了单级油的黏度指数指标;同时对试验方法、进行了部分修订。总之,GB 13895—2018 标准在油品承载能力、剪切安定性、热氧化安定性等方面的要求有较大提升,并具有更多的黏度等级,以选择更合适的黏度级别满足各种车辆和工矿需求,顺应了重负荷车辆齿轮油的发展趋势。表 2-21 列出了 GB 13895—2018 标准与 GB 13895—1992 相比的主要性能差异。

表 2-21 GB 13895—2018 标准与 GB 13895—1992 相比的主要性能差异

项目	GB 13895—1992	GB 13895—2018
适用范围	适用于在高速冲击负荷,高速低扭矩和低速高扭矩工况下使用的车辆齿轮特别是客车和其他各种车辆的准双曲面齿轮驱动桥,也可用于手动变速器	适用于汽车驱动桥,特别适用于在高速冲击负荷、高速低扭矩和低速高扭矩工况下应用的双曲面齿轮,不再适用于手动变速器
黏度等级	75W、80W/90、85W/90、85W/140、90、140	共设置 10 个黏度等级:75W-90、80W-90、80W-110、80W-140、85W-90、85W-110、85W-140、90、110、140(多级油连接符由"/"改为"-")
100℃运动黏度范围/(mm²/s)	1.75W: ≥4.1; 2.80W/90、85W/90、90: 13.5～24.0; 3.85W/140、140: 24.0～41.0	1.75W-90、80W-90、85W-90、90: 13.5～18.5; 2.80W-110、85W-110、110: 18.5～24.0; 3.80W-140、85W-140、140: 24.0～32.5

项目	GB 13895—1992	GB 13895—2018
黏度指数	1. 90、140：≥75； 2. 75W、80W/90、85W/90、85W/140：报告	1. 90、110 和 140：≥90； 2. 75W-90、80W-90、85W-90、80W-110、85W-110 3. 80W-140 和 85W/140：报告
闪点(开口)	1. 75W：≥150℃； 2. 80W/90、85W/90：≥165℃； 3. 85W/140 和 90：≥180℃ 4. 140：≥200℃	1. 75W-90：≥170℃； 2. 80W-90、80W-110、80W-140、85W-90、85W-110、85W-140、90 和 110：≥180℃； 3. 140：≥200℃

233. 如何正确选用车辆齿轮油？

车辆齿轮油的选择一方面要根据齿轮的类型、负荷的大小、滑动速度的高低分别选用不同质量级别的油品。然后再根据使用的最低和最高操作温度来确定油品的黏度级别。

（1）质量级别的选择

齿轮油的质量级别是影响市场价格的决定因素，选用齿轮油首要先看的是这个质量级别标识。按质量档次选择时可参阅表 2-22。

表 2-22　车辆齿轮油质量档次选择

齿轮形状	齿面载荷	车型及工况	质量档次
双曲线齿轮	压力<2000MPa，滑动速度 1.5～8m/s；	一般	GL-4
双曲线齿轮	压力>2000MPa，滑动速度大于 10m/s，油温 120～130℃	拖挂车，山区作业	GL-5
双曲线齿轮	压力>2000MPa 滑动速度 1.5～8m/s；	国产车、进口车或重型车	GL-5
螺旋伞齿轮	—	所有情况	GL-3 或 GL-4

一般，引进生产线制造的车辆及进口车辆的驱动桥必须使用重负荷车辆齿轮油 GL-5，手动变速箱用中负荷车辆齿轮油 GL-4。采用双曲线齿轮驱动桥的国产汽车，可以用 GL-4 或 GL-5 齿轮油，手动变速箱用 GL-4 齿轮油。采用螺旋锥齿轮和圆柱齿轮驱动桥的国产汽车可以用 GL-4 齿轮油。

（2）黏度等级的选择

汽车齿轮油黏度级别的选择是根据使用的最低和最高操作温度及车辆的负荷确定的。一般说来，气温低、负荷小，可选用黏度较小的油；反之，气温较高、负荷较重的车辆，需选用黏度较大的油品。齿轮油黏度等级可参考表 2-23 中的温度范围进行选择。黏度级别对产品的市场价格的影响不大。

表 2-23　车辆齿轮油适用的环境温度范围

黏度级别	环境温度/℃	黏度级别	环境温度/℃
70W	−45～0	190	0～50
75W	−35～+10	250	0～50
80W	−15～+10	75W/90	−35～40
85W	−15～50	80W/90	−26～40
90	−12～40	85W/90	−15～40
110	−9～45	85W/110	−15～45
140	−5～50	85W/140	−15～50

　　总之，选择车辆齿轮油的黏度等级时，首先，一定要用多级油，即有两组数字的。如果你生活在北方，前面一组数字，应当选择 75W 或 80W，即越小越好。如果你生活在南方，那就用 85W 即可。至于后一组数字有 90 和 140 可选，大部分车主，其实选择 90 即可。一般小汽车或小客车多用 SAE 75W-90 的黏度级别，大卡车和重载车辆多使用 SAE 85W-140 黏度齿轮油。夏天选用的齿轮油的黏度稍高一些，我国南方地区可选用 SAE 90 号或 SAE 140 号油，东北及西北寒区宜选用 SAE 75W-90 或 SAE 75W-140 号油，其余中部地区宜选用 SAE 85W-90 或 SAE 85W-140 号油。冬季选用黏度稍低一些的齿轮油，如 SAE 90 或 SAE 80W-90；当然，对于重载、道路条件恶劣或齿轮机构有相当的磨损量的条件下，应适当选择高一级别黏度牌号的齿轮油。

　　汽车齿轮油的选择要求非常复杂，建议车主们在选择齿轮油的时候遵照汽车使用说明书上的要求选择，避免自行选择容易出错。

234. 使用车辆齿轮油时应注意哪些事项？

　　① 不能将质量等级（品种）较低的齿轮油用在要求较高的车辆上，即普通车辆齿轮油不能取代中、重负荷车辆齿油用于双曲线齿轮，否则会引起设备磨损，缩短使用寿命。但级别较高的齿轮油可用在要求较低的车辆上，只是降级使用经济上不合算。

　　② 不同质量级别的齿轮油不能互相混用，也不能与其他厚质内燃机油混存混用，以免发生设备事故。

　　③ 要根据环境温度选择适当黏度级号的油品，确保高、低温工作条件下的润滑要求。但不要误以为高黏度齿轮油的润滑性能好。使用黏度牌号太高的齿轮油，将使车辆的燃料消耗显著增加，特别对于高速轿车影响更大，应尽可能使用合适的多级油。目前，各汽车制造商大多推荐 80W/90、85W/90、85W/140

等黏度级别的车辆齿轮油，换油时可参考汽车使用手册或维修手册。

④ 加油量要适当。加油过多会增加齿轮运转时的阻力，造成能量损失，功率下降；加油过少，会造成润滑不良，加速齿轮磨损。此外，应经常检查齿轮箱渗漏情况，保持各油封、衬垫完好。

⑤ 车辆齿轮油工作温度不算太高，使用寿命较长，消耗量较小，只要按时补充新油，一般可行驶 3 万～5 万公里。如使用单级油，在换季维护换油时，放出的旧油如尚未达到换油指标，可在再次换油时使用，旧油应妥善保存，严防污染。

⑥ 齿轮油应按换油指标换油，无油质分析手段时，可按保修规程或制造厂规定的周期换油。换油时，应在热车状态下放出旧油，并将齿轮箱清洗干净，然后换入新油。

⑦ 要防止混入水分和杂质。

235. 手动变速箱技术发展对手动变速箱油的性能要求?

随着人们对汽车性能的要求越来越高，变速器的操作性能也在不断地进行改善。手动变速箱性能的提高推动了手动变速箱油性能的提高，主要体现在以下几个方面：

① 手动变速箱体积更小。基于终端用户对燃油经济性的要求，汽车制造以及变速箱 OEM 提高了变速箱传动功率密度，即在缩小变速箱体积的情况下，不改变变速箱的传递效率。这就导致润滑油装填量变小，导致齿轮啮合温度以及负荷提高，要求手动变速箱油有较好的热氧化安定性。

② 变速箱扭矩变大。随着发动机技术的发展，相同排量的发动机输出扭矩越来越大，促进了变速箱扭矩容量的增大，加大了变速箱齿轮负荷，要求手动变速箱油有较好的极压性。

③ 在手动变速箱中引入同步器。为了改善变速箱传动的可靠性和耐久性，新一代手动变速箱均采用带同步器的变速箱。同步器的使用提高了手动变速箱的换挡质量，不但要求润滑油有优良的黏温特性、摩擦特性以及同步啮合的保持性，还要求油品具有良好的抗氧化性、防腐性及摩擦特性的保持性。由于同步器有各种不同的材料，如钼、铝合金、黄铜、烧结青铜等，要求油品与同步器材料有较好的相容性。

④ 变速箱使用寿命延长。为延长变速箱使用寿命，要求油品有较长的换油周期，甚至终身不换油。

总之，随着手动变速箱技术的发展，对手动变速箱油提出了更高的要求。

236. 手动变速箱油规格有哪些？

目前，使用最多的手动变速箱油为满足 API GL-4 规格的油品。由于用于评定 API GL-4 规格油品的试验台架 L-13、L-19、L-20、L-21 大部分已经停止生产，因此，大多数润滑油和添加剂公司使用符合 API GL-5 规格台架的配方，以相同的复合剂和加剂量减半的做法生产满足 API GL-4 规格的油品。

1988 年，美国石油学会（API）为满足重型卡车手动变速箱齿轮的润滑要求，提出了 PG-1 齿轮油分类，并于 1997 年正式将其定为 API MT-1 规格。API MT-1（PG-1）与 API GL-4 相比主要改善了热氧化安定性、密封材料与青铜件的配伍性、同步性、换挡感受等方面性能要求。由于 MT-1 不能满足带有同步器的重型车辆手动变速箱的使用要求，因此适合新一代手动挡车辆变速箱的手动变速箱专用油（MTF）应运而生，MTF 解决了带有同步器的手动变速箱的润滑问题。MTF 在低温换挡性能、热氧化稳定性、剪切稳定性、同步器耐久性能、同步器换挡性能、橡胶相容性、抗腐蚀性等方面超越了 API GL-4，更适合于重型卡车、客车等重载车辆手动变速箱的润滑要求。

目前 API 正在考虑发展下一代手动变速箱用油规格即 PM-1 和 PM-2。此规格将在同步耐久性、抗点蚀、抗擦伤性能上对油品有进一步的要求。PM-1 主要适用于带有同步器的轻型车辆手动变速箱，PM-2 适用于带有同步器的中、重型卡车手动变速箱和前驱动桥。PM-1 和 PM-2 与 API GL-4 及 API MT-1 性能比较见表 2-24。

虽然 PM-1 与 PM-2 规格尚未出台，但各大汽车厂商普遍支持 PM-2 规格，因为 PM-2 在同步性能、抗点蚀、抗擦伤、抗磨损、抗剪切等方面，PM-2 要好于 GL-4 和 MT-1，在抗点蚀和抗擦伤性能方面远优于 PM-1 规格，完全可以取代后者，更可能成为全球通用的手动变速箱油规格。

表2-24　不同规格手动变速箱油性能比较

种类	同步性	抗点蚀	抗擦伤	抗磨	抗剪切	热安定性	密封性	抗腐蚀
API GL-4			好	好				
API MT-1（PG-1）			中等			好	好	中等
PM-1	好		中等		好	好	好	中等
PM-2	好	好	好	好	好	好	好	好

237. 什么叫多级齿轮油？为什么要使用多级齿轮油？

同一种齿轮油，它既具有低黏度齿轮油的性质又具有高黏度齿轮油的性质，即油品在宽温度范围内既能在低温流动性方面达到低黏度齿轮油水平，又能在高温润滑方面达到高黏度齿轮水平，这种齿轮油叫多级齿轮油。它用两个数字表示，前一个数字表示这种齿轮油具备的低黏度油性质，所以在这个数字后加"W"，后一个数字表示这种齿轮油具有的高黏度性质，即在夏季使用的黏度等级。例如，80W-90 表示这种油在冬季使用时相当 80W，其−26℃表观黏度不大于 150Pa·s；在夏季使用时相当于 90 号，其 100℃运动黏度控制在 13.5～24.0mm²/s。

低黏度齿轮油有好的低温流动性，但低黏度齿轮油的高温润滑性不好，容易使齿面发生擦伤、增加磨损、缩短寿命。为保证齿轮油在低温流动性方面尽可能接近低黏度齿轮油水平，使低温启动时齿轮和轴承得到满意的润滑；而在高温润滑性方面又有高黏度齿轮油水平，使齿轮在装置达到稳定运转温度时得到满意的润滑，所以要使用多级齿轮油。多级齿轮油有良好的低温启动性，良好的高温润滑性，并有一定的节能效果，所以发展非常快。

238. 齿轮油的承载能力与黏度指数、极压性能有何关系？

齿轮工作时处于混合润滑状态，包含弹性流体润滑成分。齿轮油的黏度高，弹性流体润滑油膜厚度大。这里提及的黏度是指在齿面工作温度下的黏度，因而与齿轮油的黏度指数有关。黏度指数高，高温下油的黏度大，易形成油膜，承载能力高。

齿轮表面的损伤形式有胶合、擦伤、波纹、螺脊、点蚀、剥落、抛光、磨粒磨损、腐蚀性磨损等。齿轮油防止上述损伤出现的能力叫作承载性或承载能力。齿轮油的极压性是指在摩擦表面的高温下极压剂与金属反应生成化学反应膜的能力。化学反应膜可以防止齿轮表面出现磨损，但是化学反应膜的临界剪切强度低于基本金属，在摩擦过程中，化学反应膜不断被磨损掉而生成磨屑，所以化学反应膜的生成和磨损就是一种腐蚀性磨损。

齿轮油的极压性强表明油中的极压剂化学活性高，与金属的反应速度常数大，反应活化能低。在相同条件下比极压性弱的齿轮油生成的化学反应膜厚。如果齿轮油的极压性太强就会出现腐蚀性磨损，承载能力反而下降。所以齿轮油的承载性和极压性不完全是一回事。

239. 什么是双曲线齿轮油？有什么特点？

现代汽车的后桥转动齿轮，齿轮符合数字上的一条曲线，叫双曲线。双曲线齿轮传动具有结构紧凑，传动平稳，承载力高，噪声小的特点，还可以解决正交或交错轴间的传动。但双曲线齿轮啮合中齿面滑动速度大，相互接触的齿面受力太大，会把油摸挤破，形成齿与齿之间金属的干摩擦，导致恶性事故发生。用高极压型添加剂调制的齿轮油，这种极压剂在两齿轮面相接触时在两齿轮之间形成一层反应膜，从而避免了齿与齿之间金属的干摩擦。当时国内车用齿轮还未改换国际标准，我们把这种加有极压添加剂的齿轮油叫作双曲线齿轮油，GL-4 以上的齿轮油都是双曲线齿轮油。

双曲线齿轮油具有氧化安定性好、使用寿命长、挤压抗磨性好等优点，可以保证齿轮较长时间不被磨损，并可以保护齿轮不锈蚀，从而大大延长机车的大修里程，降低修理费用。

240. 可以用双曲线齿轮油来代替普通齿轮油吗？

普通车辆用的是一般齿轮油，中等负荷车辆、重负荷车辆用的是双曲线齿轮油，注意双曲线齿轮不能用于普通车辆齿轮油。一些车主和汽车维修人员，由于不了解双曲线齿轮油的特点，片面地认为双曲线齿轮油比普通齿轮油性能好，因此，在遇到没有现成的普通齿轮油时，或为了"爱护"车辆而用双曲线齿轮油来代替普通齿轮油而加入汽车变速箱。殊不知这不仅仅会带来不必要的经济损失（因双曲线齿轮油比较贵），而且会造成变速箱齿轮的腐蚀性磨损，不利于变速器的正常工作。

由于双曲线齿轮传动具有啮合平顺性好、减速比大等特点而广泛地使用于汽车后桥主减速器齿轮传动。但由于双曲线齿轮在啮合传动过程中，传递的压力很高（达 4000MPa），相对滑移速度可达 400m/min，因而产生很高的瞬时温度（600~800℃），而一般的油性添加剂在 100℃左右就会从摩擦表面脱附，油膜被破坏。在这种极压条件下，为防止磨损、擦伤和黏合，必须降低金属接触面的摩擦，所以双曲线齿轮油中加入了含氯、硫、磷等元素的有机化合物作为极压添加剂。在极压条件下，这些添加剂在摩擦面的高温部分与金属反应，生成了剪应力和熔点都比纯金属低的化合物，即在啮合齿面上生成了一层假润滑层，从而防止接触表面咬合或熔合。这种假润滑层是由摩擦表面金属与添加剂分子中各种活性基因起化学作用而形成的。多数情况下，极压添加剂的效果取决于形成的金属硫化物、氯化物以及磷与金属的化合物。由此可以看出，它是依靠"腐蚀"金属表面而起到极压抗磨作用的。其中，含硫添加剂对有色金属，尤其对铜及其合金有较强的腐蚀作用，含氯添加剂起作用时生成的氯化铁膜易发生水解，生成盐酸，对金属产生腐蚀。

对于普通齿轮传动（常为渐开线齿轮），齿面单位压力较低，且工作温度不高，一般低于 90℃，所以油膜不易破裂，润滑条件较好，不必使用极压添加剂。若使用双曲线齿轮油，从上述极压添加剂的作用机理可知，势必会有部分添加剂产生作用，从而使齿轮产生不必要的腐蚀磨损。

因此，单纯地认为双曲线齿轮油性能好，可以代替普通齿轮油，这种观点是不正确的，而应该根据齿轮传动的特点，选用性能合适的齿轮油。

241. 内燃机油与齿轮油为什么不可换用？

内燃机油需要在高温、温度反复变化，易混入燃油、不完全燃烧混合气及其他杂质的条件下进行润滑。这就要求内燃机油有良好的抗磨性、优良的氧化安定性、高温条件下不易老化变质、不易生成积炭、有良好的黏温性能，另外，内燃机油还要求有良好的清净分散性、抗腐蚀性及抗泡性。

车辆齿轮油用于车辆齿轮传动系统的润滑。相互啮合的两个齿之间不但承受很大的力，而且齿与齿之间还要发生相对滑动，尤其是齿轮形状及啮合形式的改进，使得承受的负荷更大，齿间的相对滑动速度更快、摩擦热更多、润滑更困难。齿轮油中需加入一定量的极压剂、摩擦改进剂、腐蚀抑制剂、增黏剂等添加剂以满足齿轮润滑的苛刻要求。简单来讲，齿轮油对基础油和添加剂以及其配比量要求是比较高的。

由于内燃机油和齿轮油在使用条件、自身成分和使用性能上的差异，它们是不能换用的。

242. 重负荷车辆齿轮油（GL-5）换油指标？

车辆齿轮油在使用过程中，理化性质会发生明显变化。例如油的黏度会由于油品氧化缩合而逐渐增加；但对于加有高分子聚合物的稠型齿轮油，则由于增黏剂分子被剪断，会使黏度下降。由于油的氧化生成酸性产物，以及极压抗磨剂热分解或水解产生酸性物质而使油的酸值增大。另外，还会引起水分增加、抗泡性和抗乳化性变坏；磨损杂质如铁含量明显增加。这些变质均会导致油品性质恶化，继续使用会引起严重后果。为此，对于车辆齿轮油经过实验制订了换油指标。表 2-25 即为普通车辆齿轮油的换油指标，当使用中的重负荷车辆齿轮油有一项指标达到换油指标时应更换新油。

表 2-25　重负荷车辆齿轮油（GL-5）换油指标（GB/T 30034—2013）

项目		换油指标	试验方法
100℃运动黏度变化率/%	>	+10～-15	GB/T 265
酸值(变化值，以 KOH 计)/(mg/g)	>	±1	GB/T 7304
戊烷不溶物/%	>	1.0	GB/T 8926 B 法
水分(质量分数)/%	>	0.5	GB/T 260
铁含量/(μg/g)	>	2000	GB/T 17476、ASTM D6595
铜含量/(μg/g)	>	100	GB/T 17476、SH/T 0102、ASTM D6595

黏度变化率用下式计算：

$$\eta = \frac{v_1 - v_2}{v_2} \times 100\%$$

式中： v_1——使用中油的运动黏度实测值，mm^2/s；

　　　 v_2——新油运动黏度实测值，mm^2/s。

243. 怎样确定车辆齿轮油的换油期？

在实际使用中，车辆齿轮油的换油期通常按行驶里程来决定，汽车生产厂家一般推荐传动系统齿轮油换油期为 2 个二级保养里程，或按冬夏季节更换油。润滑油生产厂家则要求按行车 3 万～4 万公里换油。有条件则可根据具体车况，测定油品黏度、酸值、石油醚不溶物、铁含量、磷含量的变化，将换油期延至 5 万～8 万公里。当然无根据延长换油期，会造成传动系统齿轮的损坏，特别是在条件恶劣的环境如矿山、高原等地区则应该缩短换油期。

244. 如何鉴别车辆齿轮油？

汽车用齿轮油的颜色多为深黑色；馏分型双曲线齿轮油一般为黄绿色及深棕红色。

目前市场上车辆齿轮油伪劣产品很多，其质量低劣不能满足使用要求，有的甚至造成恶劣的事故。这些假冒伪劣齿轮油主要表现在两个方面：

① 基础油组分差。合格的齿轮油是用规范的基础油调和而成，伪劣产品在基础油中加有渣油、沥青、劣质橡胶油、轻脱沥青油或润滑油溶剂精制的抽出油等，这些成分热氧化安全性差，黏温性质差，色深，储存时易分层或析出沉淀。

② 添加剂质量低下，或者根本不加添加剂。伪劣产品中多使用已被淘汰的氯化石蜡，加量不够或配比不当，性能不好。

车主可根据以下现象辨别齿轮油的真伪：

① 看颜色。合格的油品外观均匀、透明，伪劣产品颜色较黑，有时在罐底可以看到有分层或沉淀。

② 闻气味。齿轮油的极压添加剂多采用硫化物，稍加热便会产生刺鼻的气味；若是采用氯化石蜡，则没有这种气味。

③ 元素分析。这些伪劣油中含有氯元素，而合格的油品中含大量硫、磷元素。

④ 加热。将齿轮油加热到180～200℃，伪劣油品很容易变黑，合格油品则变化不大。

245. 齿轮油在贮存保管过程中应注意哪些事项？

① 齿轮油为酸性液体，不能用贮存过碱性物质（如内燃机润滑油）的容器盛放，否则会使齿轮油中的添加剂分解，并产生沉淀。

② 齿轮油不宜在高温（50℃以上）环境下贮存，齿轮油中极压剂等添加剂为极性物质，通常含剂量为2%～7%，遇热易分解，使油品老化，使用性能降低。

③ 贮存容器不宜进水，极压剂遇水后容易水解，形成水溶性酸等物质，降低极压性能。

④ 齿轮油不宜长期（两年以上）贮存，这是因为齿轮油中的添加剂是一个不稳定的体系，其中的极压抗磨剂、防锈剂等都是活性较高的化合物，或受热分解、或相互反应，长期贮存易产生沉淀，使油品的各项性能均有不同程度的下降。另外，油品的抗泡性变差，主要原因是由于抗泡剂在润滑油中不溶解，呈颗粒悬浮状，长期贮存会使密度较大的抗泡剂颗粒沉降，而硅油抗泡剂在酸性介质中易水解也是抗泡性能下降的原因之一。

四、汽车制动液（刹车液）

246. 什么是汽车制动液？其主要作用是什么？

汽车制动液又称刹车油（液），是用在汽车液压制动系统和汽车离合器的液压操纵系统中用来传递压力，以便使汽车产生制动或离合器分离的一种特殊液体。其工作原理是，当司机踩刹车时，从脚踏板上踩下去的力量由刹车总泵的活塞通过制动液传递能量到车轮各分泵，使摩擦片胀开，达到停止车辆前进的目的，当停止刹车时，返回弹簧拉回摩擦片到原来的位置。制动液的质量对保证液压系统工作的可靠性方面起着非常重要的作用，是保证汽车行驶安全性的关键。其主要作用如下：

① 传递压力。制动液是汽车液压制动系统中传递制动压力的液态介质，其制动工作压力一般为 2MPa，高的可达 4～5MPa。其工作原理为：所有液体都有不可压缩性，在密封的容器中或充满液体的管路中，当液体受到压力时，便会很快地、均匀地把压力传导到刹车部件的各个部分。

② 传递热量。以 95km/h 的速度行驶的车辆紧急制动时，制动材料的温度会迅速升高到 230℃，制动液有降温作用。

③ 防锈作用。提高制动系统金属零部件的使用寿命。

④ 润滑作用，制动液具有良好的润滑性，能够保证制动分泵的活塞运动平滑。

247. 汽车制动液使用性能要求有哪些？

汽车液压制动器是比较简单的静态液压传递系统。制动液无循环回流管路，因此，进入系统的水分、杂质和气体不像其他液压系统那样容易排出。为保证车辆在严寒和酷暑的气温条件下，在高速、重负荷、大功率及频繁制动的操作条件下都能有效可靠地保证汽车制动灵活，要求制动液应具有如下性能：

① 平衡回流沸点温度高，蒸发度低，以防汽车制动系统在高温下产生气阻。现代汽车因车速的不断提高，行驶时的制动次数较频繁，由此产生的大量摩擦热使制动系统的温度升高，有时可高达 150℃以上。如果选用沸点低的制动液，在温度升高时，会由于制动液的蒸发使得局部制动系统的管路中形成蒸汽，从而产生气阻，使压力传递效率下降，导致制动失效。所以应采用平衡回

流沸点高，蒸发度低的制动液。

② 合适的高温黏度和低温黏度。要求合适的高温黏度和低温黏度，既要保证必要的润滑性，使制动缸和皮碗之间能很好滑动，又要有较低的凝点使之在低温状态下仍具有良好的流动性，以便制动灵活可靠。

③ 一定的溶水性、质量稳定。汽车制动系统难免被少量水污染，醇醚型制动液的醇醚本身吸水性较强，在南方多雨季节和沿海地区水的吸入是难免的。这就要求制动液能够把外来的少量水分完全溶解吸收，且不因此产生分层、浑浊、沉淀或显著改变原来的性质。

④ 制动液与橡胶的配伍性。汽车液压制动系统中有许多橡胶密封件长期浸泡在制动液中，易造成机械强度降低，体积和质量发生变化，以至失去密封作用，引起制动失效。因此，制动系统内的橡胶皮碗在使用期中的形状、尺寸和机械强度的变化必须保持在一定限度内，在各种温度下都能有效地密封而不翻碗，即要求制动液不溶蚀橡胶，不使橡胶皮碗过于软化和溶胀。

⑤ 抗腐蚀性。制动系统的配件是由多种金属组成，对化学腐蚀极为敏感，加之制动液允许有一定的溶水性和醇醚自身的吸湿性，更增加了腐蚀倾向。制动液必须用多种添加剂复合平衡，有效地控制 pH 值使其呈微碱性，提高抗腐蚀能力。

248. 汽车制动液有哪几种类型？

汽车制动液按其生产原料分为三种类型：醇型、矿物油型及合成型。

① 蓖麻油–醇型制动液。由精制的蓖麻油 45%～55% 和低碳醇（乙醇或丁醇）55%～45% 调配而成，经沉淀获得无色或浅黄色清澈的液体，即醇型汽车制动液。蓖麻油加乙醇为醇型 1 号，蓖麻油加丁醇为醇型 3 号。国外早在 20 世纪 40 年代已将醇类制动液淘汰，我国于 1990 年 5 月 1 日强制淘汰醇型制动液。

② 矿物油型制动液。是以深度脱蜡的精制柴油馏分作为基础油，加入增黏剂、抗氧化剂、防锈剂等调和而成。矿物油型制动液多采用企业标准，包括 7 号（用于严寒地区）、9 号（用于最低温度在–25℃以上地区）2 个牌号。

矿物油型制动液温度适应性较醇型好，可在–50～150℃的温度范围内使用，对金属无腐蚀作用；但由于与天然橡胶适应能力差，水溶性差，在高温下水汽化产生气阻影响制动效果，不能确保车辆行车安全，包括我国在内的世界许多国家已不再使用矿物油型制动液。

③ 合成型制动液。由于醇型和矿物油型制动液性能上的缺陷，上述两种制动液目前已由合成制动液替代。合成制动液是用醚、醇、酯等掺入润滑、抗

氧化、防锈、抗橡胶溶胀等添加剂制成。具有较高的平衡回流沸点和良好的低温流动性能。它具有良好的高温稳定性能，蒸发损失较少；具有良好的液体相溶性能；与橡胶皮碗有良好的配伍性能，不会造成皮碗的溶胀、软化或硬化等不良影响，能有效减少渗漏和油品损耗。另外，它还具有优异的化学稳定性能和耐热性能，与制动系统的金属不会发生反应。

249. 汽车制动液的规格标准有哪些?

目前，国际上通用的汽车制动液标准有三个：美国联邦发动机车辆安全委员会制订的 FMVSS No.116（DOT3、DOT4、DOT5）；美国汽车工程师协会制订的 SAE 标准（SAE J1703、SAE J1705—2007）；国际标准化组织制订的 ISO 4925。目前西欧、美国、日本等发达国家的制动液仍执行 FMVSS No.116（DOT4 和 DOT3）标准，我国制动液也是参照这一标准进行分级的。

目前，国内机动车辆制动液产品执行现行国家强制性标准 GB 12981—2012《机动车辆制动液》，该标准从 1991 发布以来历经二次修订。GB 12981—2012 将制动液分为 HZY3、HZY4、HZY5 和 HZY6 四个级别，分别对应国际标准 ISO 4925:2005 中的 Class3、Class4、Class5.1、Class6，其中，HZY3、HZY4、HZY5 对应于美国交通运输部制动液类型的 DOT3、DOT4、DOT5.1（硼酸酯型）。新标准与 GB12981—2003 相比，删除了硅酮（聚硅氧烷的旧称）制动液品种，即 HZY5 只包含对应于国际通用的 DOT5.1 产品，增加了对应于 ISO 4925—2005 中 Class6 的 HZY6 一个品种。

对汽车制动可靠性影响最大的是制动液的高、低温性能。从制动液的标准看，主要也是因为这项指标和沸点指标的不同，而制定出不同的各个级别。国际上通用的汽车制动液规格指标及中国 GB 12981—2012 规格指标要求见附录。表 2-26 列出了中国汽车制动液规格与国外的对照。

表 2-26　中国汽车制动液规格与国外的对照

GB 10830—1989	GB 12981—2003	GB 12981—2012	FMVSS NO.116	美国 SEA	ISO4925
JG3	HZY3	HZY3	DOT3	SAEJ1703	Class3
JG4	HZY4	HZY4	DOT4	SAEJ1704	Class4
JG5	HYZ5	—	DOT5	SAEJ1705	—
—	—	HYZ5	DOT5.1		Class5
—	—	HYZ6			Class6

注：DOT5 为硅油型；DOT5.1 为硼酸酯型。

250. 汽车制动液的关键技术指标有哪些?

我国现行的制动液标准 GB 12981—2012 与国际标准一致,共有 14 项技术指标要求,分别是外观、平衡回流沸点、湿平衡回流沸点、运动黏度（100℃、–40℃）、pH 值、液体稳定性、腐蚀性、低温流动性和外观、蒸发性能、容水性、液体相容性、抗氧化性、橡胶相容性和行程模拟性能。其中最主要的几个技术指标如下:

① 外观。制动液的外观应清澈透明、无杂质、无沉淀和悬浮物。

② 平衡回流沸点。是指制动液在规定试验条件下开始沸腾的温度,是制动液最重要的指标之一,它是评价制动液高温抗气阻性能的指标,也是决定汽车在高温条件下制动可靠性和质量等级的主要指标,该温度越高,其制动液的高温性能越好,不易产生气阻,制动就越安全可靠。国家标准 GB 12981—2012 中,规定了 HZY3、HZY4、HZY5、HZY6 制动液的回流沸点不小于 205℃、230℃、260℃和 250℃。

③ 湿平衡回流沸点。汽车在使用中,制动液不可避免会吸入水分,吸有水分的制动液的平衡回流沸点和气阻温度都会降低,这就会影响制动液的使用性能。标准中采用湿平衡回流沸点（衡量制动液吸收一定水分的情况下的耐高温性能的指标）对制动液吸水后的平衡回流沸点的变化情况进行表征,它是指在制动液的试样中按一定的方法增湿后测得该溶液的平衡回流沸点,该沸点与平衡回流沸点愈接近,表示制动液在潮湿的条件下使用的可靠性越高,越不易产生气阻。国家标准 GB 12981—2012 中,规定了 HZY3、HZY4、HZY5、HZY6 制动液的湿平衡回流沸点应分别不小于 140℃、155℃、180℃、165℃。

④ 运动黏度。制动时,由于摩擦发热可使蹄片温度高达 250℃。其热量有一部分传给制动液,使其工作温度达 70～90℃,甚至在频繁制动时,其温度可达 110℃。为了保证制动液在温度升高到一定程度时仍能具有良好的润滑和密封性能,且不渗漏,国家标准 GB 12981—2012 中规定,高温运动黏度（100℃）大于 $1.5mm^2/s$。在最低温度约-40℃的寒冷地带,则要求制动液不能出现结晶、分层等现象。否则易造成制动迟缓,甚至制动失灵。因此标准规定 HZY3、HZY4、HZY5、HZY6 制动液的-40℃运动黏度分别不大于 $1500mm^2/s$、$1500mm^2/s$、$900mm^2/s$ 和 $750mm^2/s$。

⑤ 对橡胶适应性。为了保证制动液不渗漏,并传递制动能量,制动泵中使用了橡胶皮碗及垫圈等为橡胶件。制动液直接与这些橡胶部件相接触,为了保证这些橡胶件正常工作不引起过度的软化、溶胀、固化和收缩,合格的制动

液对橡胶适应性好，不会使橡胶产生溶胀作用。

⑥ 对金属腐蚀性。汽车制动液接触的金属有铁、铜、铝及合金等多种金属元素，这些金属一旦被腐蚀，制动液容易漏出或金属部件锈蚀，出现卡死现象，导致制动失灵。所以，制动液必须具有优良的金属防护性能。合格的制动液都含有防腐剂、抗氧化剂等添加剂，以减少金属腐蚀。GB 12981—2012 中规定的金属腐蚀指标为：铸铁质量变化±0.2mg/cm^2，铝质量变化±0.1mg/cm^2（100℃/120h）。

⑦ pH 值。制动液在储存和使用过程中会发生氧化，生成一定量的酸性物质，为了使其具有适当的中和酸性物质的能力，减小对金属、橡胶等与制动液接触材料的腐蚀，制动液应具有一定的碱性和储备碱度，要求使用中的制动pH 值为 7～11.5。通常好的制动液，pH 值在 8.0～9.5 之间，以保证比较活泼的铝等金属零部件不受腐蚀。

251. 合成制动液有哪几种?

目前，合成型制动液主要有三种类别：醇醚型、酯型和硅油型。其中，酯型制动液又分为羧酸酯型和醇醚硼酸酯型制动液。硅油型制动液分为聚硅氧烷型和硅醚型制动液。使用最多的是醇醚型和酯型制动液。

① 醇醚型制动液。主要成分是聚氧乙烯醚类化合物，再加入润滑剂、稀释剂、防锈剂、橡胶抑制剂等调和而成，它是各国汽车所用最普通的一种制动液，多数产品属 DOT3 级，少数能达到 DOT4 级。这种制动液拥有较高的平衡回流沸点，较低的低温黏度，良好的橡胶适应性能，对金属的腐蚀性也较低等优点。缺点是醇醚型制动液易吸收空气中的水分，生成沸点较低的共沸物导致高温性能降低；同时，吸收水分后，随着水含量的增加，低温黏度会显著增大从而降低其低温性能。此外，水分的进入还会增加制动液的腐蚀性加快制动系统金属材料的腐蚀。

② 醇醚硼酸酯型制动液。为了提高平衡回流沸点和减少吸湿性，研究发现酯型制动液能够满足上述要求，尤其对多乙二醇醚进行硼酸酯化能显著降低水分对醇醚型制动液沸点的影响。这一类制动液一般分为 DOT4、超级 DOT4（V4）和 DOT5.1 三个级别。

DOT4 型制动液由于配方中引入多乙二醇醚硼酸酯提高了制动液的高温性能和抗湿性，一般平衡回流沸点达到 230℃以上，湿平衡回流沸点达到 155℃以上。

超级 DOT4 型制动液是欧洲国家在 DOT4 基础上研制出的具有更高干、湿平衡回流沸点，更好低温性能和更长使用寿命的高质量制动液。

DOT5.1 级制动液是满足 DOT5 型制动液性能指标的合成硼酸酯型制动液，因为采用了硼酸酯技术，因而与 DOT3、DOT4 制动液具有很好的相容性。DOT5.1 级制动液能够满足各种车辆不同气候下安全使用，目前只有欧，美，日本及俄罗斯等少数国家有 DOT5.1 级制动液的供应市场。

③ 硅油型制动液。包括聚硅氧烷型和硅酯型两种类型。其中的聚硅氧烷型制动液满足美国 DOT5、SAEJ1705 和我国 HZYS5 标准的要求，是目前市场上性能最好的制动液。

硅油制动液具有以下优点：由于硅油吸水性小，吸湿后，其沸点和黏度几乎不变，可防止水分的积聚而腐蚀金属部件；硅油的非导电性也不引起电化学腐蚀；硅油对制动系统的所有金属、非金属材料都有较好的相容性，从而减少了制动系统大修和更新零件的频率，制动系统的设计也有较强的灵活性；硅油无毒、无味、无刺激，不需采用特别防护措施；制动系统运转安全，即使在 250℃高温和−40℃的严寒地区，在干热或潮湿等恶劣环境中，仍能安全运转，提高了车辆的机动能力。

由于聚硅氧烷型制动液和醇醚硼酸酯型制动液不互容，且价格昂贵，目前使用很少，只在某些特种车辆上使用，如军用车辆或极寒地区的车辆。硅酯型制动液虽然能与醇醚硼酸酯型制动液相容，但目前还处于试验应用阶段。

252. 合成型制动液的组成？

汽车制动液是一种多组分液体，虽然其组成随制动液种类不同而存在较大的变化，但基本上都是由基础油或基础液以及各种添加剂组成。

（1）醇醚型及醇醚硼酸酯型制动液

① 基础液。也称润滑剂，是制动液中最重要的成分，制动液的高低温性能，橡胶相容性能，金属防腐蚀性能等多种性能都与润滑剂直接相关。因此一般要求基础液的挥发性要小，长时间使用后失去稀释剂时，也能保证制动其正常工作；要有良好的润滑性，能够保证制动分泵的活塞运动平滑；同时要求润滑剂对橡胶膨胀要小，能与稀释剂互溶等。醇醚型制动液常用的润滑剂有：乙二醇、聚丙二醇、环氧丙烷和环氧乙烷无规共聚物、烷基酚环氧乙烷加成物、环氧乙烷聚合物等。硼酸酯型制动液的润滑剂一般是多乙二醇单烷基醚硼酸酯或多乙二醇硼酸酯，另外含氮的羟基化合物与硼酸合成产物也常用作润滑剂，

如二乙醇胺或三乙醇胺的硼酸酯等。

② 稀释剂。稀释剂的作用是调节基础液高温回流沸点和低温黏度适中，要求其溶剂具有良好的低温性能，且高温性能与所配制的制动液相差不多，同时稀释剂也用来对橡胶相容性指标进行适当调节，以使橡胶零部件具有适当的膨胀性和柔软性。稀释剂通常是相对摩尔质量较小的醇醚，这些物质低温性能好，但橡胶溶胀较大。常用的稀释剂有二甘醇醚、三甘醇醚、四甘醇醚、聚醚和多乙二醇单烷基醚等。从橡胶适应性指标看，最适合做制动液基础液组分的原料是二或三乙二醇单甲醚及其硼酸酯和低分子聚醚。

③ 添加剂。制动液中的添加剂主要用来改善制动液的各项性能指标，以克服制动液润滑剂和稀释剂在性能方面的不足。常用的添加剂种类是：抗氧剂、缓蚀剂、pH 调节剂、稳定剂及消泡剂等，其中抗氧剂、缓蚀剂是最主要的添加剂。

醇醚型制动液中的多乙二醇醚在高温有氧条件下会生成自由基，发生降解反应，最后生成羰基化合物和羧酸。矿油中常用的含硫化合物、磷化物、二硫代锌等抗氧剂对醇醚制动液抗氧化基本上无效，常使用能捕获游离基的抗氧剂，如屏蔽酚、芳胺和硫氮杂蒽型等类型的抗氧剂。

制动液与制动系统中多种金属材料接触，为了保证行车安全，制动液需要有良好抗腐蚀性，所以制动液中需要针对系统中的钢、铝、铜等多种金属材料添加缓蚀剂。常用的缓蚀剂有苯并三氮唑、巯基苯并三氮唑、三乙醇胺、苯甲酸钠、亚硝酸钠、钼酸钠、硼砂等。

（2）硅油型制动液

硅油型制动液通常指的是满足美国 DOT5 和我国 HZY5 标准聚硅氧烷型制动液，此类制动液主要由聚硅氧烷基础油、稀释剂、缓蚀剂和染料等组成。聚硅氧烷的一般结构为，$R_3SiO(R_2SiO)_nSiR_3$，其中 R 为 $C_1 \sim C_8$ 烷基，根据对液体黏度值的不同要求，调节 n 值的大小。典型的聚硅氧烷为聚二甲基硅氧烷（二甲基硅油），化学结构为：$(CH_3)_3SiO[(CH_3)_2SiO]_nSi(CH_3)_3$。常用的稀释剂包括芳香油和高沸点酯；缓蚀剂有壬二酸二辛酯、三丁基磷酸酯、三辛基磷酸酯和三甲基甲酚磷酸酯等。

253. 合成型制动液有哪些优点？

合成型制动液具备很多优点：

① 较高的沸点，不易蒸发而产生气阻。

② 良好的低温流动性，不因低温下黏度增大而使流动性变差，导致制动发硬。

③ 吸水性小，不影响沸点和低温流动性。

④ 良好的化学稳定性，对金属有防腐、防锈作用，不易分解变质而产生沉淀物。

⑤ 对橡胶件的腐蚀和溶胀性小，以保证密封件不会严重变形等。

合成型制动液适用于高速、大功率、重负荷和制动频繁的汽车，在我国各地一年四季均可使用，已成为通用型制动液。

254. 如何选用汽车制动液?

正确选用制动液包括正确选择制动液的种类和质量等级。由于醇型制动液早已被淘汰，故目前主要使用的是合成制动液产品。一般情况下，车辆制造厂家在车辆使用说明书中都明确规定或推荐了该车辆制动系统应该使用的制动液产品质量等级，有的生产厂家还指明了具体的制动液产品品牌和型号。因此，车辆使用和维修人员首先应该按照使用说明书的规定选用相应的制动液产品。

国内将机动车辆制动液分为 HZY3、HZY4、HZY5、HZY6 等级别，其中 HZY3、HZY4、HZY5 分别对应美国联邦机动车安全委员会制定的 DOT3、DOT4、DOT5 级别。一般微型、中低档汽车适宜选取 HZY3（或 DOT3）标准的制动液，而中高档车建议选择 HZY4（或 DOT4）标准的制动液。HZY5（DOT5）则用于对制动液有特殊要求的车辆使用。目前，对于国内的车型来说，HZY3 级制动液使用较为广泛。

255. 使用制动液应注意哪些事项?

① 购买品牌较好的产品，正确选择制动液的等级。一般来说，知名品牌信誉较好，产品质量比较可靠。选择时必须按照车辆使用说明书的要求选择制动液，因为各汽车生产厂家在推荐制动液时都是经过充分论证和大量实车实验的。

② 正确选择制动液牌号。一般来说，按照车辆使用说明书的要求选择制动液产品是最合理可靠的，各汽车生产厂家在推荐制动液时都是经过充分论证和大量实车实验的。说明书在给出了标准用代号品牌外，一般还提供了可供代用的代号品牌。用户应尽可能选用标准代号品牌的产品，缺乏时才考虑选用代

用品。如果推荐的代用品牌也缺乏时,才根据具体要求选择相应等级的代用品。

③ 谨慎购买制动液。目前制动液销售市场比较混乱,质量参差不齐,购买时要谨慎。首先看说明书或标签上的说明,是什么类型,有无质量标准和质量指标,若没有标注这些内容则不能使用,而只标有类型的应慎用;要尽可能购买长期为汽车厂提供配套制动液的生产厂家的产品,确保质量可靠,性能稳定;要尽量到国有大型销售部门购买,以防假冒伪劣产品。此外,在种类选择上,最好考虑选合成制动液,不要购买已淘汰的醇型及矿物油型制动液。

④ 各种制动液(不同牌号、不同型号)不得混用。由于不同种类的制动液所使用的原料、添加剂和生产工艺不同,混合后会出现浑浊或沉淀现象,这不仅会大大降低原制动液的性能,而且沉淀颗粒会堵塞管路造成制动失灵的严重后果。即使是相溶性较好的同一种类的制动液,如果品牌不同,也不能混用。因为相溶性好并不表示混合后的性能不变,每种产品所加入的添加剂不同,且相互之间存在着相对平衡,一旦混入其他物质,该平衡就有被破坏的可能,从而失去或降低应有的作用。因此,换用不同型号制动液时,应将制动系统彻底清洗干净后,再注入新的制动液。

⑤ 定期更换制动液。因制动液本身具有吸湿特性,会吸收大气中的水分,若使用时间过长,会使其水含量过多,水分越多,沸点越低,还可能由于化学变化等原因使其性能指标降低,从而影响行车安全。因此使用中的制动液应定期更换。

⑥ 加强对制动液的保管。制动液都是由有机溶剂制成的,它易挥发、易燃,因此要远离火源,注意防火防潮,尤其注意防止雨淋日晒、吸水变质。

256. 如何从制动液的标识判断其质量?

制动液作为汽车液压系统的工作介质,其质量好坏直接关系到行车安全。不合格的制动液主要表现在:高温抗气阻性指标不合格,使用中挥发性大,极易产生气阻造成刹车失灵;运动黏度指标不合格,低温时黏度过大使刹车迟缓,高温时黏度过低又导致润滑性差,零件磨损严重;与橡胶配伍性差,会使橡胶皮碗收缩变形,造成制动液泄漏使刹车失灵;对金属腐蚀性大,影响制动的可靠性,缩短零件的使用寿命。

在选购制动液时,由于普通用户缺乏基本的检验手段,只能从产品标识和外观上判断其质量。

① 制动液商品标识上应该有生产许可证编号、产品名称、执行标准、规

格型号、批号、厂名、厂址、电话、生产日期和有效期等信息。

② 醇型制动液及 GB 10830—1989 标准的中的 JG0、JG1、JG2 及 GB 10830—1998 标准的 JG3、JG4、JG5 型制动液均为已被淘汰的产品。正确的标明方式是：符合 GB 12981—2012 标准的 HZY3、HZY4、HZY5、HZY6 型制动液或符合 FMVSS NO.116 标准的 DOT3、DOT4、DOT5。此外，凡是只标明某某汽车专用，而未标明具体型号、级别的产品应谨慎使用。

③ 平衡回流沸点是汽车制动液的重要性能指标,国家标准 GB 12981 中规定，制动液外包装上必须标明平衡回流沸点、湿平衡回流沸点，包装桶上没有标明这两项指标或标明平衡回流沸点低于 205℃的产品应谨慎使用。

257. 如何用简易的方法识别劣质制动液？

前面介绍了从标识上识别制动液，但由于造假手段越来越高，有些假冒产品从外包装上看几乎可以以假乱真，所以对于标识符合要求的产品，还应进一步鉴别其产品的质量。以下介绍几种简单易行的识别方法：

① 看外观。合格的制动液外观应为清澈透明、无悬浮物、无尘埃和沉淀物质。

② 闻气味。国家标准对制动液的气味虽无明确规定，但若制动液带有酒精味或无任何气味，则一定为不合格产品，因制动液一般具有特殊气味。

③ 点燃。醇型制动液沸点低，易燃烧，稍点火即燃。

④ 测 pH 值。滴一滴制动液在试纸上，合格的制动液应呈碱性，若呈中性或酸性为不合格品。

⑤ 与橡胶皮碗的配伍性。将橡胶皮碗浸入制动液中 3~5 天，若皮碗外形变化大，发黏且有炭黑析出，则为不合格品。

⑥ 将少量制动液加入到机油中，经搅拌能互溶的是矿物型制动液，不能使用；若出现浑浊或分层，可能是醇型或合成型制动液，可通过气味进一步区分。

258. 不同品牌的制动液能混用吗？

制动液的种类比较多，有醇型、矿物油型及合成型（醇醚型、酯型和硅酮型）。醇型与矿物油型刹车油已被淘汰。不同厂家生产的制动液所使用的添加剂不同，不同的防腐、防锈或抗磨添加剂会发生反应，出现沉淀、分层，或使油变浑浊，影响其使用效果。由于制动液直接关系行车安全，所以在使用制动液时，禁止不同品牌的制动液混用。换用制动液时，要将旧油放干净，最好用少量新油冲洗刹车系统，以免残余旧油影响使用效果。

259. 为什么制动液要定期更换?

制动液本身具有吸湿特性，特别是 DOT3 以下规格的聚乙二醇型，在使用过程中会吸收大气中的水分，随着使用时间的增加其含水量增加，使制动液沸点降低，造成制动系统使用过程中的气阻现象，使制动失灵。另外，还可能由于污染及不同程度的氧化变质或刹车总泵与分泵的金属粉末渗到制动液里，使用一段时间后制动液就会产生油泥等杂质、黏度增大，也会直接影响车辆的制动效果，具体表现为车主感觉刹车过"软"。因此应定期更换制动液，以确保行车安全。

260. 制动液多长时间需要换一次?

在一辆新车运行了 12 个月时，它的制动液可能吸入了大约 2%的水，18个月时，水含量可达到 3%，这些水足以使沸点降低 25%。几年以后，制动液中的含水量将可能达到 7%～8%。

因此，应遵循车辆制造商对制动液更换的建议。如果车辆制造商未提供该指标，最好用检测仪测一下刹车油含水量，含水量过高就必须换掉。如果不检查的话，建议每 2 年或行车 4 万公里更换一次。南方的有些雨区和潮湿地区制动液更换的时间间隔应短一些，干燥地区需要的时间就会长一些。

261. 如何检查制动液?

汽车制动液盛放在主气缸上方的塑料容器内，检查时与发动机的状况无关。正常情况下，制动液的高度要在最低点和最高点之间。通常情况下制动液的数量随刹车片的磨损程度做相应变化。制动液加得太多并无妨碍，不过假如你刚刚更换了新的刹车片就要注意。因为新的刹车片较厚，会使加得过满的制动液溢出，滴到车身油漆或底盘上有很大的腐蚀性。此时可用一个注射器或者吸管将偏多的制动液吸出；如制动液的高度降到最低点以下，在排除制动液泄漏的情况下，说明刹车片已磨损，并意味着该更换刹车片了。一般情况下，即便制动液偏少，并不影响刹车的效果，但如制动液干枯，便会导致刹车踏板下降，刹车失效。假如制动液的减少并非由刹车片磨损所致，而是由泄漏所致，必须立即补充制动液，并及时进行修理。

262. 如何更换制动液？

① 更换制动液前，应将车辆停放在水平路面处，然后检查制动液液面是否达到规定位置，如果制动液量减少，应分析原因，先排除故障再更换新油。

② 打开放油口，将旧制动液放出来，注意旧制动液要用容器接收，切勿流失或飞溅到其他部位，以免引起其他不良现象。

③ 检查制动液状态，可借此分析刹车系统的情况。

④ 尽量将旧制动液放净，如果旧油放出来时比较脏，应用新的制动液将储油罐冲洗 1～2 次，直至冲洗油放出来干净为止（切勿用其他油冲洗）。

⑤ 关上放油口，打开加油口，注入新的制动液至规定位置。

⑥ 启动车辆进行试刹车，然后再停车检查制动液液面，必要时适量补足。

⑦ 制动液易吸收空气中的水分而变质，因此用剩的制动液必须密封保存，无良好手段时可采用简单的蜡烛。

五、汽车自动传动液（自动变速器油）

263. 什么是汽车自动传动液（自动变速器油）？其作用是什么？

在汽车自动变速器的变矩器中所用的液力传动油称为汽车自动传动液，也称自动变速器油（Automatic Transmission Fluid，简称 ATF）。自动传动液是一种多功能、多用途的特殊的高级润滑，当汽车从停止、低速到高速行驶时，ATF 提供动能给传动装置扭矩转换器，增大发动机功率。ATF 用于自动变速器中，能使汽车自动适应行驶时的阻力变化，提高汽车的动力性能，使发动机处于最佳工作状态，确保起步平稳、加速迅速、均匀，乘坐舒适。在自动变速器中，自动变速器油不仅是液力变矩器的传动液，同时还是行星齿轮机构的润滑油和液压控制系统的液压油。ATF 主要具有下列功用：

① 传递动力的作用。液力变矩器通过自动变速器油将发动机的动力传递给变速器。

② 液压的作用。液压控制系统利用自动变速器油传递压力和运动，从而

完成对换挡元件的操控。

③ 冷却的作用。自动变速器油在流动中将变速器的热量带出并传递给冷却系统，以控制自动变速器内部的温度。

④ 润滑的作用。自动变速器油对行星齿轮机构、执行元件以及轴承进行润滑，防止部件磨损。

⑤ 清洁的作用。自动变速器油对自动变速器内部件表面进行清洁。

⑥ 密封的作用。自动变速器油对变速器内的摩擦副进行密封。

264. ATF 的组成是什么?

ATF 是由基础油与多种添加剂调和而成。在主要的几种润滑剂中，例如发动润滑油、液压油、齿轮油和 ATF，ATF 是配方最复杂、调配最困难的一种润滑剂，也是技术含量最高的润滑剂。其各添加剂组分相互作用，对油品性能影响相当复杂，因此，正确选用添加剂并平衡每一种添加剂的效能和对其他性能影响的关系，是调配 ATF 的关键。

① 基础油。基础油的性能主要影响自动传动液的黏度指数、低温流动性、氧化安定性和密封材料适应性。石蜡基基础油黏度指数较高，但低温流动性差，对橡胶有收缩作用；环烷基基础油的橡胶密封指数特别好，但黏度指数低，影响油品的高温性能；加氢精制油及合成基础油除橡胶密封指数外，其他各方面的性能均优于石蜡基和环烷基基础油，但合成油价格较高。液力传动油多采用溶剂精制或加氢精制的基础油。

② 添加剂。对 ATF 的性能要求非常严格，因而仅基础油是远远不够的，还需要加入各种各样的添加剂。常加入的添加剂有黏度指数改进剂、抗氧剂、油性剂、极压剂、抗泡剂、防锈剂、清净分散剂、金属钝化剂和抗橡胶溶胀剂等，其组成的复杂程度超过了一般的润滑油。表 2-27 为 ATF 常用的添加剂种类及化合物名称。

表 2-27　ATF 常用的添加剂

添加剂类型	化合物名称
抗氧剂	二硫磷酸盐，烷基酚，芳香胺
清净分散剂	金属磺酸盐，烯基丁二酸酰胺，烷基硫代磷酸盐
金属钝化剂	二硫代磷酸锌，烷基硫化物，有机氯化物
黏度指数改进剂	聚异丁烯，聚甲基丙烯酸酯，聚正丁基乙烯基醚
抗磨剂	二烷基二硫代磷酸锌，磷酸酯，有机硫氯化合物，胺类

添加剂类型	化合物名称
防锈剂	十二烯基丁二酸盐，咪唑啉盐，金属磺酸盐，胺类
防腐剂	二硫代磷酸锌，高碱性金属磺酸盐
抗泡剂	硅油
抗橡胶溶胀剂	磷酸酯，芳香烃化合物，氯化烃类
油性剂	脂肪酸，酰胺，豚酯，硫化鲸鱼油，磷酸酯

265. ATF 的主要性能要求是什么?

ATF 的性能有别于其他油液，主要具有以下特性：

① 适宜的黏度和较好的黏温性。ATF 油的使用温度为−40～170℃，范围很宽，又因自动变速器的工作对油的黏度很敏感，所以黏度是 ATF 油最重要的性质之一。

ATF 作为动力传动介质，其黏度对变矩器的效率影响极大，一般说来黏度越小，其传动效率越高，但黏度过小又会导致液压系统中油的泄漏增加，特别是变速器在高速工作时，铝制阀体膨胀量大，若采用黏度过小的油品时，会引起换挡不正常；相反，若采用黏度过大的油液，虽然在一定程度上可满足液压控制和润滑的要求，但又会影响液力变矩器的传动效率，同时还会造成低温情况下车辆启动困难。

ATF 的黏度又随温度而变化，因此，为保证自动变速器的正常工作，要求 ATF 油有很高的黏度指数（大于 140），以确保 ATF 在正常工作温度变化范围内，黏度变化较小，表 2-28 即为常用 ATF 的黏度参考值。

表 2-28 常用 ATF 的黏度参考值

黏度参考值		常用 ATF			
		Dexron[R]	Dexron-II[R]	F 型	Mercon[R]
运动黏度/(mm²/s)	40℃	41.43	34.81	32.57	42.03
	100℃	7.51	6.94	6.91	8.02
黏度指数		150	165	180	167

由表 2-28 可知，为兼顾高温和低温工况对黏度的不同要求，常用 ATF 在 100℃时的运动黏度一般在 $7mm^2/s$ 左右，同时，还需综合考虑低温启动性、传动效率以及离合器片的烧损等问题。为改善 ATF 的黏温特性，使其黏度随工作温度的变化不过于明显，通常在基础油中加入一定量的黏度指数改进剂。

② 较高的氧化安定性。ATF 的热氧化安定性是使用中的一个极为重要的性能。ATF 的使用温度高，若其热氧化安定性不好，ATF 会发生强烈的氧化反应而形成油泥、漆膜以及酸性物质等，会影响变速器的性能（如堵塞滤清器，使液压控制系统失灵、离合器和制动器打滑等），甚至造成自动变速器损坏。因此，要求 ATF 具有较高的氧化安定性，需要向油中加入抗氧化剂。

③ 防腐、防锈性能好。零件的腐蚀或锈蚀会造成系统工作失灵，以致损坏。在传动装置和冷却器中安装有铜接头、黄铜轴瓦、黄铜过滤器、止推垫圈等部件均含有大量易锈蚀金属，因此，ATF 必须具有防腐、防锈性能。

④ 良好的抗泡沫性。在正常工作的自动变速器内部，各零部件转动速度非常快，容易使 ATF 形成泡沫。油液中的泡沫使 ATF 的润滑性能变差，影响传动油的正常循环及自动控制系统的准确性。起泡不太严重时，换挡动作可能出现延迟或反复无常；起泡严重时，执行机构中离合器和制动器会出现打滑，伴随大量摩擦热的产生，引起机件磨损增加甚至烧毁。气泡的产生还可导致液力变矩器传递功率下降，并加速油品老化，影响其使用寿命。为避免此类问题的发生，在 ATF 中加入抗泡沫添加剂。

⑤ 好的抗磨性。在自动变速器中使用了很多诸如星形齿轮一类的各种齿轮，为满足齿轮润滑的需要，油要有好的抗磨性能。抗磨性还与离合器的传动问题、自动变速器的寿命及特性有关。要求 ATF 既要良好地润滑各运动部件，摩擦系数又不能太小，否则离合器将难以结合。

⑥ 剪切稳定性。液力变矩器中，传动油受到强大的剪切力，如果油的剪切稳定性差，变矩器中则出现打滑现象，降低变矩器的传递效率，还会出现换挡不平稳、脱挡等故障。因此，ATF 必须具有良好的剪切稳定性。

266. ATF 是如何分类的？主要规格有哪些？

目前，ATF 尚没有统一的国际标准，市面上的 ATF 无论是哪家制造商的产品，基本上都是用通用汽车公司（GM）的 Dexron、Dexron I、Dexron II 型和福特汽车公司的 Mercon 型规格标准来标称的。

国际标准化组织 ISO 6743/A 分类标准把液力传动系统工作介质分为适用于自动传动装置的 HA 油和适用于功率转换器的 HN 油。美国材料试验协会（ASTM）和美国石油学会（API）把液力传动油按使用条件，分为 PTF-1、PTF-2 和 PTF-3 三个类别。由于汽车自动变速器油属于液力传动油，所以该分类方法亦适用于自动变速器油。按使用范围分类方案见表 2-29。

表 2-29　液力传动油（PTE）分类

类别		应用范围	相当规格
PTE-1	低温流动性、启动性和黏温性好，但极压、抗磨性能不及后两类	轿车、轻型货车的自动变速箱（AT）	GM Dexron 系列 Ford Mercon/F 系列 Caterpillar MS-4228/3256
PTE-2	适于重负荷下工作，极压、抗磨性能好	重型车、越野车、工程机械等自动变速箱（AT）	GM Truck、Coach GM Allison C-3、C-4、C-5 Caterpillar TO-3、TO-4
PTE-3	极压、抗磨性能和承载能力比 PTF-2 更高	农业机械及野外建筑机械液力传动油	John Deere J-20B、J-14B、Ford $M_2C_{41}A$、M1C86A

在美国，主要由各大汽车公司或汽车齿轮变速箱和液力传动装置制造厂制定自己的专用汽车自动传动液规格。如美国通用汽车公司的 GM Dexron、福特公司的 Ford Mercon、通用汽车公司阿里森分部的 Allison C 系列和卡特皮勒公司的 Caterpillar TO 系列，其中以通用和福特两汽车公司自动传动液居主导地位。表 2-29 中所列举的三类油中，PTE-1 类油的特点是低温流动性较好，即要求有好的低温启动性，但对极压性能、抗磨性能的要求，即承受高负荷的性能要求不及后两类，适用于轻型轿车自动传动装置，主要规格有 GM 公司的 Dexron Ⅱ D、Ⅱ E、Ⅵ、Ⅳ 及 Ford 公司的 Mercon、New Mercon 规格和福特汽车公司的 F 型自动变速器油。而 FTE-2 类油的主要规格有 GM Allison 公司的 C-3、C-4 和 Caterpillar 公司的 TO-3、TO-4，其用于要求有较高油膜强度的重型货车和各种越野汽车的自动变速器上。

我国现生产的 ATF，按 100℃运动黏度分为 8 号和 6 号两种。8 号 ATF 在分类上相当于表 2-29 中的 FTE-1 类油或通用汽车公司的 Dexron，主要用作载货车动力转向油，也曾作为过去生产的国产轿车的自动传动液，其中加有黏度指数改进剂、摩擦改进剂、抗磨剂、抗氧化剂、降凝剂等，其外观呈红色透明状（也有不加着色剂的国产 8 号 ATF）。国产 6 号 ATF 相当于 FTE-2 类油，它主要用于载货汽车及工程机械等的液力传动系统。

目前世界各国主要使用 GM 公司的 Dexron、Dexron Ⅰ、Dexron Ⅱ 型和 Ford 公司的 E、F 型。

267. 如何选用及正确使用 ATF？

ATF 选用应严格遵循使用规定，不同牌号、不同品种的 ATF 不能混用，同牌号不同生产厂家的也不宜混用。例如，美国通用、福特和克莱斯勒三大汽车公司所有原厂加注的自动变速器油均为石油基产品，而日本和欧洲的汽车公司却使用了部分乃至全合成的自动变速器油，而即便同是石油基产品，通用汽车公司使用的是 Dexron 系列油品，而福特汽车公司却是 F 型和 Mercon 自动变速器油。

选用 ATF 时，首先应采用车辆使用说明书规定或推荐的 ATF；也可按照以下方法选用：日本、欧洲车系，推荐使用 Dexron-Ⅱ/Ⅲ/Ⅳ ATF；福特车型常选 ATF-F，其他美国车系多使用 Dexron-Ⅱ/Ⅲ；国产车则选用 8 号 ATF 或者 Dexron-Ⅱ。

ATF 的型号较多，用户在进行自动变速器换油或维修时，一定要遵循原厂规定或用户手册说明，加注既定牌号的 ATF，既不能错用也不能混用，更不能用其他油品代替。否则，不仅可能造成索赔权利的丧失，还可能引发不必要的麻烦或故障。

268. 为什么 GM Dexron 规格与 Ford Mercon 规格的 ATF 不能混用，也不能相互替代？

GM（美国通用汽车公司）和 Ford（福特汽车公司）分别根据本公司生产车辆所采用的自动传动装置特性，制定了自己的专用 ATF 规格。GM Dexron 规格的 ATF 含有摩擦改进剂，而后者不含，所以随意换用或混用会引发一些不良的后果。

含有摩擦改进剂的 GM Dexron 规格 ATF，动摩擦系数较高而静摩擦系数有所下降，因而原设计考虑使用这种油品的自动变速器，离合器的摩擦片数目要稍多些，制动带尺寸要稍大些。一旦这类自动变速器误用了 F 型 ATF，使用过程中会出现换挡冲击过大问题，同时自动变速器内部某些零件的工作载荷加大，会造成零部件损坏等后果。反之，当原设计使用 F 型油品的自动变速器误用含摩擦改进剂的 Dexron 和 Mercon 油品时，在车辆上坡等需要大扭矩传动的工况下，内部滑动摩擦显著增加，离合器和制动器摩擦材料的磨损加剧，致使使用寿命大幅度下降。

因此，为保证装有自动变速器汽车良好的工作性能和低的使用与维修成本，用户必须在车辆的使用和维修过程中加注车辆原生产厂家规定或推荐的 ATF。否则，可能造成自动变速器性能下降或原本可以避免故障的发生。

269. 手动变速箱油、自动变速箱油、无级变速箱油的区别是什么？三者能混用吗？

① 手动变速箱油（MTF）。手动变速箱油就是平时说的齿轮油，作用只是润滑。目前家用车使用的普遍为 GL-4、GL-5。从油品特点上来说，最直观的就是手动变速箱油比自动变速箱油的黏度要大，更换的周期普遍也比自动变速箱油要短一些，多数家用车在 4 万～6 万公里更换手动变速箱油。

② 自动变速箱油（ATF）。ATF 是专用的，它有两个作用，除了对行星齿轮组润滑、散热外，更重要的是作为传递动力，所以它的黏度不像手动变速箱油那么"稠"。而且它的主要作用是起到液压传动，因此流动性非常好，抗气泡能力也比手动变速箱油的要求更严。

③ 无级变速箱油（CVTF）。CVTF 的本质与 ATF 类似，但它也是专用油，因为 CVT 变速箱是特质的钢链传动的，需要油液的流速、摩擦性能、膨胀系数等参数都有所区别，所以不能用 ATF 代替。相对来说，它比 ATF 还要稀一些，另外还要具有一定的阻尼摩擦力防止传动链条打滑。

三种主流变速箱的润滑油，相互之间绝对不能替换和混用！油品相似的 ATF 和 CVTF 同样不能相互替代，如果真的替换使用了，虽然短时间没什么影响，但是时间长了对于机械的磨损来说有不可恢复的影响。

270. ATF 可四季通用吗？

ATF 是一种长寿命油，换油期一般为 1～2 年，与发动机润滑油及齿轮油不同，它没有黏度级别，选择时不需要考虑气温。因为 ATF 的性能规格中就已经规定 ATF 为通用油，有严格的低温要求，可四季通用，一般它的适用温度范围为-30～50℃。因此，选用 ATF 时只需根据车辆类型及性能选用合适的规格即可。

271. 为什么要严格控制 ATF 的加注量？

ATF 量的多少，对其使用性能和使用寿命均有较大影响。因此，加入 ATF 量必须符合标准。若油面低于标准，机油泵会吸入空气，导致空气混入工作液，降低油压，造成各控制阀和执行元件动作失准，操纵失灵，离合器片、制动器会早期磨损，加速 ATF 的氧化变质；当油面过低时，由于运动件得不到充分可靠的润滑，就有可能因过热而引发运动件卡滞及产生噪声；当油面过高时，会由于机械搅拌而产生大量泡沫，这些泡沫进入液压控制系统，会引发与油面过低同样的问题；如果控制阀体浸没于 ATF 中，则液压管路中的制动器、离合器的泄油口会被自动变速器油阻塞，施加于离合器、制动器的油压不能完全释放或释放速度太慢，使离合器、制动器动作迟缓。在坡路行驶时，由于过多的油在油底壳中晃动，可能从加油管往外窜油，容易引起发动机罩下起火。

272. 如何检查 ATF 的油量？如何添加 ATF？

不同生产厂家生产的 ATF，油量的检查条件也不同，油尺的刻度标准也不完全相同。检查时一般要求：变速器处于热态（油温 50～80℃），汽车停放在水平路面上，发动机怠速运转。将自动变速器的选挡杆在各挡位轮换停留短暂时间，使油液充满变矩器和油缸，然后将发动机熄火，选挡杆放在 P 挡位或 N 挡位。此时抽出油尺，用干净的抹布擦净后重新插入，再拔出油尺检查，油面应达到油尺上规定的上限刻度附近为准。需要注意的是：油尺上的冷范围（COOL）用于常温下检测，只能作为参考，而热范围（HOT）才是标准的。如果超出允许范围，则需添加或排出部分油液。

ATF 的正确加油方法是：

① 换用自动传动液之前，应将汽车停放在水平路面上，并拉紧手制动，选挡杆放在 P 位上。

② 放 ATF 前，应将变速器预热至工作温度（或行车后停车时换油）以便降低油的黏度，确保油内杂质和沉淀物随油一起排出。

③ 打开放油口将油放出，注意检查 ATF 的状态，以便分析自动变速器的情况。

④ 放完油后，应视情况拆下油盘，彻底清洗油盘和过滤器滤网，然后分别安装好。

⑤ 加油时，注意要关闭放油口，从加油口注入选定的 ATF，使油面达到规定标准。

⑥ 起动发动机，在发动机怠速运转情况下，移动选挡杆经所有挡位后回到 P 位，这样可使变速器迅速热起来。

⑦ 变速器充分热起后（油温 50～80℃）时，再检查油量，必要时再适量补加。

⑧ 用剩的 ATF 要密封保存，如无良好的密封手段，可在罐口盖子侧涂蜡密封。

⑨ 自动变速器内较脏时，可用热的低黏机械油冲洗，直至无污物为止，然后再加入新的 ATF 液，切勿用柴油、汽油、煤油等清洗。

273. 如何判断 ATF 是否变质？

正常的 ATF 颜色应清澈略带红色，但由于其工作在自动变速器内的工作温度很高（可达 170℃），工作条件很苛刻。使得 ATF 因高温氧化等原因，其质量随工作时间的增加逐渐下降，油的颜色由红色逐渐变为暗红或褐色，并逐渐丧失其功能，使变速器内机件磨损增加，离合器和制动器出现打滑现象，缩短使用寿命。因此，必须加强对油液质量的检查。油质的检查，可用检测仪器进行检查。如无检测设备时，可通过检查油质、颜色、气味和杂质等手段确认 ATF 是否过热变质。具体方法如下：在发动机怠速运转状态下，选挡杆放在 P 位，抽出油尺观察尺上的油，ATF 油一般染成红色，油质清澈纯净，如颜色变黑、气味大、有烧焦味且含有杂质而浑浊，或用手捻时感觉有杂质，说明油已变质，应更换。

274. 如何确定 ATF 的换油周期？

对于自动挡车来说，变速器构造比较复杂，也比较精密。要想长期行驶自如，保持良好状态，保养很关键，主要涉及 ATF 液和油滤器，车主必须按照汽车厂家定期换油保养。

ATF 液使用一定周期里程或时间后，各项理化指标均会发生变化，当其不再能够满足使用要求时，就必须及时更换。否则会有如下后果：

① 脏油中的油泥积炭会形成颗粒，从而加大各摩擦片及各部件的磨损，降低各部件的寿命，严重的还会堵塞滤网。

② 脏油中的油泥积炭会使各阀体油管中的油流动不畅，影响动力传递，从而使自动变速器提速慢或失速，严重了就会使某个挡位无油压致使烧片。

③ 脏油还会使各缸之间的密封胶圈过早老化，使各缸卸油油压受影响，也会造成提速慢、失速等故障，严重者使各摩擦片打滑、烧片。据美国变速器协会（ATSG）统计，在美国每年有 1300 万个自动变速器出故障，90%以上是由于换油不及时造成的。

一般情况下，汽车制造厂家均为自己生产的汽车制定了相应的换油周期。不同的汽车制造厂商，指定的换油周期不尽相同，不同用途的汽车换油期限也不同。汽车制造厂家换油期限都有两个指标，即里程数和时间，以先到为准。

对换油周期，虽然汽车厂家已经规定了时间和里程间隔，但长期在苛刻的条件下使用的车辆，行驶 2 万公里或 12 个月，应根据检查情况及时更换 ATF 液或油滤器。

275. 如何根据 ATF 的质量变化初步判断变速器的工况是否正常？

自动变速器的工况是否正常，与 ATF 质量的好坏有很大的关系。经验表明，可以通过 ATF 颜色的变化，来初步判断自动变速器的工况是否正常。

① 颜色清淡且含有气泡。造成这种情况有两种原因：一是密封不严，空气与油液相混合而产生气泡；二是油平面太高，油被齿轮搅动而产生气泡。

② 呈极深的暗红色或褐色。这种情况一般是因为长期拖挡或汽车本身负荷较重，变速器经常超负荷工作而导致 ATF 长期出现过热现象而造成的。这种情况还会造成制动带或离合器总成的损坏。另外，ATF 使用过久而不进行更换，变质后亦呈极深的暗红色或褐色。

③ 油标尺上有油膏状的东西。这种现象是行驶时变速器长期过热（温度过高）的标志。变速器油长期过热，会加速其变质过程，使油液产生沉淀、积炭而形成油膏。油膏会堵塞细小通孔，影响 ATF 的循环，使油进一步过热。如不及时清除，将会导致变速器损坏。

④ 油标尺上含有固体残渣。一般为制动带或离合器总成有故障或损坏，使油液中出现残渣。

油液变质后，应针对具体原因予以排除。因变速器过热引起的变质，应先检查油平面的高低是否合适，可适当地放出旧油加注新的 ATF。如效果不好，则应检查各管路是否堵塞，如有堵塞，必须清洗重装。若仍难以奏效，就需要全面检修变速器。对于因油平面太高或密封不严而引起的泡沫，则应恢复正常平面或找到密封不严的部位进行检修。当油液中有固定残渣时，应根据情况而定：若变速器使用正常，可继续使用；若残渣很多，变速器出现打滑现象时，则应进行故障检修。

六、车辆润滑脂

276. 什么是润滑脂？汽车哪些部位使用润滑脂？

润滑脂实际上是一种稠化了的基础油，它是将稠化剂分散于液体润滑剂中形成的一种稳定的固体或半固体产品，与"黄油"相似，所以俗称"黄油"或"黄干油"等。与润滑油相比，润滑脂具有在金属表面黏附能力强，不易流失，密封性能好，防护作用强，润滑周期长，使用温度范围宽，对污染环境适应能力强等优点。所以车辆上不宜使用液体润滑剂的部位，如轮毂轴承、各拉杆球节、发动机、水泵、离合器轴承和传动轴花键等，均使用润滑脂。

（1）底盘的润滑

汽车底盘主要起支承作用，由传动系统，行驶系统、转向系统和制动系统四部分组成。汽车底盘使用的轴承有推力球轴承、推力滚针轴承、角接触球轴承、深沟球轴承和圆锥滚子轴承等，使用的润滑脂有复合锂基润滑脂、锂基润滑脂和复合铝基润滑脂等。

（2）轮毂轴承的润滑

汽车轮毂轴承的主要作用是承重和为轮毂转动提供精确引导，它既承受轴向载荷又承受径向载荷。汽车轮毂轴承主要有角接触球轴承、深沟球轴承和圆锥滚子轴承，使用润滑脂有复合锂基润滑脂、锂基润滑脂和复合铝基润滑脂等。

（3）等速万向节（CVJ）的润滑

近几年来，轿车正朝着低油耗和小型轻量化方向发展，前轮驱动车（FF）和四轮驱动车（4WD）急剧增加，等速万向节（CVJ）已成为前轮驱动车和四轮驱动车必不可少的重要部件之一，轮毂轴承正向小型化与等速万向节组合型方向发展，要求能在-40℃低温下使用，高温可达 200℃。汽车等速万向节使用的是深沟球轴承和圆锥滚子轴承，使用的润滑脂有聚脲基润滑脂、二硫化钼极压锂基润滑脂和极压复合锂基润滑脂等。

277. 润滑脂的组成及其作用是什么？

润滑脂的基本组成是基础油、稠化剂和添加剂、填料等。一般润滑脂中，约含基础油75%～95%，稠化剂10%～20%，添加剂仅占百分之几。基础油与稠化剂一起共同决定润滑脂的主要性质：分解温度，对有侵蚀性的液体与气体的抗耐能力，抗辐射安定性，防腐蚀性能，氧化安定性，分油性，结构稳定性，耐负荷能力，抗磨损性能，黏温特性，对于变化范围较宽的不同温度下不同类型轴承的适应性，黏附性能，用于轴承时的噪音特性、使用寿命以及原料成本等。

（1）基础油

基础油是润滑脂中的重要组成部分，矿物油与合成油皆可以用作润滑脂的基础油。所采用基础油的类型决定其结构稳定性、黏温特性、稠化能力、生产工艺，并部分决定其原料成本。为了满足润滑脂的多种用途，同时出于经济上的考虑，应采用不同质量的润滑油料作为基础油。一般选用矿物油作基础油，在有特殊要求的条件下，也可选用合成油作基础油。

① 矿物油。作为润滑脂的基础油用得最多、最普遍、最经济的是矿物油，例如仪表油、透平油、机械油和气缸油等。制备润滑脂时，选择矿物油主要是根据润滑条件：一般用于低温、轻负荷、高转速轴承的润滑脂以仪表油、8 号航空润滑油和变压器油作为基础油较为适宜；用于中速、中负荷和温度不太高的润滑脂，选用内燃机油和机械油等作基础油较为适宜；用于高负荷、较高温度和低速的润滑脂，采用气缸油作基础油较为适宜。

基础油最好采用低黏度指数或中等黏度指数的润滑油料，因为低黏度指数的润滑油料需要的稠化剂比运动黏度相同的高黏度指数润滑油通常要少一些；低黏度润滑油制成的脂低温性能好，易于运输，屈服压力低；矿物油的黏度指数大，所制得的润滑脂的稠度就大，胶体安定性增加。矿物油的族组成对脂肪酸金属皂在其中的稠化能力有一定的影响。例如含环烷烃较多的矿物油，脂肪酸金属皂在其中的稠化能力比含石蜡烃较多的油要强。但是，含石蜡烃较多的矿物油对添加剂，特别是氧化抑制剂要比含环烷烃较多的油敏感得多。

② 合成油。与矿物油相比，合成油的价格要贵得多。因此只有在某些性能要求方面矿物油无法满足时，才采用合成油作为原料。用来制脂的合成油主要有：酯类油、合成烃、硅油、氟油等，这些合成油有不同的黏度牌号，具有优异的黏温性能与低温特性。

（2）稠化剂

稠化剂是润滑脂的重要组成部分，它被相对均匀地分散在基础油中，形成如海绵或蜂窝状的结构骨架，将基础油包起来，使其失去流动性而成为一种膏状物质。稠化剂对润滑脂的性质影响很大，稠化剂的性质和含量决定了润滑脂的黏稠程度以及耐水和耐热等使用性能。稠化剂的含量越高，稠化能力越强，润滑脂越稠；稠化剂耐热性和耐水性越好，润滑脂就越能耐高温和耐水。

稠化剂可分为皂基和非皂基两大类：

① 皂基稠化剂是由动植物脂肪（或脂肪酸）与碱金属或碱土金属的氢氧化物（如氢氧化钠、氢氧化钙、氢氧化锂等）进行皂化反应而制得。由这些皂基稠化剂制成的润滑脂分别称为钠基脂、钙基脂和锂基润滑脂等。

② 非皂基稠化剂中的烃基稠化剂主要是石蜡和微晶蜡，本身熔点很低，稠化得到的烃基润滑脂多用作防护性润滑脂；有机稠化剂有酞青铜颜料、有机

脲、有机氟等，这类稠化剂一般具有较高的耐热性和抗化学稳定性，多用于制备合成润滑脂；无机稠化剂中用的最多的是活化膨润土，具有耐热性好及价格较低的优点，是一种良好的耐热润滑脂稠化剂。

（3）添加剂

润滑脂的添加剂分为两大类：一类是物理性能改善剂，如结构改进剂；另一类是化学性能改善剂，如抗磨剂、防锈剂等。在润滑脂中添加剂的加入量一般要大于润滑油中的加入量。表 2-30 为润滑脂中添加剂的分类及常用添加剂的名称、代号。

表 2-30　润滑脂添加剂的分类及常用添加剂的名称、代号

添加剂类型	化合物名称
抗氧剂	胺类：苯基-α-萘胺，苯基-β-萘胺，二苯胺 酚类：2,6-二叔丁基对甲酚(501 抗氧防胶剂) 磺酸盐：石油磺酸钠(T-702)，石油磺酸钡(T-701) 石油磺酸钙(T-102) 硫氮杂蒽，二芳基硒
防锈剂	环烷酸锌(T-704)，二壬基萘磺酸钡(T-705，对钢) 苯并三氮唑(T-703，对有色金属)，亚硝酸钠，癸二酸钠，氧化石蜡钡皂
结构改进剂	聚乙烯基正丁基醚(T-601)，聚甲基丙烯酸酯(T-602) 聚异丁烯(T-603)
极压剂	氯化石蜡(T-301)，二苄二硫化物(T-322) 二烷基二硫代磷酸锌(T-202) 二丁基二硫代氨基甲酸钼(T-35)
抗磨剂	环烷酸铅(T-341)，硫化鲸鱼油(T-401)
胶溶剂	甘油，水

278. 什么是结构改进剂？它对润滑脂的性能有何影响？

结构改进剂又称稳定剂或胶溶剂，它的作用是改善润滑脂的胶体结构，从而达到改善润滑脂的某些性能的目的。

结构改进剂是一种极压性较强但分子比较小的化合物，如有机酸、甘油、醇、胺等，水也是一种结构改进剂。结构改进剂的作用机理是：由于它含有极性基团，能吸附在皂分子极性端间，使皂纤维中的皂分子排列距离相应增大，基础油膨化到皂纤维内的量也随之增大。此外，皂纤维内外表面增大，皂油间的吸附也就增大。因此，在结构改进剂存在时，可使皂和基础油形成较稳定的胶体结构。

结构改进剂的类型随稠化剂和基础油而不同，如甘油是一些皂基润滑脂的

结构改进剂；锂基润滑脂中常加微量的环烷酸皂；钙基润滑脂中加少量水或醋酸钙；钡基润滑脂中加醋酸钡；膨润土润滑脂中加微量水；铝基润滑脂中加油酸等等。

结构改进剂的用量过多或过少都对润滑脂的质量有不利影响。例如，结构改善剂过少，皂的聚结程度较大，膨化和吸附的油量较少，皂-油体系不安定；反之，结构改善剂过多，由于极性的影响，也会造成胶体结构的破坏，润滑脂的稠度也降低。所以，结构改善剂的用量要适当，一般结构改善剂的用量是由实验来确定的。

279. 汽车润滑脂的主要性能指标

润滑脂使用范围很广，工作条件差别很大，不同机械设备对润滑脂性能要求不同，根据使用部位的工作条件，对其性能的基本要求有：稠度、高低温性能、抗磨性、抗水性、防锈性、防腐性和安定性等。

（1）适当的稠度

稠度是指润滑脂的浓稠程度。适当的稠度可使润滑脂容易加注并保持在摩擦面上，以保持持久的润滑作用。稠度不同，适用的转速、负荷和环境温度等工作条件也有所不同，所以稠度是润滑脂的一个很重要的指标。润滑脂的稠度用锥入度表示。锥入度愈小、润滑脂愈硬，愈不易进入和充满摩擦面，同时脂的内摩擦阻力大，因而不能适用于高速运转部件的润滑要求。但为了保证有足够的黏附力等，对高速的部件也不宜用太软的脂，稠度应适中。

（2）良好的高温性能

温度对润滑脂的流动性有很大影响。温度上升，润滑脂变软，熔融时会从摩擦表面流失而失去润滑作用。润滑脂失效过程的快慢也与其使用温度有关，耐热性好的润滑脂可以在较高的使用温度下不熔融流失，并且变质失效过程较为缓慢。汽车润滑脂的高温性能可用滴点、蒸发损失和漏失量等指标评定。滴点越高，耐热性就越好。蒸发损失是影响润滑脂使用寿命的一项重要因素，对于在高温、温差大等条件下使用的润滑脂尤为重要。为更好地评定汽车用润滑脂的耐热性，还要按规定测汽车轮毂轴承润滑脂的漏失量，漏失量大，说明润滑脂的耐热性差。

（3）良好的低温性能

汽车起步时，润滑脂的温度几乎和环境温度一样，在寒冷地区，要求汽车润滑脂在低温下仍保持良好的润滑性能。润滑脂的低温黏度用相似黏度表示。

它是在一定温度和一定剪切速率下测得的黏度。相似黏度影响启动阻力和功率损失，以及润滑脂进入摩擦面间隙的难易程度，所以它是评定润滑脂低温性能的重要依据。

（4）抗磨性

稠化剂本身就是油性剂，因此润滑脂的抗磨性一般要比基础油好。为了使润滑脂在苛刻的高负荷条件下具有更好的润滑性能，可在润滑脂中加入二硫化钼等减磨剂和极压剂，这种润滑脂叫极压型润滑脂。

（5）良好的抗水性

抗水性是指润滑脂在水中不溶解，不从周围介质中吸收水分，不被水洗掉等的能力。抗水性差的润滑脂，遇水后稠度下降，甚至乳化流失。汽车在雨天和涉水行驶时，底盘各摩擦点可能与水接触，要求使用抗水性良好的润滑脂。

（6）良好的胶体安定性

胶体安定性是指润滑脂抵抗温度和压力的影响而保持其胶体结构的能力，也就是润滑油与稠化剂结合的稳定性，用分油量评定。由于润滑脂是一个胶体分散体系，其胶体结构的稳定性常受温度和压力的影响而不同程度的遭受破坏，使固定在纤维空间骨架中的基础油分离出来，严重的会使润滑脂变质。

（7）良好的氧化安定性

氧化安定性差，则易于氧化生成有机酸，腐蚀金属，润滑脂变软，使用寿命缩短。

（8）良好的机械安定性

机械安定性表示润滑脂在机械工作条件下抵抗稠度变化的能力，润滑脂在使用过程中因受机械运转剪切作用，稠化剂的纤维结构不同程度被破坏，使稠度下降。机械安定性差的润滑脂，使用中易变稀甚至流失，影响寿命。

（9）良好的防腐性

润滑脂本身如果含有过量的游离酸、游离碱或活性硫化物，或者在贮运、使用过程中因氧化而产生的有机酸都可能腐蚀金属。润滑脂规格中标出的游离酸、碱是指润滑脂制造中未经皂化的过剩有机酸或游离碱含量，它除预示其腐蚀性外，还能据此判断矿物油氧化或皂分解的程度。

280. 润滑脂的主要质量指标有哪些？其在使用上有什么意义？

（1）外观

润滑脂的外观是通过目测和感观来检查质量的。外观包括颜色、光泽、透明度、纤维结构、稠度、杂质、析油情况、均匀性等。一般是在玻璃板上涂抹1～2mm脂层对光检查。

通过外观可以概括地推测润滑脂的质量情况，如均匀性、软硬度、有无皂块、有无机械杂质等；初步鉴定润滑指的品种，如钙基、锂基润滑脂是细纤维膏状，钠基润滑脂是长纤维结构；可以了解润滑脂的黏附性和防护性；还可以了解润滑脂机械安定性，即通过用手指捻压，是否容易变稀。

（2）滴点

滴点是指润滑脂受热溶化开始滴落的最低温度，是润滑脂的重要指标之一。

滴点可以确定润滑脂使用时允许的最高温度，一般来讲，润滑脂应在低于滴点 20～30℃的温度下工作。根据测定的滴点再配合外观指标鉴别，大致可以判断润滑脂的品种，如钙基润滑脂的滴点大约为 70～100℃；钠基润滑脂的滴点大约为 130～160℃；滴点高于 200℃的大多为合成润滑脂。

（3）锥入度

锥入度是指润滑脂的稠度或软硬度的指标。其测定方法是将润滑脂保持在一定温度，以规定重量的标准圆锥体在 5s 内沉入润滑脂的深度来表示，单位为 1/10mm。

（4）水分

水分是指润滑脂含水的质量分数。

水分在润滑脂中存在两种形式：一种是结构水，形成水合物结晶，这种水是润滑脂的稳定剂，是不可缺少的成分；若使用温度过高，会失去这种水分，破坏脂的结构，引起油皂分离，失去润滑作用。另一种是游离水，被吸附或夹杂在润滑脂中，对润滑脂是有害的，会降低润滑脂的润滑性、机械安定性和化学安定性。如果游离水过多，会对机件产生腐蚀作用。

（5）机械杂质

润滑脂中所含的不溶于乙醇-苯混合溶剂及热蒸馏水的物质，称为机械杂质。这些物质主要是无机盐、矿物质及从外界落入的尘土、砂粒等物质。

机械杂质对润滑脂的使用极为重要。因为这些硬性杂质极易引起机件的磨损，要除去润滑脂中的杂质一般都很困难，它不像液体油只要经过沉淀、过滤就可以除尽杂质。为此，在贮存、运输和使用过程中，应严格注意外入杂质侵入润滑脂内。润滑脂中机械杂质超过一定量时，润滑脂应立即报废。

（6）游离有机酸和游离碱

游离酸和游离碱是指润滑脂在生产过程中未经充分皂化后的有机酸和过剩的碱量。游离碱含量用 NaOH 的质量分数来表示。游离酸用酸值表示，即中和 1g 润滑脂内的游离酸所消耗的 KOH 的毫克数。

极少量的游离碱对润滑脂的质量影响不大，允许甚至必须含有少量的游离碱。润滑脂在长期贮存中，因受氧化作用，某些烃类物质变质后成为有机酸，这会使游离碱含量减少、中和。所以一定量的游离碱存在是必要的，能抑制润滑脂的氧化变质。但润滑脂中含有游离碱量过大时，润滑脂的胶体安定性和机械安全性都会受到影响，会产生分层、析油、损失润滑性能。润滑脂不允许有游离酸的存在，特别是低分子有机酸，会对金属产生腐蚀作用。润滑脂呈酸性时，会使脂骨架失效，脂发软变稀。

281. 润滑脂常用评价指标是什么？

润滑脂的主要指标是稠度或工作锥入度，常用的质量特征和评价指标如下：

① 物理状态：外观、滴点、稠度。

② 化学成分：含皂量、含油量、含水量、灰分、机械杂质、挥发量、含酸或碱量。

③ 流动性及力学性能：强度极限、黏温特性、触变安定性、机械安定性、转矩、抗压性、抗磨损性。

④ 防护性质：滑落温度、油膜保持能力、防锈性、抗水性。

⑤ 化学安定性：防腐蚀性、氧化安定性。

⑥ 胶体安定性：分油量。

282. 车辆润滑脂分类标准有哪些？

为满足汽车用润滑脂的需要，美国材料试验协会（ASTM）、美国润滑脂协会（NLGI）、美国汽车工程师学会（SAE）和一些汽车生产商分别制定了一系列汽车润滑脂技术规范和技术标准。其中最具有权威性的汽车润滑脂技术规范和标准是由 ASTM、NLGI 和 SAE 联合制定的汽车底盘和轮毂轴承的润滑脂规范 ASTM D4950《汽车用润滑脂技术规范》和由 NLGI 制定的 NLGI GC-LB《汽车润滑脂技术标准》。

《ASTM D4950 汽车用润滑脂技术规范》把汽车用润滑脂分为两类，底盘润滑剂（字母 L 前缀）和轮毂轴承润滑剂（字母 G 前缀）。根据性能把底盘润滑剂分为 LA、LB 两个等级，把轮毂轴承（WB）润滑脂分为 GA、GB、GC

三个等级。表 2-31 列出了 ASTM D4950 汽车用润滑脂规范适用范围。

表 2-31　ASTM D4950—2014 标准 L 分类和 G 分类润滑脂适用范围

类别		性能及应用	使用温度/℃
汽车底盘	LA	轻、中负荷，用于轿车、卡车底盘组件及联轴节等经常润滑的部件	−40～60
	LB	中、高负荷，用于轿车、卡车底盘组件及联轴节等重负荷、严重颤动、与水或污染物接触的部件	−40～120
轮毂轴承	GA	轻负荷，用于轿车、卡车轮毂轴承	−20～70
	GB	中负荷，用于在城市内、高速或非高速公路上行驶的卡车、轿车或其他轮式运输工具的轮毂轴承	−40～120
	GC	中、重负荷。用于开停频繁、安装盘式刹车装置车辆的车轮轴承	−40～160

　　ASTM D4950 从颁布之日就说明其适用于轿车、轻载货车和客车的底盘和轮毂轴承（其规格和指标的制定围绕这些车辆确定试验范围和进行试验），是一个润滑脂周期性再润滑使用，即养护润滑脂规格。

　　此后颁布的 NLGI GC-LB《汽车润滑脂技术标准》进一步加强了汽车轮毂轴承寿命、抗微动磨损性能、橡胶相容性、加速条件下轮毂轴承漏失量等几项试验，对汽车工况有很强的针对性。保证了符合 GC-LB 标准的润滑脂可充分满足汽车轮毂和底盘的使用条件，并具有优良的综合性能和使用性能。ASTM D 4950《汽车用润滑脂技术规范》规定，LA、GA 和 GB 类润滑脂不能使用 NLGI 汽车润滑脂标志，而 LB、GC 和 GC-LB 三类润滑脂因技术要求严格，可以使用 NLGI 汽车润滑脂标志。

　　GA 级润滑脂要具体要求；GC 级在 GB 级润滑脂基础上对耐热性、长寿命、胶体安定性和极压性能又提出了更高要求。而 GC-LB 两者结合代表多用途类别产品，即多效润滑脂，兼具底盘和轮毂轴承用脂的功能。该类润滑脂符合所有轻载汽车底盘和轮毂轴承润滑脂的技术要求，可作为汽车通用润滑脂使用。符合 NLGI GC-LB 技术标准要求的汽车润滑脂是欧美市场汽车用润滑脂的主要产品。

283. 我国车用润滑脂是如何分类的？

　　目前，我国车用润滑脂执行 GB/T 36990—2018 分类标准，详细分类情况见表 2-32。

表 2-32 GB/T 36990—2018 车用润滑脂详细分类

品种代号		用途描述	性能描述
用于底盘的润滑脂	LA	适用于在轻负荷以下工作的(乘用车、商用车等)车辆的万向联轴节和底盘零部件等。车辆使用中存在润滑周期短(乘用车的润滑周期小于 3.2 公里)的非关键部件应考虑为轻负荷	这类润滑脂具有抗氧化性和机械安定性,防腐蚀性和抗磨损性,橡胶相容性等;没有特殊温度要求;通常推荐稠度为 2 号的润滑脂,也可使用其他稠度等级的润滑脂
	LB	适用于中、重负荷条件下乘用车、商用车和其他车辆的底盘和万向联轴节。车辆遇到润滑周期延长(乘用车的润滑周期大于 3.2 公里)、高负荷、严重的振动,暴露于水或其他污染等条件,应考虑为重负荷	这类润滑脂具有抗氧化性和机械安定性;在遇到水等杂质污染、重负荷等情况下,可以防止包括万向联轴节等底盘零件的腐蚀和磨损;而且橡胶相容性良好;使用温度范围为-40~120℃;通常推荐使用稠度为 2 号的润滑脂,也可使用其他稠度等级的润滑脂
用于轮毂轴承的润滑脂	GA	适用于工作在轻负荷下的乘用车、商用车和其他车辆的轮毂轴承。车辆使用中润滑周期短的非关键应用可考虑为轻负荷	这类润滑脂具有良好的橡胶相容性;除此之外,没有特定的性能要求;使用温度范围为-20~70℃
	GB	适用于工作在轻到中等负荷下的乘用车、商用车和其他车辆的轮毂轴承。通常运行在城市、高速公路和非道路的大多数车辆应考虑为中等负荷	这类润滑脂具有抗氧化性、低挥发性、机械安定性等性能,可以防止轴承的腐蚀和磨损,而且橡胶相容性良好;使用温度范围为-40~120℃;通常推荐稠度为 2 号的润滑脂,也可使用稠度为 2 号或 3 号的润滑脂
	GC	适用于中、重负荷条件下乘用车、商用车和其他车辆的轮毂轴承。轴承温度较高应考虑为重负荷。这类车辆使用状况为: 频繁启动-停止(如公交车,出租车、城市警车等),或者强力制动(如拖车、重载车辆、山区行驶等)	这类润滑脂具有防止氧化、蒸发和稠度变稀的性能,可以避免轴承的腐蚀和磨损,而且橡胶相容性良好;使用温度范围为-40~160℃,偶尔会达到 200℃;通常推荐稠度为 2 号的润滑脂,也可使用稠度为 1 号或 3 号的润滑脂
底盘轮毂轴承通用润滑脂	GC-LB	适用于中到重负荷条件下工作的公交车、出租车、城市警车,拖车、重载车辆、山区行驶等乘用车、卡车和其他车辆	这类润滑脂的性能同时达到 LB 类底盘润滑脂和 GC 类轮毂轴承润滑脂的性能
用于汽车辅件的润滑脂	PR	适用于旋转的轴承,如:交流发电机轴承、离合器分离轴承、冷气装置用电磁离合器轴承、水泵轴承、发动机皮带张紧轮轴承	这类润滑脂具有长寿命、抗磨性、防锈性、低噪声、满足加速度很高的变速运转等;使用温度范围为-40~180℃;转速最高可达18000r/min;通常推荐稠度为 2 号的润滑脂,也可使用其他稠度等级的润滑脂
	PO	适用于往复运动或摆动的零部件,如:软轴、牵引鞍座、刹车装置	这类润滑脂具有良好的润滑防锈性、(特别是模拟摆动条件下的)抗磨性、耐温性、抗水性能、塑料相容性等性能;使用温度范围为-40~80℃,在特殊情况下最高使用温度可达到200℃;可视情况选择适当稠度的润滑脂
	PE	适用于电器开关等	根据具体应用,这类润滑脂具有电气性能、良好的润滑防锈性、抗磨性等;通常推荐稠度为 3 号或 2 号的润滑脂

284. 我国车用润滑脂标准有哪些?

我国对于锂基脂在汽车上的应用,制定了相应的国家标准,如汽车通用锂基润滑脂（GB/T 5671—2014）和汽车与火炮轴承润滑脂（GJB 1730—1993）规范。另外 2 项锂基脂规范：极压锂基润滑脂（GB/T 7323—2019）、通用锂基润滑脂（GB/T 7324—2010）也可用于汽车轴承润滑。

以上 4 个标准基本满足了我国汽车用润滑脂的需求，但随着汽车技术的进步，市场高档汽车用润滑脂多满足 NLGI GC-LB 技术规格以上产品。而我国汽车用润滑脂标准仍存在一定差距，表 2-33 列出了国内外汽车轮毂轴承润滑脂和底盘润滑脂标准的比较。与 ASTM D5490 的 L 类汽车底盘润滑脂标准比较，我国锂基润滑脂标准均缺少橡胶相容性指标，极压锂基润滑脂和通用锂基润滑脂标准缺少极压抗磨性指标；与 ASTM D4590 的 G 类汽车轮毂轴承润滑脂标准比较，除上述差距外，还不能满足 GC 规定的滴点要求。

表2-33 国内外汽车轮毂轴承润滑脂和底盘润滑脂的比较

美国 L 类底盘润滑脂	LA	LB		
中国相应润滑脂	钙基脂	汽车通用锂基脂	极压锂基脂	通用锂基脂
指标差距	缺抗磨性和橡胶相容性指标	缺极压抗磨性和橡胶相容性指标	缺橡胶相容性指标	缺极压抗磨性和橡胶相容性指标
美国 G 类汽车轮毂脂	GA	GB		GC
中国相应润滑脂	钙基脂	汽车通用锂基脂，通用锂基脂	极压锂基脂	汽车通用锂基脂 极压锂基脂
指标差距	缺极压抗磨性和橡胶相容性指标	缺寿命试验和橡胶相容性指标	缺低温和橡胶相容性指标	缺寿命试验和橡胶相容性指标且滴点不能满足 GC 要求

285. 润滑脂的牌号是怎样划分的？

通常使用美国润滑脂学会的分类标准，将润滑脂按锥入度（也称针入度）分为 000 号、00 号、0 号、1 号、2 号、3 号、4 号、5 号、6 号等九个级别（见表 2-34），以表示润滑脂的软硬程度。级别越靠后，表示润滑脂越硬。

表2-34 美国润滑脂学会分类

NLGI 级数	工作锥入度（25℃）/0.1mm	外观及用途
000	445~475	很软，类似于很稠的油，齿轮润滑集中润滑
00	400~430	很软，类似于很稠的油，齿轮润滑集中润滑
0	355~385	很软，类似于很稠的油，齿轮润滑集中润滑
1	310~340	很软，类似于很稠的油，齿轮润滑集中润滑
2	265~295	奶油状，抗摩轴承、水泵等用脂
3	220~250	近似固体，抗摩轴承、水泵等用脂

NLGI 级数	工作锥入度（25℃）/0.1mm	外观及用途
4	175～205	硬，抗摩轴承、水泵等用脂
5	130～160	很硬，砖脂
6	85～115	类似肥皂

286. 润滑脂的分类？汽车常用润滑脂的品种、牌号有哪些？

润滑脂的品种牌号繁多，其分类方法也多种多样，可按组成和用途来进行分类。具体分类情况如下：

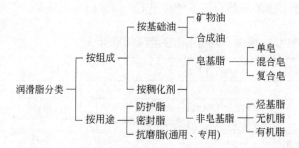

目前，产量最大，应用最广的是矿物油皂基润滑脂。汽车上使用的一般是通用润滑脂，我国生产的通用润滑脂共有 8 个系列，可供使用时选用。

① 钙基润滑脂。由动植物油（合成钙基脂用合成脂肪酸）与石灰制成的钙皂稠化中等黏度的矿物润滑油，并以水作为胶溶剂而制成。按其工作锥入度分为 1 号、2 号、3 号、4 号四个牌号，号数越大，脂越硬，滴点也越高（在 80～90℃之间），使用温度范围为 10～65℃之间。这类脂抗水性好，遇水不易乳化，容易黏附于金属表面，胶体安定性好；但耐热性差，因为它是以水为稳定剂，钙皂的水化物在 100℃左右便水解，使脂超过 100℃时便丧失稠度。所以应注意不要超过规定的使用温度，以免失水，破坏结构，引起油皂分离，失去润滑作用。

1 号脂最高使用温度为 55℃；2 号脂最高使用温度为 60℃；3 号脂最高使用温度为 65℃，适用于发动机水泵以及分电器凸轮轴等处的轴承、钢板销、离合器轴承、制动器以及转向主销和横直拉杆活络连接等摩擦部位；4 号脂适用于重负荷、低转速的重型机械设备，最高使用温度为 70℃。钙基脂是 20 世纪 30 年代的老产品，属于淘汰产品。

② 石墨钙基润滑脂。由动植物油钙皂稠化中等黏度的矿物油，加 10% 的鳞片石墨制成，具有良好的抗水性和抗碾压性能，滴点为 80℃，适合于重负

荷、低转速和粗糙机械的润滑。汽车钢板弹簧、起重机齿轮转盘及半拖货车的转盘等承压部位使用石墨钙基润滑脂。

③ 无水钙基润滑脂。由12-羟基硬脂酸钙稠化低黏度、低凝点的矿物油，并加有抗氧添加剂和防锈剂而制成。由于所选用的基础油不同，产品分为 A 型与 B 型两种。严寒区汽车通用无水钙基脂，其特性是使用温度比一般钙基脂高 30℃以上，有优异的机械安定性和抗水性，以及较好的胶体安定性。无水钙基脂的抗吸湿性和抗热硬化性均优于复合钙基脂。无水钙基脂适用于寒区、严寒区汽车轮毂轴承、底盘、水泵轴承等摩擦部位的润滑。其中 A 型的使用温度范围为−50～110℃，B 型的使用温度范围为−45～100℃。

④ 钠基润滑脂。由天然脂肪酸钠皂稠化中等黏度的矿物油而制成。按锥入度分为 2 号、3 号两个牌号。钠基润滑脂滴点可达 160℃，耐高温，可在 120℃下长时间工作，并有较好的承压抗磨性能，可适应较大的负荷；但抗水性差，遇水易乳化，不能用在潮湿环境或与水接触的部件。

⑤ 钙钠基润滑脂。由动植物油钙钠基混合皂稠化中等黏度的矿物油制成。钙钠基润滑脂分为 1 号、2 号两个牌号。其性能介于钙基脂和钠基脂之间，有较好的抗水性和耐热性，抗水性优于钠基脂，耐热性优于钙基脂，可以适应湿度不大、温度较高的工作条件。1 号脂适用于工作温度在 85℃以下的滚动轴承，2 号脂适用于工作温度 100℃以下的滚动轴承。钙钠基脂虽有一定的抗水性，但不如钙基脂，所以不要用在与水直接接触的润滑部位上。

⑥ 汽车通用锂基润滑脂。由天然脂肪酸锂皂稠化低凝点润滑油，并加抗氧、防锈剂制成。按其锥入度分为 1 号、2 号、3 号三个牌号。滴点可达 180℃。通用锂基脂属于长寿命、多用途的润滑脂，可取代钙基脂、钠基脂，系这些润滑脂的换代产品。其具有良好的抗水性、机械安定性、胶体安定性、防锈性与氧化安定性，广泛适用于−30～120℃温度范围内汽车轮毂轴承、底盘、水泵和发动机等各摩擦部位的润滑。进口汽车和国产新车普遍推荐使用这种润滑脂。

⑦ 极压复合锂基润滑脂。它与汽车通用锂基润滑脂的区别是具有更高的极压抗磨性，可适用于−20～160℃，高负荷机械设备的齿轮和轴承润滑，有 1 号、2 号、3 号三个稠度牌号，部分高性能进口汽车推荐使用极压润滑脂。

⑧ 合成锂基润滑脂。由合成脂肪酸馏分的锂皂稠化中等黏度的矿物油，并添加抗氧剂等制成。按锥入度分为 1 号、2 号、3 号、4 号四个牌号。其特性是有一定的抗水性，可使用在潮湿和与水接触的机械部件上；有较好的机械安定性；滴点高、耐温性好。合成锂基脂是一种多用途、长寿命的润滑脂，适用于工作温度在−20～120℃范围内各种机械设备的滚动和滑动摩擦部位的润滑。

287. 什么是中、高档润滑脂？中、高档润滑脂是特种润滑脂吗？

润滑脂的档次是根据其理化性能和使用性能来分的，低档脂一般指的是使用温度低于100℃、机械安定性较差、性能单一的钙基脂、钠基脂和钙钠基脂；中、高档脂的性能较低档脂优良，多指用途广泛的通用脂，如复合钙基脂、复合锂基脂、聚脲脂等，它们的滴点在180℃或250℃以上，使用温度较高，并有良好的胶体安定性，加入添加剂的种类也比较多。

特种润滑脂指的是具有某种特殊性能：能在特定环境下使用的脂，如高真空用的真空脂；在超过350℃的高温环境下使用的高温脂及低于-50℃下使用的低温脂；辐射环境下使用的抗辐射脂等。由于特种润滑脂使用环境苛刻，对脂的性能要求较高，所以特种润滑脂都是中高档，但中高档脂不一定是特种润滑脂。

288. 如何选用润滑脂？

润滑脂的品种、牌号较多，性能各异。目前，在车辆上使用的润滑脂大都为皂基润滑脂。在选用时可根据车辆使用说明书的规定，或根据机械的工作温度、运转速度、负荷大小、工作环境和供脂方式的不同，综合考虑。一般应考虑以下四个方面的因素：

① 温度。温度对润滑脂的影响很大，选择润滑脂时，必须注意各品种润滑脂的使用温度。环境温度高和机械运转温度高的，应选用耐高温的润滑脂，一般润滑脂的使用温度都应低于其滴点20～30℃。

② 转速。高速运转的机件温升高、温升快，易使润滑脂变稀而流失，使用时应选用稠度较大的润滑脂。

③ 负荷。根据负荷选用润滑脂是保证润滑的关键之一。润滑脂锥入度的大小关系到使用时能承受的负荷。负荷大应选用锥入度小（稠度较大）的润滑脂。如果既承受重负荷又承受冲击负荷，应选用含有极压添加剂的润滑脂，如含有二硫化钼的润滑脂。还应根据各摩擦部位的负荷对润滑脂的牌号进行选择，即摩擦部位负荷大时，应选用牌号大（3号或4号）、锥入度小的硬润滑脂，以免润滑脂不能承受大的负荷而被挤出去，失去润滑作用；负荷小时，选用牌号小、锥入度大的软润滑脂，以便于形成完整的油膜，具有良好的润滑效果，以及避免摩擦阻力过大，耗失动力过多。

④ 特殊部位的要求。机械工作环境的不同，应选用不同的润滑脂，在潮

湿环境下应选用具有抗水性能的润滑脂；在尘土较多的环境下，可选用浓稠的含有石墨的润滑脂；在含酸的环境下可选用烃基脂；如对密封有特殊要求，应选用钡基脂。

一般车辆的轮毂轴承的润滑选用 2 号、3 号锂基脂及复合锂基脂即可，如大型载重卡车的轮毂轴承应选用极压性、机械安定性等较好的润滑脂，如选用 3 号极压复合锂基脂或合成润滑脂。

289. 为什么推荐使用汽车通用锂基润滑脂？

目前，大部分汽车都选用通用锂基润滑脂，这是因为锂基润滑脂具有以下优点：

① 具有良好的耐水性、防锈性、胶体稳定性和高低温性，基本适应了现代汽车高速度行驶的要求。

② 使用寿命长，是钙基润滑脂和普通润滑脂使用周期的 2～3 倍，可达 3 万公里左右。

③ 降低能耗，可延长车辆的滑行距离，并可在 $-30℃$ 的低温环境下使用。

④ 通用性好。汽车通用锂基润滑脂既可适用于夏季，又可适用于冬季，不仅简化了采购品种，降低了能耗，而且可提高效益，方便管理。

290. 选择和使用润滑脂应注意哪些事项？

润滑脂的品种、牌号不同，则性能、特点不同，适用的场合也不相同。合理的选择和使用，是使汽车得到可靠润滑的前提，选择和使用汽车润滑脂时应注意以下几点：

① 一般汽车用润滑脂普遍推荐使用汽车通用锂基润滑脂，该润滑脂适于在一般汽车各摩擦点使用。使用汽车通用锂基润滑脂与以前使用钙基润滑脂相比延长换油期二倍，减少磨损，简化品种。

② 轮毂轴承是主要用脂部位，宜全年使用 2 号脂（南方），或冬用 1 号脂，夏用 2 号脂（北方）。不少用户习惯常年使用 3 号脂，该脂稠度太大，会增加轮毂轴承转动阻力，3 号脂只宜在热带重负荷车辆上使用。

③ 轮毂轴承润滑脂使用到严重断油、分层或软化流失前必须更换，普遍做法是在二级维护时换脂。

④ 轮毂轴承换脂时要合理充填，尽量采用空毂润滑。

⑤ 除轮毂轴承外，对于其他部位的润滑，装脂量也应适当，并非装得越满越好。一般来讲，只装自由空间的 1/2～2/3 为宜。

⑥ 石墨钙基润滑脂因其中有鳞片状石墨（固体），不能用于高速轴承上，否则会导致轴承损坏；而汽车钢板弹簧等负荷大、滑动速度低的部位，则必须使用石墨钙基润滑脂，石墨作为固体润滑剂不易从摩擦面挤出，可起到持久的润滑作用。

⑦ 按使用说明书规定及时向各润滑点注脂。要求每行驶 20000 公里向水泵轴承、离合器踏板轴、制动踏板轴、传动轴各点、前后钢板弹簧销、转向节主销、转向横直拉杆等处注脂。

⑧ 尽量避免不同润滑脂的混用。由于各种润滑脂的化学成分和性质不同，混合在一起使用时，可能会产生分油增大、滴点下降等副作用。

新润滑脂不能与旧润滑脂混合使用，即使是同一类型，因为旧润滑脂内含有大量有机酸和杂质，若与新润滑脂混合将加速其氧化变质。所以在换润滑脂时，必须将零部件上的旧润滑脂清洗干净，然后加入新的润滑脂。

⑨ 润滑脂一旦混入杂质便难以除去，在保存、分装和使用过程中，应严格防止灰、砂和水分等外界杂质污染，容器和注脂工具必须干燥清洁；尽可能减少脂与空气接触；作业场所要清洁无风砂；轴承及注脂口在加脂前必须擦洗干净；作业完毕盛脂容器和加注器管口应立即加盖或封帽。

291. 为什么有些润滑脂上面会有浮油？这样的润滑脂能用吗？

润滑脂是由基础油、稠化剂及添加剂三部分组成的胶体分散体系。当这种体系遭受不同程度的破坏时，固定在由稠化剂形成的纤维空间骨架中的基础油就会分离出来，这种现象称作分油。它主要取决于脂的组成和加工工艺，与外界条件也有一定的关系。通常基础油的黏度越小，稠化剂含量越少，稠化剂的稠化能力越低（稠化剂分散得不好），脂就越容易分油。影响分油的外界因素主要是温度、压力和时间。随温度升高，基础油黏度变小，分子运动加快，基础油容易从结构中析出，即容易分油；压力增大，结构骨架遭到压缩也易分油。

分油是润滑脂的一种特性，任何一种脂都有分油现象，润滑脂抵抗分油的能力称作润滑脂的胶体安定性。润滑脂在使用时，需要在压力的作用下有一定的分油，否则不能使润滑脂起润滑作用，但分油过大，将导致脂的稠度改变和流失，降低润滑性能。若储存时的润滑脂表面有浮油，是脂的胶体安定性差而出现分油的表现。润滑脂分油后，根据分油程度对质量有不同的影响。微量的分油对质量影响不大，但出现分油后的脂表明已有变质倾向，不宜久存，以免大量分油。大量分油则表明润滑脂已经变质，不可使用。

292. 不同类型的润滑脂能否混合使用吗？

一般来说，应当尽量避免两种不同润滑脂相混合，由于润滑脂的稠化剂、基础油、添加剂不同，混合后会引起胶体结构的变化，导致混合润滑脂稠度下降，分油增大，机械安定性变坏等，影响其使用性能。但钙基脂与钠基脂、锂基脂与复合锂基脂混用后一般不会导致性能太大的变化。

实际使用时润滑脂的混合是不可避免的，因而需要掌握以下原则：

① 对同一厂生产的同类型、不同牌号的脂可以相混合，混合后质量不会发生大的变化。

② 稠化剂相同、基础油相同的润滑脂基本可以相混合。一般来说复合锂基脂可以同锂基脂相混合，但是混合脂的滴点仅体现为锂基脂的滴点。

③ 含硅油、氟油的润滑脂一般不能同矿油润滑脂相混合。

④ 若不了解两种脂是否可以相混，有必要进行两种脂的相容性试验。试验证明相容就可相混合，反之不能混合。

293. 润滑脂混合使用时其性能会发生哪些变化？

对于开放型的轴承必须按规定补充润滑脂，在这种情况下，不同润滑脂的混合有时是不可避免的。然而，由于润滑脂不合理混用而发生事故的情况也屡见不鲜。为了掌握混合时的变化情况，防止变质事故，必须清楚几种主要常用润滑脂互混后性质的变化和规律，以充分发挥润滑脂的特性。

（1）一般皂基脂混合后的性能变化

① 钙基脂混入钠、钡、锂基润滑脂，混入对性能都不致有坏的影响，而且还可能改善其耐温和耐用寿命等性能。当混入 20%～40%的钠基脂时，会表现出滴点下降，而当混入 70%时，则滴点显著升高。

② 钠基脂混入 10%的钙、钡或锂基脂时影响很小，但当混入 20%时则影响较大。混入膨润土脂或硅胶脂时几乎对性能没什么影响。只是当混入量较大时，则表现为混入润滑脂的性能。钠基脂里混入锂基脂到 50%时出现表现软化

现象，混入 75%还是相容的。

③ 锂基脂混入 10%左右的钠基或钡基脂时，对其性能影响较大，主要表现为滴点降低和耐用寿命变坏。但混入 10%左右的钙基脂时性能影响较小。混入膨润土脂或硅胶脂时的影响要比混入钙基脂时稍大。

④ 钡基脂即使混入少量的钠或锂基脂时，对其性能也有影响。但混入钙基脂及膨润土或硅胶脂时的影响较小。

⑤ 膨润土脂和硅胶脂相互混合时的影响很小。

（2）多效通用润滑脂混合后的性能变化

各种润脂混合比例在 25%～75%的范围内的混合性能可归纳如下：

1）12-羟基硬脂酸基润滑脂混入

① 一般硬脂酸基锂脂的影响小，而且互相混合的适应性很好；

② 复合钙基脂的影响较大，而且互相混合的适应性也不良；

③ 复合铝基脂的影响比钙基脂的影响较小；

④ 对苯二甲酰胺脂的影响很小，混合适应性不良；

⑤ 聚脲基脂的影响比和对苯二甲酰胺盐基脂混时的影响稍大，但混合适应性良好。

2）对苯二甲酰胺盐基润滑脂混入

① 硬脂酸锂基脂、12-羟基硬脂酸钙皂的影响小，而且混合物适应性良好；

② 复合钙基脂时有所影响，而且混合适应性也比混入锂基脂时差。和复合铝基脂混合时的影响比复合钙基脂时小，但混合适应性不好。反之，向复合钙基脂或复合铝基脂中混入对苯二甲酰胺基脂时，对钙基脂的影响稍大而性能也稍差；

③ 聚脲基脂虽有一定的影响，但混合适应性良好。

（3）聚脲基润滑脂混入

① 12-羟基硬脂酸锂基脂或硬脂酸锂基脂的影响小，而且混合适应性良好；

② 复合钙基脂及复合铝基脂时都有所影响，特别是当和复合钙基脂等量混合时的影响最大，而且混合适性也差；

③ 对苯二甲酰胺盐基脂影响小，而且混合适应性也好。

294. 不同类型润滑脂的氧化安定性有何区别？

润滑脂在储存和使用中抗氧化的能力为氧化安定性（抗氧化性），主要取决于它的组分性质，与稠化剂、基础油和添加剂都有关。

非皂基稠化剂大多是热安定性和氧化安定性较好的有机或无机稠化剂，其本身不易氧化，而且对基础油的氧化不起催化作用；皂基稠化剂制备的润滑脂，其氧化安定性较差，以不同皂基而言，对基础油的氧化催化作用强弱次序为：锂皂＞钠皂＞钙皂＞钡皂＞铅皂。在同一系列产品中，稠化剂含量越高，催化作用越明显。

295. 润滑脂为什么会有不同的颜色？

润滑脂的种类很多，其颜色也各不相同，有白色、黄色、黑色等。润滑脂的颜色不同主要是因为不同脂的成分不同。一般白色脂主要用于食品工业，它是由白色稠化剂稠化食品级白油而成；黄色脂多数是皂基脂；黑色脂则是添加了石墨；添加了 MoS_2 的脂呈灰色；大部分脂的颜色都反映了其本身组分的颜色，但有些特殊用途的脂中加入染色剂，染成红色或其他鲜艳的颜色，以便区别于普通脂。

296. 润滑脂在使用过程中其质量会发生哪些变化？如何鉴别？

润滑脂在工作部件中由于受到外部环境（如空气、水、粉尘或其他有害气体）的影响，以及工作部件相对运动产生的机械力（如冲压、剪断等）的作用，将发生两方面的变化：

① 化学变化。润滑脂组分因受光、热和空气的作用，可能发生氧化变质，基础油氧化后生成微量的有机酸、醛、酮及内酯等，稠化剂中的脂肪酸、有机金属盐有可能发生分解而形成微量的有机酸等，使润滑脂的酸值增大，导致被润滑的部件腐蚀甚至锈蚀，并失去润滑、防护作用。

② 物理变化。由于磨擦部位的运转，润滑脂不断受到剪应力的影响，使润滑脂结构变差乃至破坏，润滑脂稠度下降，润滑效果变差。或是由于机械润滑部分密封条件不好，导致润滑脂中混入灰土、杂质和水分，使润滑脂质量变差。

变质鉴别方法：

用肉眼或手感觉到润滑脂有灰尘、机械杂质，或因混入水分润滑脂乳化而发白、变浅，或稠度明显变小等，出现明显的油脂酸腐败的臭味，都能说明润滑脂的变质。或者采用仪器分析方法，最直接的判别方法是取少量使用过的样品，用红外光谱仪测定样品中有无 $1720cm^{-1}$ 吸收峰，或测定样品在使用前后的吸收峰的变化（即羰基指数，该指数为 $1710cm^{-1}$ 与 $1378cm^{-1}$ 两个吸收峰之比）。或直接测定样品的酸值，若酸值大于 1.0mg KOH/g 时，表明润滑脂已开始变质。

297. 润滑脂为什么会变硬？

正常情况下，随着时间的推移，会有一小部分油从脂中析出，而润滑脂过早的大量析油会导致其明显变硬；在某些情况下，润滑脂的使用周期太长也会有变硬的情况发生，应缩短脂的使用周期，一般为 6 个月到 1 年左右；设备过度使用而引起的高温，或其他原因引起的高热，会导致油从稠化剂中过量流失，而且可以加速油的氧化，这些都会使得轴承中的润滑脂变硬；半径大、速度高的轴承会产生很高的离心力，也可以使得润滑脂分油，从而导致润滑脂硬化。

298. 可以用加入润滑油的方法使润滑脂变稀吗？

大多数润滑脂在储存一段时间后，稠度（即锥入度的测定值）变大，即有变硬的情况，若增大不超过 1 个稠度号，即可直接使用，不影响作一般润滑用。若稠度变化很大，即表明基础油分出过多，可能会增大机械部件润滑时的摩擦阻力、增加机械动力的消耗，不宜直接使用。

将已变硬（或变稠）的润滑脂中加入基础油调稀，这种做法是错误的。因为润滑脂的结构是由稠化剂和基础油组成的胶体结构体系，稠化剂形成结构网络，将基础油（一般为普通润滑油）吸附在网络中形成稳定的结构体系，使稠化剂和基础油不会分离。若成脂以后再加入润滑油，虽然经过搅拌，但因缺少必要的均化处理工序，润滑油不能均匀分散包含在网络中，使润滑脂胶体安定性变差，分油增大，直接影响润滑脂的使用效果。如在冬季需用稠度小的润滑脂，可选用号数小的 1 号或 2 号钙基润滑脂。

已变稠的润滑脂，其他理化性质变化不大时，在生产厂可以加入相同的基础油，再经过均化工序处理并分析检测合格后使用。

299. 车辆润滑脂的换脂指标是什么?

一般车辆的换脂周期为 4 万公里;工程机械为 12 个月。最为科学的换脂方式应按表 2-35 所列的检测指标决定是否更换。

表2-35 车辆润滑脂的换脂指标

项 目	更换指标	试验方法
锥入度的变化	>45	
滴点变化	<15	
含油量(旧脂/新脂之比)	<70	
铜片腐蚀	不合格	
外观	严重变色,大量析油,有乳浊现象	目测
杂质含量	含沙尘、金属粉末等	目测
氧化变质	有腐臭气味	闻味

300. 如何判断润滑脂的质量好坏?

在没有仪器检测的情况下,可以通过下面比较简单的方法判断润滑脂质量的好坏:

① 看生产日期。润滑脂的储存时间不宜过长,一般应选择保存期不超过一年的脂,保存期在一年以上的润滑脂应经检验合格后方可使用。

② 看外观。不同类型的润滑脂有不同的颜色,但无论是什么颜色的脂都应是黏稠均一的膏状体。如果脂的颜色深浅不一或表皮硬化,脂的表层出现较多的浮油或稠度明显变小,或由于混入水分而使脂的表面乳化变白等,这些现象均表明润滑脂已变质,不可使用。

③ 闻气味。如果打开包装时闻到明显的油脂酸腐败的臭味,表明润滑脂已变质,不可使用。

④ 手捻。用手捻不含填充剂的润滑脂时,手感光滑,没有硌手感;否则,则可能是稠化剂分散不均匀或混入杂质,这种脂不可使用。但含填充剂粉末的润滑脂会略有硌手感。

⑤ 用火烧。用铁丝挑起一块润滑脂,然后用打火机烧,如果润滑脂软化滴落,表明是滴点过低的劣质润滑脂,不可使用。需要说明的是,用这种方法只能鉴别滴点过低的劣质润滑脂,因打火机火焰的温度不超过 120~130℃,而大多数润滑脂的滴点都超过了这个温度,用打火机烧都不会滴落。

⑥ 在阳光下晒。取一块润滑脂放在杯中,在阳光下晒一两天,如果脂体

变化大，出现分油或变色，表明脂的性能不稳定，不可使用。

⑦ 加水法。取少量润滑脂放在杯中，在其上面加几滴水，然后用玻璃棒搅拌，如出现浑浊、变白，表明脂易乳化，不是抗水脂。

301. 汽车轮毂轴承采用满毂润滑好还是空毂润滑好?

对汽车轮毂轴承进行润滑时，多数人习惯采用满毂润滑，即轮毂空腔和内外轴承全部装满润滑脂，这样做不但无益，而且有害。轮毂内腔填满润滑脂后，导致轴承散热不良，阻力增大，从而使轴承温度升高，润滑脂变质加快。另外，润滑脂受热膨胀后，还会挤坏油封，使润滑脂淌到制动蹄片上，从而使制动失灵，酿成事故。

而采用空毂润滑，即在轮毂内腔薄薄地涂上一层润滑脂，不但可以防止上述危害，还可以节约大量润滑脂。以 CA1091 型汽车为例，采用满毂润滑 1 个维护期（1.75 万公里），4 个车轮用脂量为 3.5～4kg，而采用空毂润滑只需要 0.5kg 左右。据试验，用同等力转动车轮，空毂润滑可以转动 11.5 圈，满毂润滑只能转动 6 圈，证明空毂润滑对节约动力也是有利的。所以在实际工作中，应采用空毂润滑。但应注意，所用脂的品种，需用汽车通用锂基脂，并以低牌号（软脂）代替高牌号（硬脂），不能用其他品种润滑脂取代，否则影响润滑效果。

302. 含二硫化钼的脂能否用于车辆轮毂轴承润滑?

通常汽车轮毂轴承的润滑用 2 号通用锂基脂或 2 号极压锂基脂（相当于 NLGI 2 号），适用于中等苛刻工况的轿车、客车、卡车和其他的机动车的轮毂轴承润滑。

含二硫化钼的润滑脂一般用在重负荷和有冲击负荷的滚动轴承上，尤其用在慢速或振动运动的部位比如万向节上。如果这种脂用在高速运转的轴承上会出现"滑动"问题。因为含钼的脂会降低摩擦系数，滚珠由于摩擦减小无法实现全 360 度旋转，导致出现磨斑，从而造成滚动轴承润滑失效，减少了轴承的使用寿命。所以不能将含二硫化钼的脂用于车辆轮毂轴承的润滑。

303. 为什么润滑汽车钢板弹簧应选用石墨润滑脂?

有些用户常常用钙基润滑脂润滑钢板弹簧，而不用石墨润滑脂，有的甚至只刷机油，这样钢板弹簧容易损坏，特别在路况差的条件下行驶时，车辆颠簸大，钢板弹簧的冲击负荷大，更易损坏。石墨润滑脂因其中加有石墨，石墨填充钢板间的粗糙面，提高了耐压、耐冲击负荷的能力。模拟汽车钢板弹簧振动试验表明，使用钙基润滑脂的钢板弹簧连续振动 700 次断裂，而使用石墨润滑脂的钢板弹簧连续振动 1500 次才断裂，使用寿命长一倍还多。

七、汽车冷却液（防冻液）

304. 冷却液的种类及性能特点

冷却液也称防冻液，其成分由基础液和添加剂组成，基础液通常由水和乙醇、乙二醇或丙二醇组成，添加剂包括防锈剂、除垢剂、pH 调节剂、抗泡剂及着色剂等。种类上，冷却液一般分为浓缩型和非浓缩型的两种，非浓缩型的冷却液不能加水稀释。按防冻剂成分不同可分为酒精型、甘油型、乙二醇型和丙二醇等类型的冷却液。其特点如下：

① 酒精型冷却液是用乙醇（俗称酒精）作防冻剂，价格便宜，流动性好，配制工艺简单，但沸点较低、易蒸发损失、冰点易升高、易燃等，现已被淘汰。

② 甘油型冷却液沸点高、挥发性小、不易着火、无毒、腐蚀性小，但降低冰点效果不佳、成本高、价格昂贵，用户难以接受，只有少数北欧国家仍在使用。

③ 乙二醇、丙二醇型冷却液是用乙二醇或丙二醇作防冻剂，并添加少量抗泡剂、防腐剂等综合添加剂配制而成。由于乙二醇和丙二醇易溶于水，可以任意配成各种冰点的冷却液，其最低冰点可达-68℃，这种冷却液具有沸点高、泡沫倾向低、黏温性能好、防腐和防垢等特点，是一种较为理想的冷却液。

目前国内外发动机所使用的和市场上所出售的冷却液多数是乙二醇型冷却液。

305. 冷却液标准有哪些？我国冷却液有几个规格？

目前国际上防冻液标准主要有：美国材料试验协会标准 ASTM D3306《汽车及轻负荷发动机用二元醇型冷却液规范》和 ASTM D6210《重负荷发动机用全配方二元醇型冷却液规范》；美国汽车工程师协会标准 SAE J1034《汽车及轻负荷卡车用二元醇发动机冷却液浓缩液》；日本标准 JIS K2234《发动机防冻

冷却液》等。

我国发动机冷却液的研究始于 20 世纪 80 年代,和国外发达国家相比起步较晚。现行发动机冷却液产品标准 GB 29743—2013《机动车发动机冷却液》参照 ASTM D3306—11《轿车及轻负荷发动机用二元醇型冷却液规范》和 ASTM D6210—10《重负荷发动机用全配方二元醇型冷却液规范》编制。

冷却液按发动机使用负荷大小可分为轻负荷冷却液(代号以字母"L"开头)和重负荷冷却液(代号以字母"H"开头)两类,按主要原材料可分为乙二醇型、丙二醇型和其他类型三类。轻、重负荷冷却液分类及型号见表 2-36 和表 2-37。

表 2-36　乙二醇型冷却液的规格

规格		LEC-Ⅰ HEC-Ⅰ	LEC-Ⅱ-15 HEC-Ⅱ-15	LEC-Ⅱ-20 HEC-Ⅱ-20	LEC-Ⅱ-25 HEC-Ⅱ-25	LEC-Ⅱ-30 HEC-Ⅱ-30	LEC-Ⅱ-35 HEC-Ⅱ-35	LEC-Ⅱ-40 HEC-Ⅱ-40	LEC-Ⅱ-45 HEC-Ⅱ-45	LEC-Ⅱ-50 HEC-Ⅱ-50
冰点 /℃	原液	—	≤-15	≤-20	≤-25	≤-30	≤-35	≤-40	≤-45	≤-50
	50%体积稀释液	≤-36.4								
沸点 /℃	原液	≥163.0	≥105.5	≥106.0	≥106.5	≥107.0	≥107.5	≥108.0	≥108.5	≥109.0
	50%体积稀释液	≥108.0								

注:1. LEC-Ⅰ、HEC-Ⅰ分别为轻、重负荷乙二醇型冷却液的浓缩液。

2. LEC-Ⅱ-XX、HEC-Ⅱ-XX 分别为轻、重负荷不同浓度乙二醇型冷却液的稀释液。

表 2-37　丙二醇型冷却液的规格

规格		LPC-Ⅰ HPC-Ⅰ	LPC-Ⅱ-15 HPC-Ⅱ-15	LPC-Ⅱ-20 HPC-Ⅱ-20	LPC-Ⅱ-25 HPC-Ⅱ-25	LPC-Ⅱ-30 HPC-Ⅱ-30	LPC-Ⅱ-35 HPC-Ⅱ-35	LPC-Ⅱ-40 HPC-Ⅱ-40	LPC-Ⅱ-45 HPC-Ⅱ-45	LPC-Ⅱ-50 HPC-Ⅱ-50
冰点 /℃	50%体积稀释液	≤-31.0	≤-15	≤-20	≤-25	≤-30	≤-35	≤-40	≤-45	≤-50
沸点 /℃	原液	≥152.0	≥102.0	≥102.5	≥103.0	≥103.5	≥104.0	≥104.5	≥105.0	≥105.5
	50%体积稀释液	≥104.0								

注:1. LEC-Ⅰ、HEC-Ⅰ分别为轻、重负荷丙二醇型冷却液的浓缩液。

2. LEC-Ⅱ-XX、HEC-Ⅱ-XX 分别为轻、重负荷不同浓度丙二醇型冷却液的稀释液。

306. 汽车冷却液有哪些功能？

汽车冷却液应用最广泛的是乙二醇型冷却液，这种冷却液中除加有防冻剂外，还加有阻垢剂、缓蚀剂和抗泡沫剂等多种添加剂，因此它具有多项功能，在汽车发动机中应大力提倡使用冷却液。

① 防冻。冷却液的首要功能是防止在寒冷冬季停车时冷却液结冰而胀裂散热器和冻坏发动机气缸体或盖。主要指标是冷却液的冰点。

② 防沸。冷却液的沸点可达 107～110℃，夏季使用可有效地防止发动机的"开锅"现象，保持发动机在正常温度下工作。其主要指标是沸点。

③ 防腐蚀。现代汽车发动机的冷却系统大多采用铸铝和铝合金件，冷却液对铸铁、铜和铸铝等有保护作用。

④ 防水垢。结垢是在散热器表面上附着有不溶性盐类或氧化物晶体所致。产生水垢后不但影响散热器的正常散热，而且更容易造成冷却系统的循环管道被堵塞，水温过高而严重影响发动机的正常运转。冷却液具有除水垢功能，除垢率达 98%。

307. 乙二醇和丙二醇型冷却液有什么不同？

乙二醇与丙二醇是防冻液市场的两大主力基准物料。均能通过与水混合形成溶液，达到降低水溶液冰点的目的，并具有防冻裂能力。

乙二醇型冷却液，有工业型，汽车防冻液型等不同型号。一般工业型仅对碳钢、不锈钢、铜等进行防腐蚀处理。而汽车防冻液型，则还增加对铸铝、焊剂等的防腐。丙二醇型防冻液一般应用于汽车防冻液领域，以及具有特殊要求的食品、饮料等要求低毒性领域。

单纯从冷却液输送冷的能力以及抗冻能力来讲，乙二醇优于丙二醇；但考虑到毒害性，丙二醇属于低毒或无毒产品，而乙二醇具有较高毒害性；在价格方面，丙二醇价格高于乙二醇。

308. 选择冷却液应遵循哪些原则？

① 根据环境温度条件选择冷却液的冰点。冷却液的冰点是冷却液最重要的指标之一，是冷却液能不能防冻的重要条件。一般情况下冷却液的冰点应比当地环境条件冬季最低气温低 10～15℃左右，如当地最低气温为–30℃，则冷

却液的冰点应选择在-40℃以下。

② 根据车辆不同要求选择冷却液。一般情况下，进口车辆、国内引进生产车辆及高中档车辆应选用永久性冷却液（使用期限2～3年），普通车辆则可采用直接使用型的冷却液。

③ 按照车辆多少和集中程度选择冷却液。车辆较多又相对集中的单位和部门，可以选用小包装的冷却液母液，这种冷却液母液性能稳定，由于采用小包装，便于运输和贮存，同时又可按照不同环境使用条件和不同的工作要求进行灵活的调制，达到节约和实用的目的。车辆少或分散的情况下，可以选用直接使用型冷却液。

④ 一般应选用具有防锈、防腐及除垢能力的冷却液。冷却液最重要的是防锈蚀。所以宜选用名牌产品，这些产品中加有防腐剂、缓蚀剂、防垢剂和清洗剂，产品质量有保证。

⑤ 选择与橡胶密封导管相匹配的冷却液。冷却液应对橡胶密封导管无溶胀和侵蚀等副作用。

309. 使用浓缩液时加入水量不同对冰点有何影响？

市场上供应的冷却液产品中还有一种冷却液母液，即浓缩型冷却液。这种冷却液一般为进口产品，或合资企业生产，通常采用小铁桶式的包装。

浓缩型冷却液，即冷却液母液一般不能直接使用，而应根据使用温度的要求，用软化水稀释到一定的浓度才能使用，乙二醇冷却液母液稀释浓度和冰点的对应关系参见表2-38。调配用软水，即去离子水或蒸馏水（不能使用井水或自来水）。

表2-38 冷却液母液调制浓度和冰点

冰点℃	乙二醇浓度 /%	密度（20℃）mg/cm³	冰点℃	乙二醇浓度 /%	密度（20℃）mg/cm³
-10	28.4	1.0340	-40	54	1.0713
-15	32.8	1.0426	-45	57	1.0746
-20	38.5	1.0506	-50	59	1.0786
-25	45.3	1.0586	-45	80	1.0958
-30	47.8	1.0627	-30	85	1.1001
-35	50	1.0671	-13	100	1.1130

310. 为什么不能直接加注冷却液母液？

有些驾驶人员及修理人员以为冷却液越纯越好，乙二醇浓度越大越好，而直接加注冷却液母液，这样做不但在经济上造成浪费，还会使冷却液不能满足冰点的要求。

从前面的表 2-34 中可以看出，乙二醇型冷却液，其冰点随着乙二醇在水溶液中的浓度变化而变化，浓度在 59%以下时，水溶液中乙二醇浓度升高冰点降低，但浓度超过 59%后，随着乙二醇浓度的升高，其冰点呈上升趋势，当浓度达到 100%时，其冰点上升至–13℃，这就是浓缩型冷却液（冷却液母液）为什么不能直接使用的一条重要原因。

此外，直接加注冷却液母液还会出现其他一些意想不到的现象，如冷却液变质、浓度大、密度大、低温黏度增大以及出现发动机温度高等现象。所以在使用冷却液母液时，一定要按要求进行稀释，禁止直接使用。

311. 使用冷却液应注意哪些事项？

正确使用冷却液，可起到防腐蚀、防散热器开锅、防水垢和防冻结等作用，能够使冷却系统始终处于最佳的工作状态，保持发动机的正常工作温度。如果使用不当，将会给冷却系统造成伤害，严重影响发动机的性能和使用寿命，因此在使用中应特别加以注意。

① 根据气温选配冷却液。根据当地冬季最低气温选用适当冰点牌号的冷却液。如果是浓缩液，应按产品说明书规定的比例加软水稀释。

② 验证后再使用。当冷却液存放时间过长，或发现其有异常（锈渣等沉淀物），应经过质量检验（放到电冰箱里试验）后，再确定能否使用。

③ 合理使用冷却液。冷却液使用期限较长，一般为 1～2 年（长效冷却液可达 2～3 年），它呈碱性，其 pH 值一般在 7.5～11.0 之间，发现 pH 值低于 7.0 或高于 11.0 时应及时报废更换。

在使用过程中，若因冷却系渗漏引起散热器液面降低时，应及时补充同一品牌的冷却液；若液面降低是由水蒸发所致，则应向冷却系添加蒸馏水或去离子水，切勿加入井水、自来水等硬水。当发现冷却液中有悬浮物、沉淀物或发臭时，证明冷却液已发生化学反应，变质失去功效，应及时地清洗冷却系统，并全部更换冷却液。

在加注新的冷却液前，应将冷却水完全排净后，用清水将冷却系洗净；水垢和铁锈较为严重的，要将散热器认真洗涤干净，并对冷却系进行全面彻底检验，如有漏水处要彻底修好。

由于冷却液价格较高，加注时不要过量，一般只能加到冷却系统总容量的95%，以免升温膨胀后溢出。停车后不要立即打开水箱盖。

④ 防止污染。失效的冷却液可回收处理后再利用，不要随意抛洒，防止污染水源和造成浪费。

⑤ 防止混用。不同牌号的冷却液不能混装混用，以免起化学反应，破坏各自的综合防腐能力。

⑥ 人体保护。冷却液（乙二醇）有一定毒性，对人的皮肤和内脏有刺激作用，使用中严禁用嘴吮吸，手接触后要及时清洗，溅入眼内更应及时用清水冲洗处理。

312. 为什么一年四季均应使用加防冻剂的冷却液？

许多驾驶员冬季使用发动机冷却液，夏季改用自来水。原本认为采用这种方式，既经济又实惠，但却给发动机留下了严重的后患。夏季可以用水来冷却发动机，但用水作为发动机的冷却液有很多缺点，如自来水中的矿物质在高温状态下极易产生传热性能差的水垢，水垢覆盖在水套、散热器、温度传感器和温控开关等处，造成温度失控，冷却风扇启动迟迟，形成"过热恶性循环"，这是汽车发动机夏季频繁发生此类故障的主要原因；水的沸点为100℃，不能满足现代汽车发动机正常水温高（95～105℃）的要求，夏季会经常出现发动机"开锅"现象，大量水蒸气冲出散热器盖，进入膨胀水箱。因膨胀水箱容积有限，水蒸气大量喷出使其无法容纳，结果进一步导致冲坏气缸垫、气缸盖翘曲变形、拉缸及烧瓦等恶性故障的发生；水还对气缸体有一定腐蚀作用。

加有防冻剂的冷却液除有防冻功能外，还有阻垢、防沸、缓蚀等多种功能。因此，一年四季均应使用加有防冻剂的冷却液。

313. 如何检查冷却液？

冷却液的多少很容易查看，但需等发动机停止运行，且完全冷却下来之后。因为发动机运转时冷却液的水平会多少有些变化，不容易准确。正常情况下，冷却液的高度应在标尺的最高点和最低点之间。假如冷却液异常增多，表明发动机有潜在的问题。可先将多余的冷却液排出，使其降至最高点与最低点之间，然后要不断查看。假如冷却液仍不断地升高，便要立即进行修理；如冷却液的水平降到最低点以下，说明发动机缺水，会升温，严重时导致气缸变形，或气缸垫被烧毁。若补充冷却液最好是厂家所规定的同品牌产品。当然在紧急情况下，也可加水。如冷却液的颜色变暗浑浊，说明质量下降，需更换。

314. 如何正确更换冷却液？

① 应首先关掉发动机并让其冷却，以免更换冷却液时水温过高对人体造成伤害。

② 停车后要检查车下有无大量水迹，发动机室内有无水痕，发现冷却液有泄露的，应查明原因并修理，确保换用新冷却液后不再有类似的故障。

③ 待发动机冷却后，在排放冷却液前，将仪表板的暖风开关拨至一端，使暖风控制阀完全开启。

④ 拧下冷却液膨胀箱（平衡储液罐或水箱）旋盖，注意等到拧松一部分使内部高压气流减弱后，才完全拧开盖子。

⑤ 松开水泵口软管夹箍，拉出冷却液软管，放出冷却液。

⑥ 检查冷却液状态，认为冷却系统需要清洗的，加入足量清水与清洗液在怠速下清洗 10～30min（时间长短视情况而定），然后将清洗液放出，用清水再冲洗 1～2 次，直至放出来的清水干净为止，然后将放液软管用夹箍夹紧。

⑦ 根据气候状况和车辆状况选用合适的冷却液，注意切勿用自来水、溪水甚至路边积水作冷却液，将冷却液慢慢加入膨胀箱内，直至液面高度与最高标志齐平为止。

⑧ 拧紧膨胀箱盖，启动发动机直至风扇运转 2～3min。

⑨ 将发动机熄火，检查冷却液液面高度，必要时补充至足量。

⑩ 行车过程中要常检查冷却液液量，不足时要补充，用剩的冷却液要密封保管。

315. 冷却液的颜色和性能有联系吗？

现在市场上的冷却液有很多种颜色，例如：长城多效冷却液为荧光绿色，加德士特级冷却液为橙色，蓝星冷却液为蓝色，统力冷却液为红色。冷却液本身是无色透明的液体，这些冷却液之所以做成鲜艳的颜色，主要是为了便于区分和辨别而加入了一些染色剂，另外一个作用就是防止误食。因此，冷却液的颜色只是一个标志，是由所用染色剂决定的，与性能、质量没有必然的联系。

316. 可以用"尝"的方式选择冷却液吗？

有些用户在选择冷却液时用"尝"的方式，认为甜的是"好冷却液"，苦的是"坏冷却液"，这种方法有科学道理吗？

用户采用这种方式的主要原因是冷却液的主要成分是乙二醇或丙二醇的水溶液，这两种物质都是甜的。一些杂牌产品为了减少成本采用价格较便宜有苦味的甲醇或酒厂下脚料杂醇来代替乙二醇或丙二醇，虽然也能获得所需的冰点，但由于这两种物质的沸点很低，极易"开锅"，所以采用"尝"的方式可以在一定程度上鉴别冷却液。但是这种方式是不科学的，因为甲醇或酒厂下脚料杂醇都有较高的毒性，服用后可能导致失明，严重的还会致命。另外这种方法也难以测定冷却液的防腐蚀性能，一些没有经过正规检验的产品往往具有较强的腐蚀性，对汽车的冷却系统造成损害，有些冷却液还会将水箱腐蚀穿孔后流入发动机，造成大的事故。因此，在用户选择冷却液时建议选择正规品牌的冷却液。

317. 如何用简易的方法鉴别伪劣冷却液？

劣质冷却液可通过如下简便方法鉴别：

① 测冰点。可将冷却液装在透明的瓶子中，然后放入冰箱冻1~2天，并将冰箱的温度调到冷却液的冰点。取出后观察瓶子中冷却液的透明度和流动状态，如有冰析出，表明冰点不合格。

② 测pH值。将冷却液滴一两滴在pH值试纸上，观察试纸颜色的变化，合格的冷却液呈碱性（pH>7），若呈酸性则为不合格品，不可使用。

③ 测腐蚀性。将冷却液装在玻璃杯或玻璃瓶中，并投入铁丝、铜丝、铝丝，有条件的最好将杯子放入 80~90℃的恒温水浴中，若没有恒温水浴也可将其直接加热到此温度范围，每天加热3~4次。浸泡3~5天后，将上述金属丝取出观察，如果出现锈蚀，则为不合格品，不可使用。

318. 不同品牌的冷却液为什么不能混用？

冷却液除了起到防止在寒冷冬季停车时冷却液结冰而胀裂散热器和冻坏

发动机气缸体或盖的作用以外，另一个比较重要的功能是防止腐蚀，所以要向冷却液中加入防腐剂。不同品牌的冷却液所使用的防腐剂不同，有的相差比较悬殊，如对黑色金属有效的防腐剂却常对铝制品有腐蚀作用，而铝制品的防腐剂又对铁有腐蚀作用。不同品牌的冷却液混合后，会使其中的防腐剂发生化学反应，影响防腐效果，甚至反应后生成腐蚀性物质。因此，不能将不同品牌的冷却液混合使用。

319. 冷却液翻水或起泡是什么原因？

① 过热翻水。过热翻水是一种常见现象，发动机温度过高，引起散热器内的水沸腾，大量往外翻水、喷水，稍不注意会把人烫伤。造成过热的原因有：散热器缺水、散热不良，百叶窗失效，水泵损坏，风扇皮带过松，节温器失灵。

② 堵塞翻水。冷却系统堵塞是发动机常见故障之一，由于堵塞使冷却水循环不良，引起散热器翻水。造成这种故障的原因是散热器堵塞或出水管吸瘪，这种故障与温度无关。由于冷却液长时间不换，冷却液中的脏物容易使散热器芯管堵塞，使冷却液的通过截面减小，流入散热器的冷却液多于流出的冷却液，冷却液都积聚在上水室，加油门时由于泵压较大，水仅能从没有完全堵塞的散热器芯管中少量通过，松油门时积聚在上水室的冷却液即从加水口翻出。因此堵塞不太严重时，表现为加油门时不翻水，松油门时翻水。散热器完全堵塞时容易发现，而堵塞轻微时不易发现。

③ 气水窜通翻水。这种现象多发生在超过大修期的汽车上，这种故障较难判断和排除。气水窜通就是发动机气缸内的高压气体窜入水道，发动机水道里的冷却液在一个外加高压气体的作用下，使经过进水管流入散热器上水室的水量急骤增加，引起散热器翻水。

④ 冷却液混进石油产品造成翻水。添加冷却液时容器要干净，水箱不要有污垢，要清洗干净后加入，如果误将石油产品混入冷却液中，使冷却液中的添加剂失效，就会产生大量的气泡，影响散热的效能，严重的会从水箱盖中溢出。

⑤ 冷却液添加得过满导致膨胀翻水。由于冷却液热膨胀较大，加注时只能加注水箱容积的90%，在散热器上端留出膨胀空间，否则加得过满，在温度过高时容易溢出。

第三部分

车用油品的管理

一、油品的储运及质量管理

320. 油品在进行质量管理时的主要任务有哪些?

石油商品在储运和保管中,经常发生质量变化,因此,在保管过程中应采取措施,延缓其变化速度,确保出库商品质量合格。主要任务有:减少轻组分蒸发和延缓氧化变质;防止混入水分和杂质造成油品变质;防止混油或容器污染变质。

321. 如何减少油品轻组分蒸发和延缓氧化变质?

一些油品,特别是汽油、溶剂油等,蒸发性较强。由于蒸发,除大量轻组分损失外,油品质量也随之降低。如在7～48℃范围内,在有透气阀的露天油罐中储存70号汽油,10个月后其10%的馏出温度会大约升高10℃,饱和蒸气压也会下降。

油品在长期储存过程中还会氧化,使油品质量变差。例如,汽油柴油的胶质增多;润滑油的酸值增大;润滑脂的游离碱变小或产生游离酸等。减少油品轻组分蒸发和延缓氧化变质的主要措施有:

(1)降低温度,减少温差

温度高时蒸发量大,氧化速度也加剧。所以要选择阴凉地点存放油品,尽量减少或防止阳光曝晒,还要求在油罐外表喷涂银灰色或浅色的涂层,以反射阳光,降低油温。为减少油品与空气接触面积,减少蒸发,应多用罐装,少用桶装。在炎热的季节应喷水降温。有条件的尽量使用地下、半地下或山洞储存油品,以降低储存的温度,延缓氧化,减少油品胶质增长的倾向。不同环境下储存汽油的胶质增长情况见表3-1。

表3-1 储存条件对汽油实际胶质增长的影响

储存时间/月	实际胶质/(mg/100mL)		
	半地下库 50m³ 油罐	地面库 100L 桶装	露天存放 200L 桶装
0	1.7	1.7	1.7
5	1.8	4.5	5.5
10	2.8	6.1	7.2
15	3.9	6.9	8.4
20	4.9	7.6	9.1
25	5.9	8.0	9.7

（2）饱和储存，减少气体空间

油罐上部气体空间容积越大，油品越易蒸发损失和氧化，其关系见表3-2。为此，装油容器除根据油温变化，留出必要的膨胀空间（即安全容量）外，尽可能装满。对储存期较长且装油量不满的容器中的油品，要适时倒装合并。

表3-2 汽油蒸发损失与油罐装油量的关系

油罐装油量/%	年损耗/%	
	中部地区	南部地区
90	0.3	0.4
70	1.0	1.5
40	3.6	5.2
20	9.6	13.6

（3）减少不必要的倒装

每倒装一次油品，就会增加一次蒸发损耗。实践证明，倒装1吨汽油，仅呼吸损耗就达1.5～2.0kg。倒装时还会增加油品与空气的接触，加速氧化。

（4）减少与铜和其他金属接触

各种金属特别是铜，能诱发油品氧化变质。试验证明，铜能使汽油氧化生胶的速度增大6倍。因此，油罐内部不要用铜制部件。油罐内壁涂刷防锈层，能较好地避免金属对油品氧化所起的催化作用（涂层还能防止金属氧化锈蚀），减缓油品变质的进程。涂防锈层与不涂防锈层的容器对汽油质量变化的影响见表3-3。

表3-3 防锈涂料对汽油质量的影响

储存条件	酸度变化/（mg/100mL）（油罐，不密封，涂料为生漆）			胶质变化/（mg/100mL）（油箱，密封，涂料为环氧树脂）	
	开始	6个月	9个月	开始	13个月
涂防锈涂料	0.05	0.34	0.45	1.6	3.6～4.6
不涂防锈涂料	0.05	0.42	0.72	1.6	165～222

（5）减少与空气接触，尽可能密封储存

密封储存油品，具有降低蒸发损失、保证油品清洁、延缓氧化变质等优点。密封储存对于润滑油较为适宜。特别是高级润滑油和特种油品，应当采用密封储存，以减少与空气接触和防止污染物侵入。

对于蒸发性较大的汽油、溶剂油等，要采用内浮顶油罐储存，以降低蒸发损耗和延缓氧化。据国外测定，用浮顶罐储存汽油，可减少蒸发损失80%～

95%。同时还可减少环境污染和火灾爆炸事故的发生。

322. 如何防止混入水杂质造成油品变质？

油品中的水杂质绝大部分是在运输、装卸、储存过程中混入的。在全部储存变质的油品中，由于混入水杂质而导致质量不合格的占绝大部分。混入油品中的杂质除会堵塞滤清器和油路，造成供油中断外，还能增加机件磨损。混入油品中的水分能腐蚀机件（水分在低温下冻结后也能堵塞油路）。水分的存在还会造成一些添加剂（如清净分散剂、抗氧抗腐剂、抗爆剂等）分解或沉淀，使其失效；有水分存在时，油品氧化速度加快，其胶质生成量也加大（表3-4）。加有清净分散剂的润滑油和各种钠基润滑脂遇水会乳化。各种电器专用油品在混入水杂质后绝缘性能急剧变坏。因此，防止混入水杂质是搞好油品质量管理工作的主要环节。在油品保管工作中必须注意以下几点：

表3-4　水分对汽油生成胶质的影响

储存条件	开始	1个月	3个月	6个月
实际胶质(有水分存在时)/(mg/100mL)	4	6	11	22
实际胶质(无水分存在时)/(mg/100mL)	4	4	6	6

（1）保持储油容器清洁干净

往油罐内卸油或灌桶前，必须认真检查罐、桶内部，清除水杂质和污染物质，做到不清洁不灌装。各种储油罐内壁应涂刷防腐涂层，减少铁锈落入油中。一般使用生漆、呋喃树脂或环氧树脂等涂料效果较好。

（2）加强听装、桶装油品的管理

桶装油品要配齐胶圈，拧紧桶盖，尽量入库存放。露天存放的要卧放或斜放，防止桶面积水。应避免在风沙、雨雪天或空气中尘埃较多的条件下露天灌装作业，以防止水杂质侵入。雨雪后及时清扫桶上的水和雪，定期擦净桶面上的尘土，并经常抽查桶底油样，如有水杂质及时抽掉。

听装油品以及变压器油、电容器油、溶剂油、醇型制动液、各种高档润滑油、润滑脂等严禁露天存放。

（3）定期检查油罐底部状况和清洗储油容器

油品储存的时间越长，氧化产生的沉积物越多，对油品质量的影响越严重。因此，必须每年检查罐底一次，以判断是否需要清洗。要求各种油罐的清洗周期是：轻质油和润滑油储罐3年清洗一次；重柴油储罐2.5年清洗一次。

（4）定期抽检库存油品，确保油品质量

为确保油品质量，防止在保管过程中质量变化，要定期对库存油品抽样化验。桶装油品每 0.5 年复验一次，罐存油品可根据其周转情况每 3～12 个月复验一次。对于易于变质、稳定性差、存放周期长的油品，都应缩短复验周期。

323. 如何防止油品混油或容器污染而变质？

不同性质的油品不能相混，否则会使油品质量下降，严重时会使油品变质。特别是各种中高档润滑油，含有多种特殊作用的添加剂，当加有不同体系添加剂的油品相混时，就会影响它的使用性能，甚至会使添加剂沉淀变质。润滑油中混入轻质油，会降低闪点和黏度；食品机械油脂混入其他润滑油脂，会造成食品污染；溶剂油中混入车用汽油会使馏程不合格并增加毒性。因此，为防止各种油品相混或污染，应采取如下措施：

① 为了防止散装油品在卸收、输转、灌装、发运等过程中发生污染，应根据油品的不同性质，将各管线、油泵分组专用，不同性质的油品，不要混用，如必须混用时，要清扫管线余油，在管线最低位置用真空泵抽取余油或用过滤后的压缩空气清扫，有条件的也可用蒸汽清扫，再用拟输送的油品冲洗几分钟，放出油头，经检查确认清洁后方可使用。但必须注意：溶剂油不允许用含铅汽油管线；特种用油和高档润滑油要专管线专泵输送。

② 油桶、油罐、油罐汽车、油船等容器改装别种油品时，应进行刷洗、干燥。灌装与容器中原残存品种相同的油料，可根据具体情况简化刷洗手续，但必须确认容器合乎要求，才能重复灌装，以保证油品质量。用使用过的油桶、油罐、油罐车、油船灌装中高档润滑油时，必须进行特别刷洗，即用溶剂或适宜的汽油刷洗，必要时用蒸汽吹扫，要求达到无杂质、水分、油垢和纤维，并无明显铁锈，目视不呈现锈皮、锈渣及黑色油污，方可装入。

324. 车用润滑油（液）的储运及使用管理

由于润滑油本身的成分比较稳定，所以，在正常条件下润滑油氧化变质的情况是比较少的，大多数情况下润滑油的变质往往是由于在储存或运输过程中不利的外界因素引起的，应特别注意。

① 润滑油（液）在储运过程中要防水、防尘、密封保存。在仓库长期存放时要在室内避光存放，避免曝晒引起变质。

② 大包装产品在开启使用后，剩余的油液应注意密封存放，并尽快在短期内用完，开启后存放最好不要超过三个月。

③ 润滑油（液）产品要分批分类存放，并在各批各类上有明显的标记，以免错取错用。因为不少品牌的产品包装外观颜色统一，仅靠外部贴纸不同而区分；有的品牌产品甚至外包装纸箱是一样的，仅靠一张贴纸表明不同级别，因此储存及使用时要看清楚，避免误用造成事故。

④ 200L 大桶包装产品最好横放，堆放高度不要超过四层。因条件所限在室外放置时，要向桶口处倾斜一定角度，以免外界水分淤积在桶口渗入油中。

⑤ 16L、18L、50L 等中桶包装产品在堆放时，码放高度不要超过四层。如果外包装物为铁桶，更应注意轻取轻放，以免引起碰撞变形。

⑥ 6L、4L、3.5L、1L 等小包装产品在堆放时，码放高度不要超过六层，长期存放时，地面要铺上油毡纸或用木架隔开地板，以免地板水汽上升，令纸箱潮湿。

⑦ 在门面摆放的样品避免长期日光曝晒引起变质，在一定时间内（一般一个月内）要更换样品。

⑧ 润滑油液在将要开启使用前，一定要将桶口周围的灰尘、杂质擦干净，以免在使用时将这些东西混入油液中。应保持加注工具的清洁，防止水分、灰沙、铁锈等通过容器或加注工具进入油中。

⑨ 发动机油、齿轮油及 ATF 类产品如果出现浑浊、有明显悬浮物、罐底有沉淀时，不可使用。

⑩ 刹车油类产品如果出现浑浊、发臭、外包装变形时，不可使用。

⑪ 防冻液类产品出现浑浊、发臭、有沉淀，或 pH 值偏中性而不是呈碱性时，不可使用。

⑫ 要特别注意润滑油脂产品的储存和使用，因为润滑脂是一种胶体，在储存和使用中结构将会受到各种外界因素的影响而变化。

在库房存储时，温度不宜高于 35℃，也不宜低于−15℃，以免引起脂体高温析油或低温硬化。

包装容器应密封，不能漏入水分及外来杂质，使用设备加脂后应有外盖，以免水分及杂质混入，因为脂与油液不同，难以通过过滤手段将杂质等除去。

当开桶取样或取部分产品使用后，不要在包装桶内留下孔洞状，应将取样样品的脂表面抹平，防止出现凹坑，否则基础油将被自然重力压挤而渗入取样留下的凹坑，出现分油现象而影响产品的质量。

如果润滑脂出现表面明显变化，有龟裂，或因混入水分而乳化变白、变浅，或稠度明显变小，或表面有明显析油，或有明显酸败味等，都说明脂体变质，不可使用。

⑬ 发动机清洗剂、油路清洗剂或燃油添加剂类产品以及摩托车 2T 油为易燃品，存放及使用时一定要注意避开火源。

⑭ 不同性质的油品不能相混，否则会使油品质量下降，严重时会使油品变质。特别是各种中高档润滑油，含有多种特殊作用的添加剂，当加有不同体系的添加剂的油品相混时，就会影响它的使用性能，甚至会使添加剂沉淀变质。

⑮ 收发散装黏稠油品，为便于流动需要加热时，油本身的温度不得超过70℃，以防止油品质量下降。

⑯ 发放油品应遵循"存新发旧"的原则。

⑰ 废润滑油由于氧化变质，其毒性高于新油，应将废油收集起来统一处理，不要随便抛弃。盛装润滑油的空桶或瓶子也不要随地乱丢，也应统一妥善处理，防止污染环境。

二、油品安全知识

石油产品是易燃、易爆、易产生静电和对人体有一定毒害作用的物品。油品的安全性质见表 3-5。由于油品有一定的危险性，因此，在储存和使用中，要严格遵守安全管理制度和有关操作规程，以杜绝事故的发生。

表3-5　油品安全性质

油品名称	与空气混合时的爆炸极限含量（体积分数）/%		温度/℃			卫生许可最高浓度/（mg/m³）
	下限	上限	一般沸程	闪点	自燃点	
汽油	1.0	8.0	50～205	−50～28	415～530	300
煤油	0.8	6.5	200～300	40～55	380～425	300
轻柴油	0.6	6.5	180～360	55～90	300～380	—
重柴油	—	—	300～370	65～120	300～330	—
润滑油	—	—	350～530	120～250	300～350	—

325. 油品如何防火和防爆？

（1）控制可燃物

① 杜绝储油容器溢油。对在装卸油品操作中发生的跑、冒、滴、漏、溢油，应及时清除处理。

② 严禁将油污、油泥、废油等倒入下水道排放，应收集放于指定的地点，

妥善处理。

③ 油罐、库房、泵房、发油间以及油品调和车间等建筑物附近，要清除一切易燃物，如树叶、干草和杂物等。

④ 用过的沾油棉纱、油抹布、油手套、油纸等物，应置于工作间外有盖的铁桶内，并及时清除。

（2）断绝火源

① 不准携带火柴、打火机或其他火种进入油库和油品储存区、油品收发作业区。严格控制火源流动和明火作业。

② 油库内严禁烟火，维修作业必须使用明火时，一定要申报有关部门审查批准，并采取安全防范措施后，方可动火。

③ 汽车、拖拉机入库前，必须在排气管口加戴防火罩，停车后立即熄灭发动机，并严禁在库内检修车辆，也不准在作业过程中启动发动机。

④ 铁路机车入库时，要加挂隔离车，关闭灰箱挡板，并不得在库区清炉和在非作业区停留。

⑤ 油轮停靠码头时，严禁使用明火，禁止携带火源登船。

（3）防止电火花引起燃烧和爆炸

① 油库及一切作业场所使用的各种电器设备，都必须是防爆型的，安装要合乎安全要求，电线不可有破皮、露线及发生短路的现象。

② 油库上空严禁高压电线跨越。储油区和桶装轻质油库房与电线的距离，必须大于电杆长度的 1.5 倍以上。

③ 通入油库的铁轨必须在入库口前安装绝缘隔板，以防止外部电源由铁轨进入油库内产生电火花。

④ 在工作车间或仓库上空，设置避雷装置。

（4）防止金属摩擦产生火花引起燃烧和爆炸

① 严格执行出入库和作业区的有关规定。禁止穿钉子鞋或掌铁的鞋进入油库，更不能攀登油罐、油轮、油槽车、油罐汽车和踏上油桶，并禁止骡马等进入库区。

② 不准用铁质工具去敲打容器的盖，开启大桶盖和槽车盖时，应使用铜扳手或碰撞时不会发生火花的合金扳手。

③ 在库房内应避免金属容器相互碰撞，更不能在水泥地面上滚动无垫圈的油桶。

④ 油品在接卸作业中，要避免装卸鹤管在插入和拔出槽车口或油轮舱口时碰撞。凡是有油气存在的地方，都不能碰击铁质金属。

（5）防止油蒸气积聚引起燃烧和爆炸

① 未经洗刷的油桶、油罐、油箱以及其他储存容器，严禁修焊。洗刷后的容器在备焊前要打开盖口通风，必要时先进行试爆。

② 库房内储存的桶装轻质油品，要经常检查，发现渗漏及时换装。桶装轻质油的库房、货棚和收发间应保持空气流通。

③ 地下、山洞油罐区，严防油品渗漏，要安装通风设备，保持通风良好，避免油气积聚。

326. 油品如何防止静电？

（1）静电的产生

油品在收发、输转、灌装过程中，油品分子之间和油品与其他物质之间的摩擦，会产生静电，其电压随着摩擦的加剧而增大，如不及时导除，当电压增高到一定程度时，就会在两带电体之间打火（即静电放电）而引起油品爆炸着火。

静电电压越高越容易放电。电压的高低或静电电荷量大小主要与下列因素有关：

① 灌油流速越快，摩擦越剧烈，产生静电电压越高。

② 空气越干燥，静电越不容易从空气中消除，电压越容易升高。

③ 油管出口与油面的距离越大，油品与空气摩擦越剧烈，油流对油面的搅动和冲击越厉害，电压就越高。

④ 管道内壁越粗糙，流经的弯头阀门越多，产生静电电压越高。油品在输转中含有水分时，比不含水分产生的电压高几倍到几十倍。

⑤ 非金属管道，如帆布、橡胶、石棉、水泥、塑料等管道比金属管道更容易产生静电。

⑥ 管道上安装滤网，其栅网越密，产生静电电压越高。稠毡过滤网产生的静电电压更高。

⑦ 大气的温度较高（22～40℃），空气的相对湿度在13%～24%时，极易产生静电。

在同等条件下，轻质燃料油比润滑油易产生静电。

（2）防止静电放电的方法

一切用于储存、输转油品的油罐、管线、装卸设备，都必须有良好的接地装置，及时把静电导入地下，并应经常检查静电接地装置技术状况和测试接地电阻。油库中油罐的接地电阻不应大于 10Ω（包括静电及安全接地）。立式油罐的接地极按油罐的圆周长计，每 18m 一组，卧式油罐接地极应不少于二组。

① 向油罐、油罐汽车、铁路槽车装油时，输油管必须插入油面以下或接近罐底，以减少油品的冲击和与空气的摩擦。

② 在空气特别干燥、温度较高的季节，尤其应注意检查接地设备，适当放慢速度，必要时可在作业场地和导静电接地极周围浇水。

③ 在输油、装油开始和装油到容器的四分之三至结束时，容易发生静电放电事故，这时应控制流速在 1m/s 以内。

④ 船舶装油时，要使加油管出油口与油船的进油口保持金属接触状态。

⑤ 油库内严禁向塑料桶里灌轻质燃料油，禁止在影响油库安全的区域内用塑料容器倒装轻质燃料油。

⑥ 所有登上油罐和从事燃料油灌装作业的人员均不得穿着化纤服装（经鉴定的放静电工作服除外）。上罐人员登罐前要手扶无漆的油罐扶梯片刻，以导除人体静电。

（3）接地装置的设置

① 接地线。接地线必须有良好的导电性能、适当的截面积和足够的强度。

油罐、管线、装卸设备的接地线，常使用厚度不小于 4mm、截面积不小于 48mm² 的扁钢；油罐汽车和油轮可用直径不小于 6mm 的铜线或铝线；橡胶管一般用直径 3～4mm 的多股铜线。

② 接地极。接地极应使用直径 50mm、长 2.5m、管壁厚度不小于 3mm 的钢管，清除管子表面的铁锈和污物（不要作防腐处理），挖一个深约 0.5m 的坑，将接地极垂直打入坑底土中。接地极应尽量埋在湿度大、地下水位高的地方。

接地极与接地线间的所有接点均应栓接或卡接，确保接触良好。

327. 如何防止油品保管人员发生中毒？

许多石油产品对人体都有害，毒害性因其化学结构、蒸发速度和所含添加剂性质及加入量的不同而不同。一般认为基础油中的芳香烃、环烷烃毒性较大，油品中加入的各种添加剂，如抗爆剂、防锈剂、抗腐剂等也都有较大的毒性。如皮肤接触油品后不及时清洗干净，则轻者可能引起皮炎、疙瘩，重者发生皮疹或皮瘤。误入口内或吸入体内，轻者发生肠胃疾病或肺炎，重者可能导致癌症，因而极应注意不要把油品弄到食品上，不要弄进呼吸道里，也不要弄到满身是油或满地是油，这不仅造成浪费，而且有碍个人健康及卫生。只要我们掌握各种油品的性质，采取必要的预防措施，中毒事故是完全可以避免的。

（1）尽量减少油品蒸汽的吸入量

① 油品库房要保持良好的通风。进入轻质油库房作业前，应先打开窗口，让油品蒸气尽量逸散后才进入库内工作。

② 特别要注意防止汽油泼洒、渗漏。油罐、油箱、管线、油泵及加油设备等要保持严密不漏，如发现渗漏现象应及时维修，并彻底收集和清除漏洒的油品，避免油品产生蒸气，加重作业区的空气污染。

③ 进入轻油罐、船舶油舱作业时，必须事先打开人孔通风，降低罐内油蒸气的浓度。进罐人员必须穿上工作服、胶鞋、戴橡皮手套，必要时还要戴上过滤式防毒面具，系上保险带和信号绳。另外，油罐外面应有专人守护，随时联系，也便于轮换作业。每人连续工作时间不宜超过 15min。

④ 清扫汽、煤油油罐汽车和其他小型容器的余油时，严禁工作人员进入罐内操作，在清扫其他余油必须进罐时，应采取有效的安全措施。

⑤ 进行轻油作业时，操作者一定要站在上风口位置，尽量减少油蒸气吸入。

⑥ 油品质量调整作业场所，要安装排风装置，以免在加热和搅拌过程中产生大量油蒸气，危害操作人员的健康。

（2）避免口腔和皮肤与油品接触

① 严禁用嘴吸含铅汽油或其他油品，如果必须从油箱中通过胶管将汽油抽出时，可以用橡皮球或抽吸设备去吸。

② 接触汽油操作应穿工作服，戴防护手套。作业完毕后，下班时要用肥皂、清水洗净手、脸，有条件最好洗澡。未经洗手、洗脸、漱口，不要吸烟、饮水和进食。

③ 不要将沾有油污的工作服、手套、鞋袜带进食堂和宿舍，应放于指定的更衣室，并定期洗净。

从事接触汽油作业者，就业前均应进行健康检查。凡患有神经系统疾患、内分泌疾患、心血管疾患、血液病、肺结核、肝脏病等不宜从事此类工作，在定期健康检查中，凡确诊上述疾病的患者均应调离接触汽油工作，进行治疗与疗养。妊娠及哺乳期妇女亦应暂时调离。工作中发现有头晕、头痛、呕吐等汽油中毒症状时，应立即停止工作，到空气新鲜的地方休息，严重者应尽快送到医院。

328. 如何防止油品储运设备的腐蚀？

石油产品在储运过程中，由于金属腐蚀会损坏容器、管线及设备，甚至发生漏油事故。金属腐蚀所产生的氧化产物会增加油品机械杂质含量并加速油品氧化，影响油品质量。因此，必须重视油库金属设备的防腐工作。

（1）产生腐蚀的原因

① 化学腐蚀。金属容器及设备周围的无机盐类，如氯化钙、氯化钠、硫酸钙等介质与金属表面发生化学反应，能引起金属的腐蚀，这种腐蚀主要发生在与海水接触或埋设于地下的储油罐及输油管线。同时油品中含有硫化物、水分、有机酸等物质，与金属容器及管线内表面发生化学反应也会引起腐蚀。化学腐蚀与温度、介质成分、介质浓度、介质运动速度以及金属本身的材质等因素都有关系。一般来讲，海水及油品中的硫化物、酸性物质等都是较强的腐蚀介质。

② 大气腐蚀。大气腐蚀是一种电化学腐蚀。暴露在大气中的金属设备表面，由于环境水分的蒸发，常有一层冷凝水，在这一薄层冷凝水形成的同时，就有一些气体（大气中的 N_2、O_2、H_2S、HCl、SO_2、CO_2 等）溶进去，形成可导电的溶液（电解质溶液），金属和介质之间发生氧化还原反应，使金属遭到破坏。

大气腐蚀的产物为棕红色的 Fe_2O_3，俗称铁锈。疏松的铁锈不能阻止金属与水溶液接触，所以金属表面还会继续腐蚀下去。油库的金属设备，都普遍受到大气腐蚀，其破坏性较大。

（2）涂层防腐

① 定期在金属储油罐的内壁喷涂防腐涂层，如环氧树脂层或生漆层。

② 定期将暴露在大气的输油管线及油泵等设备喷涂防锈漆。

③ 设置在地表的输油管线，要清除积水，防止浸泡，以免涂层剥落。

④ 油库设备中的活动金属部件，如输油管线的阀门等，要涂抹上防锈脂或润滑脂，防止水分从阀门螺杆渗入而引起腐蚀。露天阀门要安装防护罩，防止雨水冲掉防锈脂层。

⑤ 设置在码头常被溅湿的输油管线及设备，应在其表面喷涂抗腐防锈脂或黏附性较好的防护用润滑脂。

⑥ 埋没在地下的输油管线及储油容器，由于直接与泥土中的水分、盐、碱类及酸性物质接触，应在外表面涂上防锈漆，再喷涂沥青防护层。

（3）阴极防腐

① 护屏防腐。护屏防腐的原理是让阳极的金属腐蚀掉，保护阴极金属材料不被腐蚀。在要保护的金属油罐及输油管线的外表连接一种电位低的金属或合金（护屏材料），作为阳极的护屏材料被腐蚀。这种方法适用于储油罐、油船及地下输油管线的防腐。一般采用护屏材料有锌、铝、镁及其合金。

② 外加电流的阴极防腐。外加电流的阴极防腐方法是把被保护的金属管线及储油罐转化为阴极得到防腐，接电源正极的废钢材被腐蚀。这种方法适用于地下储油罐、地下管线和与海水直接接触的码头输油管线及油轮等。一般采用的阳极材料有废旧钢铁、石墨、高硅铁、磁性氧化铁等，这些材料被消耗完后，随时可更换。

329. 在储存、收发和使用油品的作业场所，常用的消防器材有哪些？

在储存、收发和使用油品的作业场所，要按安全规定配备适用、有效和足够的消防器材，以便能在起火之初迅速扑灭。常用的消防器材有如下几种：

（1）灭火沙箱

灭火用沙子，一般采用细河沙，放置于油品作业场所适当的地点，配备必要的铁锹、钩杆、斧头、水桶等消防工具。发生火灾时用铁锹或水桶将沙子散开，覆盖火焰，使其熄灭。适用于扑灭漏洒在地面的油品着火，也可用于掩埋地面管线的初期小火灾。

（2）石棉被

石棉是不燃物，将石棉被覆盖在着火物上，火焰会因窒息而熄灭。适用于扑灭各种储油容器的罐口、桶口、油罐车口、管线裂缝的火焰以及地面小面积的初期火焰。

（3）泡沫灭火机

泡沫灭火机的灭火液由硫酸铝、碳酸氢钠和甘草精组成。灭火时，将泡沫灭火机机身倒置，喷嘴向下，旋开手阀，泡沫即可喷出，覆盖着火物而达到灭火目的。适用于扑灭桶装油品、管线、地面的火灾。不宜用于电气设备和精密金属制品的火灾。

（4）四氯化碳灭火机

四氯化碳汽化后是无色透明、不导电、密度较空气大的气体。灭火时将机身倒置，喷嘴向下，旋开手阀，即可喷向火焰使其熄灭。适用于扑灭电器设备和贵重仪器设备的火灾。四氯化碳毒性大，使用者要站在上风口，在室内灭火后，要及时通风。

（5）二氧化碳灭火机

二氧化碳是一种不导电的气体，密度较空气大，在钢瓶内的高压下为液态。灭火时只需扳动开关，二氧化碳即以气流状态喷射到着火物上，隔绝空气，使火焰熄灭。适用于精密仪器、电气设备以及油品化验室等场所的小面积火灾。二氧化碳由液态变为气态时大量吸热，温度极低（可达–80℃），因此，在使用时要避免冻伤，同时，二氧化碳有毒，应尽量避免吸入。

（6）干粉灭火机

干粉主要是由碳酸氢钠、滑石粉、云母粉和硬脂酸组成，钢瓶内装有干粉和二氧化碳。使用时将灭火机的提环提起，干粉剂在二氧化碳气体作用下喷出粉雾，覆盖在着火物上，使火焰熄灭。适用于扑灭油罐区、库房、油泵房、发油间等场所的火灾，不宜用于精密电器设备的火灾。

（7）1211灭火剂

1211灭火剂由二氟一氯一溴甲烷组成。它是在氮气压力下以液态灌装在钢瓶里，使用时拔掉安全销，用力紧握压把启开阀门，1211即可喷出，射向火焰，立即抑制燃烧的连锁反应，使火焰熄灭。广泛用于扑救各种场合下的油品、有机溶剂、可燃气体、电器设备、精密仪器等火灾。

330. 加油站的火灾特点是什么？

① 突发性。即火灾的发生就在瞬间，一旦着火，很快蔓延成灾。

② 高热辐射性。石油产品一旦燃烧就能迅速释放出大量的热能。高热量的对流和辐射，加快了燃烧中油料的蒸发和燃烧速度，并且由于热传导及热辐射，又容易危及邻近物体，扩大燃烧范围。

③ 燃烧与爆炸交替发生。石油产品火灾的特点又往往表现为燃烧和爆炸交替发生，这是由于燃烧过程中油气浓度的不断变化，影响燃烧和爆炸不断相互转化，使火情也相应不断扩大，增加了扑救的困难。

331. 加油站的消防器材应如何配备？

① 每座加油岛应设置2只8kg手提式干粉灭火器。

② 每台加油机（或加气机）应设1只8kg手提式干粉灭火器或6L手提式高效化学泡沫灭火器。但加油机总数超过6台时，仍按6只设置。这些灭火器应集中存放在站房前。

③ 埋地或地上卧式油罐应设置 1 台 70kg 推车式干粉灭火器和 1 台 100L 推车式泡沫灭火器。

④ 一、二级加油站配置灭火毯 5 块、消防沙 $2m^3$。三级加油站配置灭火毯 2 块、消防沙 $2m^3$。加油加气合建站按同级别的加油站配置灭火毯和消防沙。

⑤ 营业室消防器材配置。营业室配备有中控、管控电脑设备的，配置 2~3kg 二氧化碳灭火器 2 只。

⑥ 发、配电房消防器材配置：a. 发、配电房设置在一起（由同一扇门进出）的，配置 2~3kg 二氧化碳灭火器 2 只；b. 发、配电房分开设置（分别由独立的两扇门进出）的，各配置 2~3kg 二氧化碳灭火器 2 只。

⑦ 办公室消防器材配置：a. 办公室与营业室不同门进，是两个独立的房间，办公室内配备 2~3kg 二氧化碳灭火器 2 只或 4kg 干粉灭火器 2 只；b. 办公室与营业室是同门进，与营业室毗邻，办公室与营业室共有 2~3kg 二氧化碳灭火器 2 只，放置在中控系统旁。

⑧ 员工宿舍消防器材配置。员工宿舍每层楼配置 4kg 干粉灭火器 2 只。

⑨ 厨房消防器材配置：a. 厨房是单独的，与员工宿舍不同楼层，配置 4kg 干粉灭火器 2 只；b. 厨房与员工宿舍同一楼层，则厨房与该楼层宿舍共用 2 只 4kg 干粉灭火器。

⑩ 其他消防器材配置：a. 一、二级加油站油罐区配置消防铁铲 4~5 把、消防沙桶 4~5 个，三级加油站油罐区配置消防铁铲 3 把、消防桶 3 只；b. 有消火栓的加油站，每个消火栓配置水带 1 盘、消火栓扳手 1 个和水枪 1 支。

附录

附录一 汽油机油国家标准

汽油机油黏温性能要求					
项目	低温动力黏度 /（mPa·s） 不大于	边界泵送温度/℃ 不高于	运动黏度（100℃） /（mm²/s）	黏度指数 不小于	倾点/℃ 不高于
实验方法	GB/T 6538	GB/T 9171	GB/T 265	GB/T 1995 GB/T 2541	GB/T 3535
质量等级	黏度 等级	—	—	—	—
	0W-20	3250(−30℃)	−35	5.6～<9.3	—	−40
	0W-30	3250(−30℃)	−35	9.3～<12.5	—	
	5W-20	3500(−25℃)	−30	5.6～<9.3	—	−35
	5W-30	3500(−25℃)	−30	9.3～<12.5	—	
	5W-40	3500(−25℃)	−30	12.5～<16.3	—	
	5W-50	3500(−25℃)	−30	16.3～<21.9	—	
	10W-30	3500(−20℃)	−25	9.3～<12.5	—	−30
	10W-40	3500(−20℃)	−25	12.5～<16.3	—	
SE、SF	10W-50	3500(−20℃)	−25	16.3～<21.9	—	
	15W-30	3500(−15℃)	−20	9.3～<12.5	—	−23
	15W-40	3500(−15℃)	−20	12.5～<16.3	—	
	15W-50	3500(−15℃)	−20	16.3～<21.9	—	
	20W-40	4500(−10℃)	−15	12.5～<16.3	—	−18
	20W-50	4500(−10℃)	−15	16.3～<21.9	—	
	30	—	—	9.3～<12.5	75	−15
	40	—	—	12.5～<16.3	80	−10
	50	—	—	16.3～<21.9	80	−5

项目	低温动力黏度/（mPa·s） 不大于	低温泵送黏度/（mPa·s） 在无屈服应力时，不大于	运动黏度（100℃） /（mm²/s）	高温高剪切黏度（150℃,10⁶s⁻¹） /（mPa·s） 不小于	黏度指数 不小于	倾点/℃ 不高于
实验方法	GB/T 6538 ASTM D5293	SH/T 0562	GB/T 265	SH/T 0618 SH/T 0703 SH/T 0751	GB/T 1995 GB/T 2541	GB/T 3535
	0W-20	6200(−35℃)	60000(−40℃)	5.6～<9.3	2.6	—	−40
	0W-30	6200(−35℃)	60000(−40℃)	9.3～<12.5	2.9	—	
SE、SF、 SG、SH、 GF-1、SJ、 GF-2、 SL、GF-3	5W-20	6600(−30℃)	60000(−35℃)	5.6～<9.3	2.6	—	−35
	5W-30	6600(−30℃)	60000(−35℃)	9.3～<12.5	2.9	—	
	5W-40	6600(−30℃)	60000(−35℃)	12.5～<16.3	2.9	—	
	5W-50	6600(−30℃)	60000(−35℃)	16.3～<21.9	3.7	—	
	10W-30	7000(−25℃)	60000(−30℃)	9.3～<12.5	2.9	—	−30
	10W-40	7000(−25℃)	60000(−30℃)	12.5～<16.3	2.9	—	

项目	低温动力黏度/(mPa·s) 不大于	低温泵送黏度/(mPa·s) 在无屈服应力时，不大于	运动黏度(100℃)/(mm²/s)	高温高剪切黏度(150℃,10⁶s⁻¹)/(mPa·s) 不小于	黏度指数 不小于	倾点/℃ 不高于
实验方法	GB/T 6538 ASTM D5293	SH/T 0562	GB/T 265	SH/T 0618 SH/T 0703 SH/T 0751	GB/T 1995 GB/T 2541	GB/T 3535
SE、SF、SG、SH、GF-1、SJ、GF-2、SL、GF-3 — 10W-50	7000(−25℃)	60000(−30℃)	16.3～21.9	3.7	—	−30
15W-30	7000(−20℃)	60000(−25℃)	9.3～<12.5	2.9	—	−25
15W-40	7000(−20℃)	60000(−25℃)	12.5～<16.3	3.7	—	−25
15W-50	7000(−20℃)	60000(−25℃)	16.3～21.9	3.7	—	−25
20W-40	9500(−15℃)	60000(−20℃)	12.5～<16.3	3.7	—	−20
20W-50	9500(−15℃)	60000(−20℃)	16.3～21.9	3.7	—	−20
30	—	—	9.3～<12.5	—	75	−15
40	—	—	12.5～<16.3	—	80	−10
50	—	—	16.3～21.9	—	80	−5

汽油机油模拟性能和理化性能要求

项目	SE	SF	SG	SH	GF-1	SJ	GF-2	SL、GF-3	试验方法
水分(体积分数)/% 不大于	痕迹								GB/T 260
泡沫性(泡沫倾向/泡沫稳定性)/(mL/mL) 24℃ 不大于	25/0	10/0	10/0	10/0	10/0	10/0	10/0	10/0	GB/T 12579
93.5℃ 不大于	150/0	50/0	50/0	50/0	50/0	50/0	50/0	50/0	
后24℃ 不大于	25/0	10/0	10/0	10/0	10/0	10/0	10/0	10/0	
150℃ 不大于	—	报告	报告	报告	报告	200/50	200/50	100/0	SH/T 0722
蒸发损失(质量分数)/% 不大于 (适用黏度级别)	—	5W-30 10W-30 15W-30	5W-30 10W-30	15W-30	0W 和5W / 所有其他多级油	0W-20、5W-20、5W-30、10W-30 / 所有其他多级油	多级油		
诺亚克法(250℃,1h)或气相色谱法(371℃)馏出量	—	25	20	18	25 / 20	22 / 20	22	15	SH/T 0059
方法1	—	20	17	15	20 / 17	—	—	—	SH/T 0558
方法2	—	—	—	—	—	17 / 15	17	—	SH/T 0695
方法3	—	—	—	—	—	17 / 15	17	10	SH/T D6417
过滤量/% 不大于 (适用黏度级别)			5W-30 10W-30	15W-40					
EOFT 流量减少	—	—	50	无要求	50	50	50	50	ASTM D6795
EOWTT 流量减少 用0.6%水	—	—	—	—	—	报告	—	50	ASTM D6794
用1.0%水	—	—	—	—	—	报告	—	50	

汽油机油模拟性能和理化性能要求									
项目	质量指标								试验方法
	SE	SF	SG	SH	GF-1	SJ	GF-2	SL、GF-3	
用 2.0%水 用 3.0%水	— —	— —	— —		— —	报告 报告	— —	50 50	
均匀性和混合性	—		与 SAE 参比油混合均匀						ASTM D6922
高温沉积物/mg ≤ TEOST TEOST MHT	— 	— 	— 	— 	— 	60 —	60 —	— 45	SH/T 0750 ASTM D7097
凝胶指数 ≤	—	—	—		—	12 无要求	12d	12d	SH/T 0732
机械杂质(质量分数)/%	0.01								GB/T 511
闪点(开口)/℃ (黏度等级) ≥	200(0W、5W 多级油);205(10W 多级油);215(15W、20W 多级油);220(30); 225(40);230(50)								GB/T 3535
磷(质量分数)/% ≤	报告	0.12		0.12		0.10	0.10	0.10	SH/T 0296 SH/T 0631
硫(质量分数)/%	报告								GB/T 387 等
氮(质量分数)/%	报告								GB/T 9170
碱值(以 KOH 计)/(mg/g)	报告								SH/T 0251
硫酸盐灰分(质量分数)/%	报告								GB/T 2433

注:数据源自 GB 11121—2006。

附录二　柴油机油国家标准

柴油机油黏温性能要求							
项目		低温动力黏度/(mPa·s)不大于	边界泵送温度/(℃)不高于	运动黏度(100℃)/(mm²/s)	高温高剪切黏度(150℃,10⁶s⁻¹)/(mPa·s)不小于	黏度指数不小于	倾点/℃不高于
实验方法		GB/T 6538	GB/T 9171	GB/T 265	SH/T 0618 SH/T 0703 SH/T 0751	GB/T 1995 GB/T 2541	GB/T 3535
质量等级	黏度等级	—	—	—	—	—	—
CC、CD	0W-20	3250(−30℃)	−35	5.6～<9.3	2.6	—	−40
	0W-30	3250(−30℃)	−35	9.3～<12.5	2.9	—	

柴油机油黏温性能要求						
项目	低温动力黏度/(mPa·s)不大于	边界泵送温度/(℃)不高于	运动黏度(100℃)/(mm²/s)	高温高剪切黏度(150℃, $10^6 s^{-1}$)/(mPa·s)不小于	黏度指数不小于	倾点/℃不高于
实验方法	GB/T 6538	GB/T 9171	GB/T 265	SH/T 0618 SH/T 0703 SH/T 0751	GB/T 1995 GB/T 2541	GB/T 3535
CC、CD	0W-40	3250(−30℃)	−35	12.5～<16.3	2.9	—	−40
	5W-20	3500(−25℃)	−30	5.6～<9.3	2.6	—	−35
	5W-30	3500(−25℃)	−30	9.3～<12.5	2.9	—	
	5W-40	3500(−25℃)	−30	12.5～<16.3	2.9	—	
	5W-50	3500(−25℃)	−30	16.3～<21.9	3.7	—	
	10W-30	3500(−20℃)	−25	9.3～<12.5	2.9	—	−30
	10W-40	3500(−20℃)	−25	12.5～<16.3	2.9	—	
	10W-50	3500(−20℃)	−25	16.3～<21.9	3.7	—	
	15W-30	3500(−15℃)	−20	9.3～<12.5	2.9	—	−23
	15W-40	3500(−15℃)	−20	12.5～<16.3	3.7	—	
	15W-50	3500(−15℃)	−20	16.3～<21.9	3.7	—	
	20W-40	4500(−10℃)	−15	12.5～<16.3	3.7	—	−18
	20W-50	4500(−10℃)	−15	16.3～<21.9	3.7	—	
	20W-60	4500(−10℃)	−15	21.9～<26.1	3.7	—	
	30	—	—	9.3～<12.5	—	75	−15
	40	—	—	12.5～<16.3	—	80	−10
	50	—	—	16.3～<21.9	—	80	−5
	60	—	—	21.9～<26.1	—	80	−5
CF、CF-4、CH-4、CI-4	0W-20	6200(−35℃)	60000(−40℃)	5.6～<9.3	2.6	—	
	0W-30	6200(−35℃)	60000(−40℃)	9.3～<12.5	2.9	—	−40
	0W-40	6200(−35℃)	60000(−40℃)	12.5～<16.3	2.9	—	
	5W-20	6600(−30℃)	60000(−35℃)	5.6～<9.3	2.6	—	
	5W-30	6600(−30℃)	60000(−35℃)	9.3～<12.5	2.9	—	−35
	5W-40	6600(−30℃)	60000(−35℃)	12.5～<16.3	2.9	—	
	5W-50	6600(−30℃)	60000(−35℃)	16.3～<21.9	3.7	—	
	10W-30	7000(−25℃)	60000(−30℃)	9.3～<12.5	2.9	—	−30
	10W-40	7000(−25℃)	60000(−30℃)	12.5～<16.3	2.9	—	
	10W-50	7000(−25℃)	60000(−30℃)	16.3～<21.9	3.7	—	
	15W-30	7000(−20℃)	60000(−25℃)	9.3～<12.5	2.9	—	−25
	15W-40	7000(−20℃)	60000(−25℃)	12.5～<16.3	3.7	—	
	15W-50	7000(−20℃)	60000(−25℃)	16.3～<21.9	3.7	—	
	20W-40	9500(−15℃)	60000(−20℃)	12.5～<16.3	3.7	—	−20

柴油机油黏温性能要求						
项目	低温动力黏度/(mPa·s) 不大于	边界泵送温度/(℃) 不高于	运动黏度（100℃）/（mm²/s）	高温高剪切黏度（150℃，$10^6 s^{-1}$）/（mPa·s）不小于	黏度指数 不小于	倾点/℃ 不高于
实验方法	GB/T 6538	GB/T 9171	GB/T 265	SH/T 0618 SH/T 0703 SH/T 0751	GB/T 1995 GB/T 2541	GB/T 3535
CF、CF-4、CH-4、CI-4　20W-50	9500(−15℃)	60000(−20℃)	16.3～<21.9	3.7	—	−20
20W-60	9500(−15℃)	60000(−20℃)	21.9～<26.1	3.7	—	−20
30	—	—	9.3～<12.5	—	75	−15
40	—	—	12.5～<16.3	—	80	−10
50	—	—	16.3～<21.9	—	80	−5
60	—	—	21.9～<26.1	—	80	−5

柴油机油理化性能要求					
项目	质量指标				试验方法
	CC CD	CF CF-4	CH-4	CI-4	
水分(体积分数)/% ≤	痕迹				GB/T 260
泡沫性(泡沫倾向/泡沫稳定性)/(mL/mL)：					GB/T 12579
24℃ ≤	25/0	20/0	10/0	10/0	
93.5℃ ≤	150/0	50/0	20/0	20/0	
后24℃ ≤	25/0	20/0	10/0	10/0	
蒸发损失(质量分数)/% ≤			10W-30	15W-40	
诺亚克法(250℃，1h)	—	—	20　18	15	SH/T 0059
或气相色谱法(371℃)馏出量			17　15		ASTM D6417
机械杂质(质量分数)/% ≤	0.01				GB/T 511
闪点(开口)/℃(黏度等级) ≥	200(0W、5W 多级油)；205(10W 多级油)；215(15W、20W 多级油)；220(30)；225(40)；230(50)；240(60)				GB/T 3536
碱值(以 KOH 计)/(mg/g)	报告				SH/T 0251
硫酸盐灰分(质量分数)/%	报告				GB/T 2433
硫(质量分数)/%	报告				GB/T 387、GB/T 388、GB/T 11140、GB/T 17040、GB/T 17476、SH/T 0172、SH/T 0631、SH/T 0749
磷(质量分数)/%	报告				GB/T 17476、SH/T 0296、SH/T 0631、SH/T 0749
氮(质量分数)/%	报告				GB/T 9170、SH/T 0656、SH/T 0704

注：数据源自 GB 11122—2006。

附录三 重负荷车辆齿轮油（GL-5）的技术要求和试验方法

项目	质量指标										试验方法
黏度等级	75W-90	80W-90	80W-110	80W-140	85W-90	85W-110	85W-140	90	110	140	
运动黏度（100℃）/（mm²/s）	13.5～<8.5	13.5～<18.5	18.5～<24.0	24.0～<32.5	13.5～<18.5	18.5～<24.0	24.0～<32.5	13.5～<18.5	18.5～<24.0	24.0～<32.5	GB/T 265
黏度指数	报告				不小于 90						GB/T 1995
KRL 剪切安定性（20h）：剪切后 100℃ 运动黏度/(mm²/s)	在黏度等级范围内										NB/SH/T 0845
倾点/℃	报告	报告	报告	报告	报告	报告	报告	不高于 -12	不高于 -9	不高于 -6	GB/T 3535
表观黏度（-40℃）/(mPa·s) ≤	150000	—	—	—	—	—	—	—	—	—	GB/T 11145
表观黏度（-26℃）/(mPa·s) ≤	—	150000	150000	150000	—	—	—	—	—	—	
表观黏度（-12℃）/(mPa·s) ≤	—	—	—	—	150000	150000	150000	—	—	—	
闪点（开口）/℃ ≥	170	180	180	180	180	180	180	180	180	200	BG/T 3536
泡沫性（泡沫倾向）/mL 24℃ ≤ 93.5℃ ≤ 后 24℃ ≤	20 50 20										GB/T 12579
铜片腐蚀（121℃, 3h）/级	3										GB/T 5096
机械杂质（质量分数）/% ≤	0.05										GB/T 511
水分（质量分数）/% ≤	痕迹										GB/T 260
戊烷不溶物（质量分数）/%	报告										GB/T 8926 A 法
硫酸盐灰分（质量分数）/%	报告										GB/T 2433
硫（质量分数）/%	报告										GB/T 17040
磷（质量分数）/%	报告										GB/T 17476
氮（质量分数）/%	报告										NH/SH/T 0704
钙（质量分数）/%	报告										GB/T 17476
贮存稳定性 液体沉淀物(体积分数)/% ≤ 固体沉淀物（质量分数)/% ≤	0.5 0.25										SH/T 0037

续表

项目	质量指标										试验方法
黏度等级	75W-90	80W-90	80W-110	80W-140	85W-90	85W-110	85W-140	90	110	140	
运动黏度（100℃）/（mm²/s）	13.5～<8.5	13.5～<18.5	18.5～<24.0	24.0～<32.5	13.5～<18.5	18.5～<24.0	24.0～<32.5	13.5～<18.5	18.5～<24.0	24.0～<32.5	GB/T 265
黏度指数	报告				不小于 90						GB/T 1995
锈蚀试验： 最终锈蚀性能评价 ≥	9.0										NB/SH/T 0517
承载能力试验： 驱动小齿轮和环形齿轮 螺脊 螺纹 磨损 点蚀/剥落 擦伤	 8 8 5 9.3 10										NB/SH/T 0518
抗擦伤试验	优于参比油或与参比油性能相当										SH/T 0519
热氧化稳定性 100℃运动黏度增长/%	100										SH/T 0520 GB/T 265
戊烷不溶物(质量分数)/% ≤	3										GB/T 8926 A 法
甲苯不溶物(质量分数)/% ≤	2										GB/T 8926 A 法

注：数据源自 GB 13895—2018。

附录四 汽车通用锂基脂技术要求和试验方法

	质量指标		试验方法
	2 号	3 号	
工作锥入度/(1/10 mm)	265～295	220～250	GB/T 269
延长工作锥入度(100 000 次)，变化率/% ≤	20		GB/T 269
滴点/℃ ≥	180		GB/T 4929
防腐蚀性(52℃，48h)	合格		GB/T 5018
蒸发量(99℃，22h)(质量分数)/% ≤	2.0		GB/T 7325
腐蚀(T_2铜片，100℃，24h)	铜片无绿色或黑色变化		GB/T 7326，乙法
水淋流失量(79℃，1h)(质量分数)/% ≤	10.0		SH/T 0109
钢网分油(100℃，30h)(质量分数)/% ≤	5.0		NB/SH/T 0324
氧化安定性(99℃，100h，0.770MPa)，压力降/MPa ≤	0.070		SH/T 0325
漏失量(104℃，6h)/g ≤	5.0		SH/T 0326
游离碱含量(以折合的 NaOH 质量分数计)/% ≤	0.15		SH/T 0329

项目		质量指标		试验方法
		2 号	3 号	
杂质含量(显微镜法)/(个/cm²) ≤				SH/T 0336
10μm 以上		2000		
25μm 以上		1000		
75μm 以上		200		
125μm 以上		0		
低温转矩(-20℃)/(mN·m) ≤				SH/T 0338
启动		790	990	
运转		390	490	

注：数据源自 GB/T 5671—2014。

附录五　我国汽车制动液的规格标准

项目		质量指标				实验方法
		HZY3	HZY4	HZY5	HZY6	
外观		清凉透明，无悬浮物、杂质及沉淀				目测
运动黏度/(mm²/s)						GB/T 265
-40℃	≤	1500	1500	900	750	
100℃	≥	1.5	1.5	1.5	1.5	
平衡回流沸点(ERBP)/℃	≥	205	230	260	250	SH/T 0430
湿平衡回流沸点(WERBP)/℃	≥	140	155	180	165	GB 12981—2012 附录 C*
pH 值		7.0～11.5				GB 12981—2012 附录 D
液体稳定性(ERBP)变化/℃						GB 12981—2012 附录 E
高温稳定性(185℃±2℃，120min±5min)		±5				
化学稳定性		±5				
腐蚀性(100℃±2℃，120h±2h)						
试验后金属片质量变化/(mg/cm²)	≤					
镀锡铁皮		-0.2～+0.2				
钢		-0.2～+0.2				
铸铁		-0.2～+0.2				
铝		-0.1～+0.1				GB 12981—2012 附录 F
黄铜		-0.4～+0.4				
紫铜		-0.4～+0.4				
锌		-0.4～+0.4				
试验后金属片外观		无肉眼可见坑蚀和表面粗糙不平，允许脱色或出现色斑				
试验后试液性能						
外观		无凝胶，在金属表面无黏附物				

项目	质量指标				实验方法
	HZY3	HZY4	HZY5	HZY6	
外观	清凉透明，无悬浮物、杂质及沉淀				目测
pH 值	7.0～11.5				GB 12981—2012 附录 F
沉淀物(体积分数)/% ≤	0.1				
试验后橡胶皮碗状态					
外观	表面不发黏，无炭黑析出				
硬度降低值/IRHD ≤	15				
根径增值/mm ≤	1.4				
体积增加值/% ≤	16				
低温流动性和外观					GB 12981—2012 附录 G
−40℃±2℃，144 h±2h					
外观	清亮透明均匀				
气泡上浮至液面时间/s ≤	10				
−50℃±2℃，6h±0.2h					
外观	清亮透明均匀				
气泡上浮至液面时间/s ≤	35				
沉淀	无				
蒸发性能(100℃±2℃，168h±2h)					GB 12981—2012 附录 H^a
蒸发损失/% ≤	80				
残余物性质	用指尖摩擦时，沉淀中不含颗粒性沙粒和磨蚀物				
残余物倾点/℃ ≤	−5				
容水性(22h±2h)					GB 12981—2012 附录 I
−40℃					
外观	清亮透明均匀				
气泡上浮至液面时间/s ≤	10				
沉淀	无				
60℃					
外观	清亮透明均匀				
沉淀量(体积分数)/% ≤	0.05				
液体相溶性(22h±2h)					GB 12981—2012 附录 I
−40℃					
外观	清亮透明均匀				
沉淀	无				
60℃					
外观	清亮透明均匀				
沉淀量(体积分数)/% ≤	0.05				
抗氧化性(70℃±2℃，168h±2h)					GB 12981—2012 附录 J
金属片外观	无可见坑蚀和点蚀，允许痕量胶质沉积，允许试片脱色				
金属片质量变化/(mg/cm²)					
铝片	−0.05～+0.05				
铸铁片	−0.03～+0.03				

项目	质量指标				实验方法
	HZY3	HZY4	HZY5	HZY6	
外观	清凉透明，无悬浮物、杂质及沉淀				目测
橡胶适应性(120℃±2℃，70h±2h)					
丁苯橡胶(SBR)皮碗					
根径增值/mm	0.15～1.40				
硬度降低值/IRHD ≤	15				GB 12981—2012 附录K
体积增加值/%	1～16				
外观	不发黏、不鼓泡、不析出炭黑				
三元乙丙橡胶(EPDM)试件					
硬度降低值/IRHD ≤	15				
体积增加值/% ≤	0～10				
外观	不发黏、不鼓泡、不析出炭黑				

注：数据源自 GB 12981—2012。

参考文献

[1] 徐春明, 杨朝合. 石油炼制工程[M]. 4 版. 北京: 石油工业出版社, 2009: 99-113.

[2] 任正时, 姜晓辉, 丁扬, 等. 我国车用汽柴油质量升级进程及其积极意义分析[J]. 中国石油和化工标准与质量, 2017, 37(11): 39-43.

[3] 郑丽君, 朱庆云, 李雪静, 等. 欧盟汽柴油质量标准与实际质量状况[J]. 国际石油经济, 2015, 23(05): 42-48.

[4] 郑丽君, 朱庆云, 李雪静. 我国汽柴油质量升级步伐加快[J]. 中国石化, 2017(3): 39-42.

[5] 鲍晓峰, 吕猛, 朱仁成. 中国轻型汽车排放控制标准的进展[J]. 汽车安全与节能学报, 2017, 8(3): 213-225.

[6] 廖依山. 甲醇汽油作为替代能源在我国的发展优势及前景展望[J]. 中国石油和化工标准与质量, 2019, 39(3): 101-102.

[7] 李玉华. 国内外润滑油基础油产品分类标准的发展及现状分析[J]. 山东工业技术, 2015, (16): 58-59.

[8] 魏新宇, 梁辰, 朱君君, 等. ILSAC GF-6 汽油机油规格解读及其变化分析[J]. 石油商技, 2020, 38(6): 56-64.

[9] 吴章辉, 何大礼, 赵鹏, 等. 解读 API 柴油机油新标准 CK-4 和 FA-4[J]. 石油商技, 2017, 35(6): 44-49.

[10] 石顺友, 王雪梅. 美国重负荷柴油机油新规格 CK-4 和 FA-4 及其影响[J]. 润滑油, 2017, 32(6): 47-55.

[11] 包冬梅, 杨超, 刘颖. 2016 版 ACEA 轻负荷发动机油规格简介[J]. 润滑油, 2018, 33(3): 48-50.

[12] 周轶, 杜雪岭. GB 13895—2018 《重负荷车辆齿轮油(GL-5)》国家标准解读[J]. 石油商技, 2019, 37(1): 79-81.

[13] 王明明, 石顺友. 我国重负荷车辆齿轮油规格的最新发展[J]. 润滑油, 2019, 34(4): 41-49.